生态文明建设的泸州实践

陈 进　李其林　著

西南财经大学出版社

中国·成都

图书在版编目（CIP）数据

生态文明建设的泸州实践/陈进,李其林著.—成都:西南财经大学
出版社,2024.4

ISBN 978-7-5504-6051-5

Ⅰ.①生…　Ⅱ.①陈…②李…　Ⅲ.①生态环境建设—研究—泸州

Ⅳ.①X321.271.3

中国国家版本馆 CIP 数据核字（2024）第 022746 号

生态文明建设的泸州实践

SHENGTAI WENMING JIANSHE DE LUZHOU SHIJIAN

陈　进　李其林　著

策划编辑:李特军
责任编辑:李特军
责任校对:冯　雪
封面设计:张姗姗
责任印制:朱曼丽

出版发行	西南财经大学出版社（四川省成都市光华村街 55 号）
网　　址	http://cbs.swufe.edu.cn
电子邮件	bookcj@swufe.edu.cn
邮政编码	610074
电　　话	028-87353785
照　　排	四川胜翔数码印务设计有限公司
印　　刷	郫县犀浦印刷厂
成品尺寸	170mm×240mm
印　　张	21.25
字　　数	350 千字
版　　次	2024 年 4 月第 1 版
印　　次	2024 年 4 月第 1 次印刷
书　　号	ISBN 978-7-5504-6051-5
定　　价	98.00 元

前言

　　建设生态文明，是关系人民福祉、关乎民族未来的长远大计。面对资源约束趋紧、环境污染严重、生态系统退化的严峻形势，我们必须树立尊重自然、顺应自然、保护自然的生态文明理念，把生态文明建设放在突出地位，融入经济建设、政治建设、文化建设、社会建设的各方面和全过程，努力建设美丽中国，实现中华民族永续发展。

　　党的十八大以来，在习近平生态文明思想的科学指引下，全党全国人民坚持绿水青山就是金山银山的理念，全方位、全地域、全过程加强生态环境保护，创造了举世瞩目的生态奇迹和绿色发展奇迹。天更蓝、山更绿、水更清，人民获得感、幸福感、安全感显著增强，我国生态环境状况实现历史性转折。党的二十大报告提出，我们必须牢固树立和践行绿水青山就是金山银山的理念，站在人与自然和谐共生的高度谋划发展。

　　本书内容包括生态环境保护的政策考量、理论思考、管理建议、专题报告、宣教实践等，在编写过程中，得到了胡丽梅、罗俊、伍丽娟、张昌拥等的帮助，在此表示感谢！

陈进

2023 年 10 月

目录

环保的"前世今生"

导读

  环境是人类生存和发展的基础，人类是环境的产物，又是环境的改造者，人类活动造成的环境问题，最早可追溯到远古时期。早期的农业生产中，刀耕火种，砍伐森林，造成了地区性的环境破坏。随着社会分工和商品交换的发展，城市成为手工业和商业的中心，城市里人口密集，房屋毗连、炼铁、冶铜、锻造、纺织、制革等各种手工业作坊与居民住房混同，这些作坊排出的废水、废气、废渣，以及城镇居民丢弃的生活垃圾，造成了环境污染。产业革命后，蒸汽机的发明和广泛使用，使生产力得到了很大发展，一些工业发达的城市和工矿区，污染事件不断发生。第二次世界大战以后，许多工业发达国家普遍发生了现代工业发展带来的范围更大、情况更严重的环境污染问题，威胁着人类的生存，环境问题发展成为全球性的问题。20 世纪 60 年代在工业发达国家兴起了"环境运动"，要求政府采取有效措施解决环境问题。到了 20 世纪 70 年代，人们又进一步认识到除了环境污染问题外，地球上人类生存环境所必需的生态条件日趋恶化。人口的大幅度增长，森林的过度采伐，沙漠化面积的扩大，水土流失的加剧，加上许多不可再生资源的过度消耗，都向当代社会和世界经济提出了严峻的挑战。1972 年联合国召开了人类环境会议，通过了《联合国人类环境会议宣言》，呼吁世界各国政府和人民共同努力维护和改善人类环境，为子孙后代造福。

  中华人民共和国成立至今，国家层级的环境保护机构走过了一个由"小机构"到"大部门"的道路：1974 年，国务院环境保护领导小组成立。1982 年，国务院环境保护领导小组撤销，其办公室并入新成立的中华人民共和国城乡建设环境保护部，部内设环境保护局。1998 年 6 月，国家环境保护局升格为国家环境保护总局（正部级）。2008 年，国家环境保护总局更名为环境保护部。2018 年 3 月，组建生态环境部。随着国家机构的变动，环境管理体制也发生了巨大变化，并呈现出分权化的特征与趋势。这种趋势主要表现为财政分摊比例中中央政府的占比增加，地方官员考核体系中逐步纳入绿色考核指标，不断加大中央政府的宏观调控能力，激励地方政府调整发展方式，形成中央与地方激励相容的局面。

环境科学研究工作随着环境问题的出现和日益严重发展起来，逐渐形成环境科学这样一个新兴的综合性学科。环境科学概念的提出至今不过 50 年的时间，但该学科发展很快，其推动了自然科学的发展和科学整体化的研究，对国计民生产生了重大影响。从远古时期到 18 世纪，人类对种种环境问题都有所认识，其中包括关于环境状况与人体健康之间、植被与气候之间、人类活动与环境污染之间的因果关系的认识。这些认识还反映在环境保护的实践活动中。人类在古代就已经开始运用法律和社会组织措施调节自己的活动以预防环境污染的发生，用工程技术措施来消除已经发生的环境污染，乃至对环境状况进行监测与评价，这些都是环境科学知识的经验形态，是环境科学思想在古代的萌芽。这些认识从它的源头开始，有如涓涓细流，经历了漫长的历程，一直到 18 世纪，才展现出缓慢发展的历史线索，成为环境科学的思想渊源。

从 20 世纪 60 年代开始，环境问题暴露出全球性特征，人们的目光开始集聚到全球环境和人类社会发展的战略模式上。许多国际性环境保护组织纷纷建立，如 1968 年国际科学联合理事会环境问题科学委员会、1970 年联合国教科文组织人与生物圈计划、1972 年联合国人类环境会议等。人们认识到环境问题实质上是人类社会行为问题，必须寻求人类活动、社会系统与环境演化三者统一。环境科学把社会与环境协调作为研究对象，综合考虑人口、经济、资源和文化等诸多因素的制约关系，多层次探讨人与环境协调发展的途径和控制方法，相应地产生了环境经济学、环境管理学、环境伦理学、环境法学等学科，涉及社会经济模式的改变、人类生活方式和价值观念甚至科学技术发展方向的调整等。在这一阶段，发展出了新的环境科学的定义：环境科学是一门研究人类社会活动与环境演化规律之间的相互作用关系，并在此基础上寻求解决环境问题的途径与方法，确保人类社会与环境之间协调演化、持续发展的科学。

可以说，"环境科学"概念的诞生不是偶然的，而是直接与 20 世纪出现的一系列重大环境问题有关。人类开始把许多偶然的污染事件当成一些必然事件和意料之中的结果。1962 年出版的《寂静的春天》抨击人类的化学工业技术，拉开了环境保护时代的序幕。1972 年，英国经济学家 B. 沃德和美国微生物学家 R. 杜博斯受联合国人类环境会议秘书长 M. 斯特朗委托，出版了《只有一个地球》。它从整个地球出发，从社会、经济和政治的角度探讨环境问题，要求人类明智地管理地球。这部被认为是现代环境科学的结论性著作，使环境科学一跃成为世界科学的前沿。

环保思想的演替

炎黄子孙的环保意识可以一直追溯到上古时期。《逸周书·大聚解》记载，"禹之禁，春三月，山林不登斧，以成草木之长。夏三月，川泽不入网罟，以成鱼鳖之长"。意思就是夏禹曾发布过禁令，禁令中规定，在春季不能上山砍伐树木，是为了让树木能够自然生长；在夏天不可以下河捕鱼捉鳖，是为了保证鱼鳖生长。这应该是我国最早的保护环境的言论，而世界上最早的"环保治国"理念，也是在中国古代提出来的。战国时期赵国著名思想家荀子在他的《荀子》一书中第九篇《王制》中写道："草木荣华滋硕之时，则斧斤不入山林，不夭其生，不绝其长也。"即在草木开花结果的时候，不能砍伐山林，践踏和破坏草木的生长。荀子把这种环保要求，称为"圣王之制也"。而荀子还不是倡议环保的华夏第一人。比他早约 400 年前，齐国的上卿管仲，不仅治国了得，还是位环保专家。管仲还根据春夏秋冬四个季节，提出了环保"四禁"概念。据《管子杂篇·七臣七主》所记，其中之"春禁"是："无杀伐，无割大陵，倮大衍，伐大木，斩大山，行大火，诛大臣，收谷赋。"用今天的话来说，就是春天不要杀伐，不开挖大丘陵，不焚烧大沼泽，不砍大树，不开凿大山，不放大火，不杀大臣，不征收谷赋。管仲这种环保观，不仅提出了环保问题还考虑到了民生，这种治国理念相当科学。

中国古人的环保思想，来源于崇尚自然、崇拜意志的朴素生态观，天人合一的生态观，道法自然的生态观，万物平等的生态观。中国古人的环保意识，其实更多的是一种"治理"思维。这与中国古人的哲学观念密切相关，类似"天人合一"的理念，让中国人相信，人与自然是和谐的整体，对自然的伤害其实就是对人的伤害。"天人合一"包含着对人与自然关系的反思，这种反思对于正确认识人与自然的关系，解决生态环境问题十分有益，该思想中蕴含的整体意识、和谐精神、平等价值观和生态理念为我们解决当代生态环境问题提供了参考。今天提出的环境保护，较之古代环境保护，有了时代的特点与内容的扩充。

人类进入农业时代后，为发展生产，往往盲目毁林垦荒，造成生态系统结构的变化，导致水土流失、气候失调等新的环境问题出现。但由于古代生产规模甚小，环境问题并不显著，加之这一类后果的出现，需要较长时间的积累，因而人类对农业时代环境问题认识的明朗化比较晚。与此不同，在古代疾病威胁人类健康和生命是经常的、直接可见的现象，这些疾病的流行往往同环境有关，因而人们很早就认识到环境因素、环境污染与人类健康的关系。如古希腊名医希波格拉底（公元前460—公元前380年）在论述如何观察疾病时，强调必须注意"居民的用水问题"和他们是否"处于低凹与闷热的地方"等环境条件。古罗马皇帝在公元前450年颁发的法典中规定地方官有监督街道清洁之责。我国的《吕氏春秋》记载了关于水的状况与某些疾病的关系。其中如"重水所多尰与躄人"，就认识到丝虫病的流行与蚊虫孳生的生态条件有关。隋代《诸病源候论》记载："凡古井、冢及深坑阱中，多有毒气，不可辄入，五月、六月间最甚，以其郁气盛故也。若事辄必须入者，先下鸡、鸭毛试之，若一毛一旋转不下，即有毒，不可入。"可见，当时人们已经在认识到环境污染对人体毒害的基础上，更进一步产生了判定环境污染的定性检验方法，这是环境监测思想在古代的萌芽。人类在对这一类环境问题认识发展的同时，还对初步发展中的手工业和采矿业等生产活动产生的环境问题有所认识。例如北宋沈括（公元十一世纪）的《梦溪笔谈》记载盐井中"而井中阴气袭人，入者辄死，……后有人以一木盘，满中贮水，盘底为小窍，酾水一如雨点，设于井上，谓之'雨盘'，令水下终日不绝，如此数月，井干为之新，而陵井之利复旧"，这里所谓的"雨盘"正是当代环境工程技术中水幕除尘与尾气净化措施的发端。大约在同一时期的欧洲，工业发展之初的环境问题已经引起人们的注意。1306年，英国国会发布文告禁止工匠和制造商在国会开会期间用煤。1661年，约翰·伊凡林在调查工业污染的报告中直观地描述了伦敦大气污染对建筑物和人体健康的损害，并且识别出构成污染的化学元素（硫）。约翰的报告是历史上第一份环境质量报告书。

现代环保意识在欧美国家率先觉醒，欧美国家的非政府组织（NGO）（特别是环境 NGO）纷纷参与环境保护。事实上绝大多数国家的环境治理，开始都是由民间组织推动的。西方国家的环保组织和参与环保的人士普遍比发展中国家多，这取决于一个国家的经济发展水平。西方国家环保意识强，还取决于他们的环保教育，民众从小包括在幼儿园就接受环保教育。日本、瑞士等国的学校专门开设环保方面的课程，美国也将环保知识融入相关科目之中。良好的环境意识，使得这些国家往往拥有优美的自然景观和相对完整的生态环境。一些国际性的环境 NGO，像绿色和平组织、地球之友等，在环境保护方面功不可没，他们有人以观察员身份列席国际环境会议，对国际环境条约进行监督。20 世纪 80 年代，地球之友成功劝服了全球八大气雾剂制造商逐步淘汰使用氟氯碳化物，并且迫使可口可乐公司放弃一个可以摧毁三千公顷热带雨林的计划。最典型的也是影响最大的就是多年来地球之友一直参与联合国气候大会的文件起草和协调各方面的关系，为发达国家和发展中国家碳减排达成妥协立下汗马功劳。

联合国自成立起，召开过多次有关环境保护和发展的大会。1972 年 6 月召开的人类环境会议，通过了《人类环境宣言》，并成立了处理环境事务的机构——联合国环境规划署（见图 1、图 2）。

图 1　联合国在斯德哥尔摩召开人类环境会议

图片来源：环境保护基金会. 曲格平：斯德哥尔摩人类环境大会 50 周年抒怀［EB/OL］. 关注森林网，（2022 - 04 - 29）［2024 - 03 - 13］. http://www. isenlin. cn/sf_64D503COD8EF424790F077 EBC0776FDC_209_81BE435E128. html.

图 2　曲格平（前排右一）出席联合国人类环境会议

继《人类环境宣言》之后，1987 年的联合国环境发展会议报告又阐述了"可持续发展"的原则，首次把环境问题由经济层面上升到伦理层面。1992 年 6 月里约会议通过的《21 世纪议程》，成为可持续发展全球行动正式启动的标志，此次会议签署的《联合国气候变化框架公约》，成为持续至今气候谈判的基础。这两次会议提出的一些重要原则也成为日后国际环境法的基本原则。1997 年 12 月，在日本京都举行的《联合国气候变化框架公约》第三次缔约方会议，通过了《京都议定书》，规定所有发达国家必须在 2008—2012 年完成削减二氧化碳等 6 种温室气体的任务，首次以法律形式限制温室气体排放。之后的联合国环境会议始终围绕碳减排的主题来进行。

政府采取积极的经济和法律措施，对环境保护至关重要，如征收环境税。在美国，汽油税的征收，鼓励了企业生产节能汽车；而开采税的征收，则有效地抑制了在盈利边际上的开采，减少了石油消费。很多欧盟国家把环境税扩展到消费领域，对对环境不友好的产品和行为征税。经济合作与发展组织（OECD）把环境税作为治理环境优先使用的政策性工具。经济杠杆成为优化生态环境的有效方式。从保护环境和受害者的利益出发，很多国家在立法上都运用无过错责任和举证责任倒置原则。如美国《密执安州环境保护法》规定，原告只需以简单的证据证明被告已经或可能对环境造成破坏或污染，诉讼请求便成立；如果被告否认，则需要证明自己这种行为是善意的。我国环境污染损害赔偿也实行无过错责任，这都有利于公众对环保的参与。为遏制生态环境犯罪，从20世纪70年代开始，许多国家如奥地利、德国等陆续修订刑法。1970年日本制定的《公害罪法》首开环境犯罪单行刑法之先河。联合国于1989年制定了《控制危险废物越境转移与处置的巴塞尔公约》，要求将违反条约的行为作为不法交易犯罪对待。由于经济发展水平的制约，我国相关法律法规制定则略显滞后。

人类认识环境的历史源远流长。早期的人类精神处于原始的天人合一的蒙昧状态。人类为了生存与自然斗争，锻炼了理性思维和语言表达能力。当人类意识到自己是自然界中理智的存在物时，文明时代便开始了。农业社会是人类第一个文明社会。它使人类进入自觉思考和有目的改变周围事物的时代，开始产生明确的环境概念，认为环境是"天人相分"的人与现实对象的关系。主体与客体环境相分的意识，是人类一个了不起的认识，为自然哲学兴起和自然科学成长提供了文化背景。19世纪在欧洲产生达尔文学说，生存竞争和适者生存的理论广泛传播，地理学家开始认为不同地区人类活动的特征主要取决于地理环境的性质。这种思想被称为"环境论""决定论"或"环境决定论"。"环境决定论"认为地理环境首先决定生产力水平而后决定生产关系，逐层决定人类社会的发展。"环境决定论"的理论阐述达到了相当高度，尽管后来遭受很多批判，但终究是一种影响很大的环境思想。最早批评"环境决定论"绝对化倾向的学者是法国的 Vidal。Vidal 认为，环境为人类社会发展提供了多种可能，可以选择利用；在人与环境的关系中，除了环境的直接影响外，还有其他因素作用，不能用环境决定论来解释一切人类事实。Vidal 的理论被称为"环境可能论"，它肯定了人的主动积极作用。

随着人与环境关系中人的主动作用的增强，人类开始产生"生产方式决定论"的环境思想，对环境的作用采取虚无主义态度。环境"虚无观"是一种强调人类主体作用与中心地位的思想，这被称为"人类中心论"。"人类中心论"由培根和洛克推到了理论的高峰，"知识就是力量"的名言就是鼓励人类为统治自然而寻找的一条征服自然的途径，洛克则相信"对自然的否定就是通往幸福之路"。"人类中心论"是一种伟大的思想，体现了人类认识的伟大成就，但同时也折射出一种"唯意志论"和环境的"虚无观"。在人类相对于自然取得巨大成功时，恩格斯指出，我们不要过分陶醉于对自然界的胜利,对每一次这样的胜利,自然界都报复了我们。20世纪40年代以来,引人注目的公害事件不断发生,人类认识到环境不是任人摆布的。世界各地普遍发生的环境异常现象,使人们认识到这和人类的活动直接有关,是环境在对人类"报复"。所谓"报复",是指技术负作用带来的有害于人类生存的后果。这促使人类进入一个否定环境"虚无观"的新时代,正是在这个时代,环境科学诞生了。为防止环境的"报复",新兴的"和谐论""协调论"正在崛起,其主张人与环境和谐相处,标志着人类对环境的认识达到更高水平,它们和蒙昧状态的原始"天人合一论"不同,是建构在现代科学和哲学基础上的新思想和新世界观。

环保体制、法治的演变

我国的环保机构经历了由小变大的过程,1974年成立了国家级的环保机构——国务院环境保护领导小组办公室。1982年国家机构改革撤建委成立城乡建设环境保护部,在城乡建设环境保护部下设环境保护局,1998年成立国家环境保护总局,2008年成立国家环保部,2018年成立生态环境部,国家环保机构变化每10年一个台阶。机构的升格伴随着管理体系的完善和人员队伍的壮大。县级环保机构人员数由2004年的10.21万人上升为2017年的15.37万人,平均每年增加近0.36万人,年均增长率为2.96%。而县级环保机构人员数占环保机构人员总数的比例也由2004年的44%一路飙升至2017年的56%,年均增长近2个百分点。

环境保护工作伴随着国家的进步而发展,我国的环保工作可分成五个阶段。第一阶段:1973年到1983年,即第一次全国环保会议到第二次全国环保会议之间,这10年是现代意义上的环境保护启蒙和起步阶段。第二阶段:1984年到20世纪90年代初,有七八年的时间,即第二次全国环保会议以后,这是环保工作开拓、机构建设和制度初创的阶段,从环保办到部门内环保局到国家环保局,制定了三大政策八项制度,1984年《中华人民共和国水污染防治法》,1987年《中华人民共和国大气污染防治法》,1989年《中华人民共和国环境保护法》正式发布等,机构、制度和法律开始陆续建立。第三阶段:1992年到2005年,这是环保工作机构和制度建设的发展阶段。期间环境污染治理全面开展,倡导可持续发展,提出保护环境就是保护生产力,重点提出"三河""三湖""两区"的保护,实行目标责任制。法制建设方面，我国修订了《中华人民共和国大气污染防治法》《中华人民共和国水污染防治法》《中华人民共和国环境影响评价法》等，到2005年相关环保的基本法律都相继出台了。第四阶段：2005年到2012年党的十八大以前，这个阶段机构不断完善、制度体系成型，开展了大规模城市环境基础设施建设，为阻止环境污染形势继续恶化、部分地区和环境要素指标改善打下了坚实的基础。国家成立环境保护部，总量控制、定量考核非常严格，城市污染治理大规模展开，特别是污水处理厂和垃圾处理厂的建设大都从这时开始起步。第五阶段：党的十八大以后到现在，提出以改善环境质量为目标，加强生态文明建设，这是环保体制机制改革力度最大、逐步成型的阶段。国家成立中央巡视组、环保督察组，环保体制机制的改革，强化地方党委政府责任，加大对其履职的压力，阶段性成果非常明显；加快推进生态文明顶层设计和制度体系建设，《生态文明体制改革总体方案》等几十项涉及生态文明建设的改革方案相继出台；《生态文明建设目标评价考核办法》《领导干部自然资源资产离任审计规定（试行）》《党政领导干部生态环境损害责任追究办法（试行）》等制度相继出台实施；绿色金融改革、自然资源资产负债表编制、环境保护税、生态保护补偿等一项项改革措施相继落地。

新中国成立后，我国环境管理体制呈现出分权化的特征与趋势，中国式环境分权被看作一种"事实分权"。

第一阶段（1949—1993年）：倾向于分权的环境事务管理体制建立。1949—1973年，环境事务管理职能并没有明确的部门，而是各部门履行不同的职能。从1973年起，国家预算内基本建设投资计划将环境保护基本建设位列其中。国家在中央政府与地方政府环境保护事务支出责任划分上，推行了适合当时国情的"包干补助"。但在当时，环境事务管理机构独立性的缺失造成了环境保护的责权不清。一方面，1978年"财政包干"制度的建立，使得地方政府可以拥有财政使用权，形成了转移支付（由地方政府到中央政府）。这种体制导致中央无法获得足够的财政资源，中央财政收入占财政总收入占比过低。中央财政收入占总财政收入的比重从1978年的15.52%仅增加至1993年的22.02%，且在1984年之后呈现不断下降的趋势，使得中央政府宏观调控能力和环境监管职责无法有效发挥。另一方面，"分灶吃饭"强化了地方保护和无序竞争，环境污染问题未得到重视。1988年，城乡建设环境保护部将国家环境保护局划分出来，并作为国务院直属机构，统筹全国环境保护事务。然而，中央与地方环境保护事权责任划分不明晰，以及不同部门管辖下所产生了"条状治理"和"块状治理"，加剧了环境治理的矛盾。1989年修订实施的《中华人民共和国环境保护法》（以下简称《环境保护法》）对这一矛盾进行了明晰。

第二阶段（1994—2007年）：在分权体制框架下环境事务管理呈集权态势。自1994年以来，分税制管理体制的建立扭转了中央财政收入占比不断下滑的颓势，逐步提高了财政分配中中央政府的地位。这也被看作是整个环境保护事务管理体制改革的重要突破口。首先，分税制改革直接提高了中央政府在环境事务管理中的地位，增进了地区间环境事务协同治理的能力；其次，随着权力的逐步下放以及地方财政的逐步上移，地方政府较之前出现了财政收入比重下降的态势，并在一定程度上影响了地方政府环境治污投入动机；最后，基于地方基本预算收支的不平衡性，转移支付制度中将环境保护因素也纳入其中，主要体现在环境方面的专项转移支付中。

第三阶段（2008年至今）：分权体制下中央政府加强对地方政府治污的激励。2008年，在机构改革的浪潮下，原环境保护总局撤销，取而代之的是环境保护部。原有的环境体制将继续推进，中央政府与地方政府、各部门之间的环保体制责任划分沿用原有体制。地方环保机构也出现较大变化，1993年设置了省级环境保护局，2009年则撤销环境保护局，成立环境保护厅。上述机构改革的进程不断强化了中央政府对地方政府环境规制的调控能力，同时加大的还有地方环境治理的约束与激励。一是在均衡性转移支付标准财政支出预算中正式将环境保护因素列入其中，并将重点生态功能区转移支付占比提高，在政府工作人员绩效考核中纳入生态考核（在政治激励中融入经济激励）。二是对跨区域生态破坏、跨流域生态污染等问题组织协调生态补偿；利用市场化方式弥补了生态消耗过程中产生的收益成本不对等的困境，特别是《环境保护法》新修订的内容完善了跨行政区污染防治制度。三是在地方政府及官员考核中正式加入绿色考核指标，对地方政府及官员实施问责制和一票否决制。2013年以后推进大部门制改革，重点围绕转变职能和职责关系，其中，国家"十三五"规划明确要求，实行省以下环保机构监测监察执法垂直管理制度，这也为理顺中央与省级政府之间的事权结构起到了关键作用。

总体上可以看出，从政府介入环境保护领域以来，中国施行的就是一种倾向于分权的环境事务管理体制，但环境污染负外部性补偿机制匮乏导致地方政府治污动力不足的问题开始显现，导致环境治理紧迫性和重要性逐步凸显，在原有分权体制框架下，中央政府开始呈现出一种"隐形集权"的趋势。这种趋势主要表现为财政分摊比例中中央政府的占比增加，地方官员考核体系中逐步纳入绿色考核指标，不断加大中央政府的宏观调控能力，激励地方政府调整发展方式，形成央地激励相容的局面。

日本自 20 世纪 60 年代末开始注重环境治理，至 20 世纪 80 年代已经基本形成了一套完整的环境管理机构与立法体系，以《环境基本法》为基础，主要由环境标准、环境影响评价制度、环境监督和环境经济政策四部分组成。比较有特色的是，在日本由于工业公害事件严重，公民对于环境保护政策与执法的关注度与参与度较高，反对公害、保护环境的民间组织很多，每个组织的人数一般都不多，也没有严密的组织机构，但活动却很频繁，在严重的环境问题上往往具有相当程度的话语权。2000 年，日本出台《建立循环型社会基本法》，力求打造循环型社会。2001 年，日本出台《资源有效利用促进法》。这种理念与我国提高生态效率的理念是基本一致的。

韩国在 20 世纪 60 年代开始注意到工业发展带来的严重环境公害，颁布了《公害防止法》。其后为了应对更加复杂的环境问题，颁布了《环境保全法》。但其直到 1990 年才颁布环境保护方面的基本法《环境政策基本法》，比我国晚了十年。但是在颁布基本法之后，韩国对环境保护方面的新思想与行动都被上升到国家基本政策的高度，被写入环境政策基本法的修正案中。因此自 1990 年颁布之后该法历经修改，直到 2007 年还在逐渐增添新的内容（关于环境影响评价实施的调控）。除了在宏观上对环境管理问题的重视之外，韩国环境管理的特点还在于微观环境管理手段细致丰富。比如韩国的企业环境会计工作在亚洲居于领先位置，而韩国的环境纠纷行政解决机制被民众评为优于司法途径。这些微观环境管理手段为韩国推动环境管理策略改革奠定了良好的社会基础。韩国于 2008 年 8 月庆祝建国 60 周年时正式提出了全国绿色发展规划。主要目标是：摆脱天然燃料的依存和能源的利用方式；提高能源安全度；解决气候变化可能导致的问题（包括水问题、海平面上升、自然灾害、传染病、粮食问题、山林绿化等）。2009 年 7 月，韩国正式公布绿色增长国家战略及五年计划，未来五年间韩国将累计投资 107 万亿韩元发展绿色经济，其内容也以提高生态效率为主要内容。

德国从 20 世纪 70 年代开始出台环境保护法律法规。为了改变第二次世界大战之后快速拉升 GDP 造成的严重工业污染，德国较早调整了自身发展方针——在投入巨资治理环境的同时，积极发展第三产业、技术密集型产业，优化国家产业结构；同时不断加大环境保护研究和开发的投资，从 1975 年到 1985 年的 10 年间从 6 580 万美元增长到 23 640 万美元。可以说，德国的环境管理政策发展模式和我国是相近的，尤其是在自上而下的推动力这一点上，与一般欧美发达国家的趋势有很大不同。但随着全球对环境问题的关注，德国也在不断调整自身环境管理政策，吸取国外发展经验、努力争取与国际接轨，优先发展绿色技术是德国环境管理政策的发展方向。

由上述几国环境管理策略改革的经验可以发现，建立以提高生态效率为导向的环境管理政策，其主要内容应当至少包括以下几点：第一，在国家、区域范围内通过立法与政策引导，倡导在生产环节实现资源、能源利用的减量化。具体方法包括基于产业生态学理论建设生态城市、生态工业，推广企业先进环境管理手段，注重与国际社会的交流与合作等。第二，在传统污染治理之外，逐渐推进废弃物的回收与再利用，并逐步推进与其相关的能源技术、生产技术与回收技术等。环境管理策略改革的重心呈多元化趋势。第三，通过各种方式引导民众参与到环境管理体系之中，积极发动民众了解并实行节能高效的环保生活。通过对民众普及生态效率相关理念，力求对企业生产模式、社会消费习惯等产生根本性影响。值得注意的是，国家的环境管理历史、基础与国家经济实力直接影响该国环境管理策略改革的具体途径，大陆法系国家如日本、韩国往往具有较为完整的环境立法与管理体系。而德国这样的老牌经济强国更倾向于加大投入，通过提高技术水平，严格环境标准的方式，推行更为直接的策略改革模式，相似的路线在美国等经济强国也屡见不鲜。而无论哪一种方式，最终的落脚点都与传统的环境保护理念和手段相似相容，这使各国环境管理体系的环境管理策略改革在微观层面上又具有较高的相似度，对提高生态效率的追求模式呈殊途同归的趋势。这些国家的环境管理策略改革从结构角度可以分为三个层面。在宏观层面上，国家颁布覆盖整个社会的绿色发展规划与实施计划，颁布相应的环境政策、法律规范作为支撑，加大对相关领域的各项投入，加强基础设施建设等；在中观层面上，调整产业结构，制订行业发展策略，实施有利于提高生态效率的行业、区域级别的管理措施；在微观层面上，提高技术水平，推行企业环境管理改革，提倡社会生活中提高生态效率的做法并积极创造条件。虽然基于不同国情，各国主要推进的层面与领域不尽相同，但在宏观、中观、微观三个层面同时有所改进是具有共通性的。

环境科学的演化

早在公元前 5000 年，中国在烧制陶瓷的柴窑中已按照热烟上升原理用烟囱排烟，公元前 2300 年开始使用陶质排水管道。古代罗马大约在公元前 6 世纪修建地下排水道。公元前 3 世纪中国的荀子在《王制》一文中阐述了保护自然的思想："草木荣华滋硕之时，则斧斤不入山林，不夭其生，不绝其长也；鼋鼍、鱼鳖、鳅鳝孕别之时，罔罟毒药不入泽，不夭其生，不绝其长也。"人类在同自然界的斗争中，也逐渐积累了防治污染、保护自然的技术和知识。19 世纪下半叶，随着经济社会的发展，环境问题已开始受到社会的重视，地学、生物学、物理学、医学和一些工程技术等学科的学者分别从本学科角度开始对环境问题进行探索和研究。德国植物学家 C. N. 弗拉斯在 1847 年出版的《各个时代的气候和植物界》一书中论述了人类活动影响到植物界和气候的变化。美国学者 G. P. 马什在 1864 年出版的《人和自然》一书中从全球观点出发论述人类活动对地理环境的影响，特别是对森林、水、土壤和野生动植物的影响，呼吁开展保护运动。德国地理学家 K. 里特尔和 F. 拉策尔探讨了地理环境对种族和民族分布、人口分布、密度和迁移，以及人类聚落形式和分布等方面的影响。但是他们过分强调地理环境的控制作用，陷入地理环境决定论的错误。马克思和恩格斯批判了这种错误的理论，并且根据许多科学家包括弗拉斯的调查材料，指出地球表面、气候、植物界、动物界以及人类本身都在不断地变化，这一切都是人类活动的结果。

20 世纪 50 年代环境问题成为全球性重大问题后，许多科学家，包括生物学家、化学家、地理学家、医学家、工程学家、物理学家和社会科学家等共同对环境问题进行调查和研究。他们在各个原有学科的基础上，运用原有学科的理论和方法研究环境问题。通过这种研究，社会上逐渐出现了一些新的分支学科，例如环境地学、环境生物学、环境化学、环境物理学、环境医学、环境工程学、环境经济学、环境法学、环境管理学等，在这些分支学科的基础上孕育产生了环境科学。最早提出"环境科学"这一名词的是美国学者。其当时指的是研究宇宙飞船中人工环境问题。1964年国际科学联合会理事会议设立了国际生物方案，研究生产力和人类福利的生物基础，对于唤醒科学家注意生物圈所面临的威胁和危险产生了重大影响。国际水文十年计划和世界气候研究方案，也促使人们重视水的问题和气候变化问题。1968年国际科学联合会理事会设立了环境问题科学委员会。20世纪70年代出现了以环境科学为书名的综合性专门著作。

环境科学是伴随着人们对环境问题及其解决途径的研究而诞生和发展的。环境问题由来已久，在农业文明时期，古巴比伦文明的湮没，在很大程度上是人类破坏环境的结果；中国黄土高原的变迁，主要是气候和土壤条件决定，但人类毁林毁草开荒加剧了这种变迁。真正引起人们重视的，还是在工业革命以后。工业革命不仅促进了生产力的巨大进步，也带来了日益严重的环境问题。面对这些威胁到人类健康生活、生产甚至生存的环境问题，人类在震惊之余，一方面采用工程技术手段进行污染治理，另一方面也开始对自然界价值、人与自然关系科学的作用和局限性等深层次问题进行理性反思。从海德格尔（M. Heidegger）的《拯救地球和人类未来》、奥尔多·利奥波德（A. Leopold）的"大地伦理"到雷彻尔·卡逊（R. Carson）的《寂静的春天》和芭芭拉·沃德（B. Ward），勒人·杜博斯（R. Dubos）的《只有一个地球》，人类逐渐形成这样一些初步共识：当代哲学和科学对于自然界整体性的知识是不完善的和幼稚的，人类并不能随心所欲地征服自然，自然会对人类的不轨行为作出报复。在1972年联合国人类环境会议上，这些新的思想观念在《联合国人类环境会议宣言》中得到了集中的概括："自然环境和人类创造的环境对于享受人类幸福基本人权以致于生存权来说，是最基本和最重要的条件。如果明智地利用人类的力量去改变现在的周围环境，将会给人类带来收益和提高生活水平。反之，不注意运用这种力量，将会给人类带来不可估量的损失。"这些新的思想观念逐渐成为了时代的主流思想，也成为环境科学思想最主要的来源。在这些思想观念的影响和指导下，致力于解决环境问题的科学家对"什么是环境科学、它的意义是什么"这一环境科学的最根本的问题也达成了共识：环境污染和生态破坏导致的环境质量恶化已使地球和人类的生存受到威胁，而环境科学的研究将使人类加深对地球生态环境的了解，从而更理智地控制自身行为、防止环境质量恶化、保护地球和人类的共同生存和发展。

环境科学是20世纪新兴的综合学科。自20世纪五六十年代诞生以来，环境科学的发展非常迅速，目前已经形成由多学科到跨学科的庞大学科体系。一般认为，环境科学的发展经历了两个阶段：第一阶段为20世纪50年代到70年代，一系列分门别类的环境科学分支学科的形成标志着环境科学的诞生；第二阶段为20世纪80年代后，随着可持续发展理论的兴起和全球性环境问题的突出，环境科学研究内容有了进一步扩展。现在，环境科学的理论和方法已经渗透到了社会发展的方方面面，从污染治理到自然生态保护、从公众的日常生活到国民经济规划的制订，环境科学已经成为社会和科学发展中不可缺少的重要部分。

一般说来，环境科学思想包括了四个方面的内容：第一，环境系统学说。这是从系统科学角度研究区域、全球环境问题时所形成的一个新的学说，其概念核心是环境系统和"人—环境"系统。它以系统科学为方法论，研究环境系统演化规律及其与人类活动相互间的关系，研究环境系统的结构、功能和状态，研究环境质量、环境承载力的自然（包括物理、化学、生物）本质和物质基础，等等。第二，环境质量学说。它以环境质量为核心概念，研究环境质量与人体健康、生活质量、精神境界的关系，描述和预测环境质量变化规律及其与人类活动的相互关系、如何保护和提高环境质量等。第三，环境承载力学说。环境承载力概念的提出及其在环境规划、环境影响评价等领域的应用，形成了解释环境问题起因及解决环境与发展问题的一种新的理论和方法体系。其主要研究内容为环境（包括生态、资源）对经济社会发展活动的承载作用、人类活动对环境承载力的提高和降低作用、如何协调两者的关系等。第四，环境协调学说（管理学）。这是在环境管理的实践中发展起来的，它以环境系统学说、环境质量学说、环境承载力学说为基础，在可持续发展理论的指导下，研究如何运用社会学、经济学、管理学方法在法规、政策、规划等各个层次上调整人类的思想和行为，以使环境与经济社会协调发展。

许多学者认为，环境科学的出现，是20世纪60年代以来自然科学迅猛发展的重要标志。这表现在两个方面：一是推动了自然科学各个学科的发展。自然科学是研究自然现象及其变化规律的，各个学科从不同的角度，比如从物理学的、化学的、生物学的各个方面去探索自然界的发展规律，认识自然。各种自然现象的变化，除了自然界本身的因素外，人类活动对自然界的影响也越来越大。20世纪以来科学技术日新月异，人类改造自然的能力大大增强，自然界对人类的反作用也日益显示出来。环境问题的出现，使自然科学的许多学科把人类活动产生的影响作为一个重要研究内容，从而给这些学科开拓出新的研究领域，推动了它们的发展，同时也促进了学科之间的相互渗透。二是推动了科学整体化研究。环境是一个完整的有机的系统，是一个整体。过去，各门自然科学，比如物理学、化学、生物学、地理学等都是从本学科角度探讨自然环境中的各种现象的。然而自然界的各种变化，都不是孤立的，而是物理、化学、生物等多种因素综合的变化。各个环境要素，如大气、水、生物、土壤和岩石同光、热、声等因素互相依存，互相影响，又互相联系。比如臭氧层的破坏，大气中二氧化碳含量增高引起气候异常，土壤中含氮量不足等，虽然这些问题表面看来原因各异，但都是互相关联的。因为全球性的碳、氧、氮、硫等物质的生物地球化学循环之间有着许多联系。人类的活动，诸如资源开发等都会对环境产生影响。因此，在研究和解决环境问题时，人们必须全面考虑，实行跨部门、跨学科的合作。环境科学就是在科学整体化过程中，以生态学和地球化学的理论和方法作为主要依据，充分运用化学、生物学、地学、物理学、数学、医学、工程学以及社会学、经济学、法学、管理学等各种学科的知识，对人类活动引起的环境变化、对人类的影响及其控制途径进行系统的综合研究。

目前，环境问题研究的主要趋势是：以整体观念剖析环境问题；更加注意研究生命维持系统；扩大生态学原理的应用范围；提高环境监测的效率；注意全球性问题。这些趋势改变了以大气、水、土壤、生物等自然介质来划分环境的做法，要求环境科学从环境整体出发，实行跨学科合作，进行系统分析，以宏观和微观相结合的方法进行研究。环境科学的发展方向应该是：在学科形态多分支的基础上统摄于一种整体性理论体系和逻辑结构之中，有统一稳定的科学思想和综合性研究方法、网结环境科学中心范畴和概念体系以及整体化的理论系统。从人类知识增长的动态过程来考察，人类的生存环境是许多学科研究的对象，环境科学不能重复其他学科的研究，应显示自己特殊领域内的理性思想活动。对这一过程的反思及思维前锋的探索，是环境哲学的任务。

环境监测垂改 "后半篇"

导读

如何破解经济发展带来的环境污染问题，各国政府都在寻求答案。解决长期积累的环境污染问题，必须构建健全、高效的现代环境治理体系。党的十九大报告中将我国环境治理体系定义为"构建政府为主导、企业为主体、社会组织和公众共同参与的环境治理体系"。党的二十大报告指出，必须牢固树立和践行绿水青山就是金山银山的理念，站在人与自然和谐共生的高度谋划发展。必须坚持新发展理念，大力推进经济、能源、产业结构转型升级，推动形成绿色低碳的生产方式和生活方式，协同推进降碳、减污、扩绿、增长。全面实行排污许可制，健全现代环境治理体系。现代环境治理体系是全方位、多层面的，包括治理体系法治化、制度化、规范化、程序化、多元化以及治理能力的现代化，其核心是系统化管理。

2016 年 9 月，中央发布《关于省以下环保机构监测监察执法垂直管理制度改革试点工作的指导意见》（以下简称《意见》），一场旨在厘清政府环保责任的全国改革拉开巨幕，标志着环境治理模式在政府层面发生"以块为主，条块结合"向"以条为主，条块结合"的改变。

《意见》出台以来，全国 293 个地级市中，2016 年有 12 个城市先行试点，2017 年新增 71 个城市，2018 年新增 3 个，可见改革初期地方意愿不强，改革难度和阻力之大超出想象。有专家指出，与一般的、单项的、单纯的制度改革不同，环保垂改要动体制、动机构、动人员，是对地方环境保护管理体制的一项根本性改革。

环保垂改是一项政策性很强的系统工程，特别是生态环境监测垂直管理改革的推进时间紧、任务重，必然会产生诸多问题。为此编者节选部分省市生态环境监测垂改以来的相关文章及规章制度，希望为进一步做好垂改"后半篇文章"提供参考。

先行者：陕西环保机构率先垂直改革

2001 年 7 月，安康市旬阳县发生的铅锌矿污染汉江水质事件暴露出执法不力、体制不顺等问题。当时国家环保总局的通报中指出，旬阳县政府降低门槛招商引资，在汉江及其支流边建设了 13 家铅锌选矿企业，设备简陋，无任何防洪、防渗和防漏措施，排放废水严重超标，污染汉江情况严重。最终 13 家选矿厂全部关闭。

"垂直管理后，部门之间协调工作由亲兄弟变为邻里协作，沟通配合难度增大，'牵头的牵不动，协调的不管用'成为普遍现象。"

《陕西省市以下环境保护行政管理体制改革意见》最终的形成，主要立足于解决"三该三不该"问题。改革方案对环保机构重新进行设置，将县环保局划为市环保局直属机构，在市环保局领导下工作；对于保障经费问题，提出财务经费由市环保局实行统一管理。而关于环保队伍建设，垂改文件亦上收了机构编制管理权限，县环保局干部实行市、县双重管理，并以市环保局为主。

"我们曾经考虑过县级环保局与地方政府完全撇清，县局归市局管理。最后还是结合了地方政府的诉求，决定实行双重管理的模式。"一名亲历者讲述。

陕西这场改革，一开始便阻力重重。"垂改的肇起就是安康水污染事件，结果安康落实垂改还是不理想。"陕西省环保厅一名官员说道。而这种尴尬，源于没有法律制度的约束，且全国没有先例。

"安康当时可能认为他们环境问题并没有那么严重，工业企业比较少，所以当时的领导干部对垂改问题认识不足。"上述官员分析原因，"还有现实问题。安康地处陕南，经济发展落后，各县环保局机构、人员上划后，市级财政恐难以支撑。"安康采取了一种变通的办法——市里只把县环保局的"官帽子"管起来了，这样看似也相当于实行了垂改。

陕西各地的垂改有三种模式：垂改度较高的是分局模式，区环保局直接作为市局的分局，例如咸阳和延安；还有一种是县环保局作为市局的直属机构，但仍作为地方政府的工作部门；最弱的一种是只对领导干部实行双重管理。

另一个改革先行者辽宁省大连市，则进行了其他探索。"通过建立会议协调机制，解决环保分局和政府其他职能部门之间的配合问题。不能因为和区政府没有了隶属关系，业务上就处于分割状态。"大连市是全国第一家在市辖区内设立环保分局的地级市，环保分局设置始于1994年。

探索者：湖南省生态环境监测机构垂改的思考

省以下生态环境机构监测监察执法垂直管理制度改革已经进入关键时期，各省均需拿出具体实施方案。湖南省地市级生态环境监测垂直管理改革怎么改？结合工作实际，笔者提出以下建议。

一是全面提升机构设置水平。由于历史、地域、经济发展水平等多方面原因，湖南省14个市州环境监测机构设置、定位千差万别。笔者认为，可以以这次垂管改革为契机，统一全省环境监测机构地位，全面提高机构设置水平。

二是实现人员配备与工作任务量相匹配。湖南省14个市州环境监测机构人员力量非常不平衡，大的监测站有上百人，小的监测站只有20人。今后市级环境监测机构主要责任是从事环境质量监测工作，包括水、气、土、噪声、农村等环境要素的监测分析工作，任务量很大。因此，在省以下环境监测机构垂改时，要充分考虑解决弱小地市级环境监测机构人与事矛盾突出的问题，基本实现人员配备与工作任务量相匹配的目标。

三是实现机构设置科学规范。生态环境监测工作是讲程序、有规范的，缺少任何环节都不行。生态环境部门内部按环境要素设置了水、气、土等管理部门，地市级环境监测站，尤其人员力量严重不足的站，存在人员少、实验室面积不足等情况，无法实现与环境要素一一对应。这就需要因地制宜，实事求是，切合实际地去设置机构。如果按环境要素去设置，则需要多批人员，多建实验室，配备多套仪器设备，这样就会造成重复建设，费力费神费钱。

四是实现临聘人员择优录用。临聘人员是人与事矛盾突出带来的产物，多年的磨炼使一部分临聘人员已成为环境监测力量骨干，一下子把他们全辞退，个别监测站会因此面临停摆的危险。但是要录用也要识别出那些不干事、不负责任的临聘人员。这就要坚持逢进必考的原则，此次省以下环境监测垂改，省级统一制定规则，通过考试选拔，择优录取临聘人员，真正实现垂改过渡时期，优秀环境监测人员不流失。

五是实现区县监测统筹推进。区县环境监测机构能否有所突破，能否满足基层环境监测人员的需要，是此次省以下垂改方案是否科学合理的关键。

区县监测站具体怎么改？根据各市州环境监测现状，笔者建议分为三种方案，分类实施。

第一是由地市级环境监测机构直接管理区县站，包括人、财、物。区县站只承担采样、送样、现场简易操作，环境监测数据质量由地市级站负责。

第二是维持现状不变，各区县设监测站，独立承担执法监测任务，自行对监测数据质量负责，区县没有环境监测能力的，聘请第三方承担。

第三是设跨区域区县级监测站，以市州所在地的区县级环境监测站为基础，集聚各区县的监测分析精英，集中整合分散的大型监测仪器，组建技术比较过硬的中心实验室，承担起市州的执法监测分析任务。其余各区县监测站专职采样、送样、现场简易操作，监测数据质量由各区县环境监测机构自行负责。

续写者："后半篇文章"的"江苏方案"①

2021年1月，江苏省生态环境厅正式印发《关于加强设区市生态环境监测监控工作的意见》(以下简称《意见》)，在全国率先推进基层监测改革和启动执法监测能力标准化建设相关工作，要求省以下生态环境监测监控业务体系做好监测垂改的"江苏方案"。

《意见》聚焦解决垂改后省以下监测工作机制不顺，监测机构"空心化"，监测能力不足，执法与监测联动不畅等实际问题，以提升基层监测监控业务水平与装备能力，理顺省、市监测机构关系，明确职能定位和强化设区市生态环境监测监控工作责任入手，从体制改革、业务能力和保障措施三个方面提出具体要求。

---

① 苏小环，曹卢杰.如何做好环境监测垂改"后半篇文章"？"江苏方案"来了 [EB/OL].人民资讯，(2021-01-28) [2023-12-27]. https://baijiahao.baidu.com/s? id = 1690123350437835722&wfr = spider&for = pcl.

体制改革方面。要求各地加快落实垂改举措，推动区县监测力量的优化整合、分区布局，建设满足地方环境管理需求的生态环境监测监控中心，形成"1+N"的设区市生态环境监测监控组织架构；同时，进一步明确省厅与设区市在监测领域的职责分工，理顺省厅监测处、设区市局监测科、省环境监测中心、驻市环境监测中心和设区市监测监控机构之间的关系，并要求各地尽快清理整顿基层监测人员长期外借、岗位空置等突出问题，稳定基层监测队伍。

业务能力方面。结合垂改后基层监测职能定位，从服务执法、应急、监管、决策四个方面，提出设区市承担18项具体监测工作责任，并结合全省各地重点环境风险行业和企业分布特征，列出基层执法监测装备清单106种（91种必备装备和15种选配装备）。同时，坚持"大数据+网格化+铁脚板"的监管思路，要求各地通过省级生态环境大数据平台统一汇集辖区内各类生态环境监测监控数据与信息，实现省、市互联共享；大力推进排污许可重点管理单位生产活动"全周期"用电、工况实时监控系统，长江规模以上入河排污口自动监测监控系统等非现场监控能力建设；加快构建辖区内工业园区（集中区）限值限量监测监控体系。

保障措施方面。加强省厅对各地生态环境监测监控工作的评估考核，建立健全量化考评制度，并将基层生态环境监测监控能力建设、重点任务落实情况等纳入省级环保督察和地方服务高质量发展考核评价体系；同时，加强对基层监测监控人员培训力度，强化队伍作风建设，进一步提升基层队伍业务素质；要求各地将设区市生态环境监测监控机构能力建设、业务运行，市级生态环境监测网络建设和国控、省控环境质量评价、考核站点（断面）的基础保障等所需经费纳入预算。

《意见》的出台既是落实党中央、国务院和省委、省政府关于环保垂改工作部署的重要抓手，也是推进全省生态环境治理体系与治理能力现代化的关键举措，更是践行总书记视察江苏时提出的"着力在改革创新、推动高质量发展上争当表率，在服务全国构建新发展格局上争做示范，在率先实现社会主义现代化上走在前列"要求的实际行动，将为全国基层监测垂改提供示范和参考。

四川篇：生态环境机构改革稳步推进

2019年3月，中共四川省委办公厅、四川省人民政府办公厅印发《四川省生态环境机构监测监察执法垂直管理制度改革实施方案》（以下简称《方案》）。

《方案》明确要调整市县生态环境机构管理体制。市（州）生态环境局实行以生态环境厅为主的双重管理，仍为市（州）政府工作部门。生态环境厅党组负责提名市（州）生态环境局局长、副局长及其他同级领导职务，会同市（州）党委组织部门进行考察，征求市（州）党委意见后，提交市（州）党委和政府按有关规定程序办理，其中局长提交市（州）人大常委会任免；市（州）生态环境局党组书记、副书记、成员，由生态环境厅党组征求市（州）党委意见后审批任免；市（州）纪委监委驻市（州）生态环境局纪检监察组组长任市（州）生态环境局党组成员，由生态环境厅党组审批。涉及厅级干部任免的，按照相应干部管理权限管理。

县（市、区）生态环境局调整为市（州）生态环境局的派出机构，名称规范为"××市（州）××生态环境局"，由市（州）生态环境局直接管理，领导班子成员由市（州）生态环境局党组任免，事先征求县（市、区）党委意见。有开发区（高新区）的市（州），在市（州）生态环境局内设立或明确开发区（高新区）监管机构，人员编制由各市（州）在本地编制总量内调剂解决；开发区（高新区）原有生态环境机构保持不变。生态环境保护管理体制调整后，要注重统筹生态环境干部的交流使用。

现有市（州）环境监测机构调整为生态环境厅驻市（州）生态环境监测机构，名称规范为"四川省××生态环境监测中心站"，由生态环境厅直接管理，人员和工作经费由省级承担，领导班子成员由生态环境厅任免，主要负责人任市（州）生态环境局党组成员，事先应征求市（州）党委和生态环境局意见。省级和驻市（州）生态环境监测机构主要负责生态环境质量监测工作，原市（州）监测机构的生态环境科研、规划和评估等职能由各市（州）根据职责任务明确相关机构承担。强化生态环境部门对社会监测机构和运管维护机构的管理。

现有县（市、区）环境监测站随县（市、区）生态环境局一并上收到市级，主要负责执法监测、监督性监测和突发生态环境事件应急监测，由市级承担人员和工作经费，具体工作接受县（市、区）生态环境局领导，支持配合属地生态环境保护执法，同时按要求做好生态环境质量监测相关工作。市（州）生态环境局可根据实际对县（市、区）环境监测站进行整合，组建跨行政区域的生态环境监测站。县（市、区）生态环境监测站班子成员由市（州）生态环境局任免，其主要负责人为县（市、区）生态环境局分党组成员。

加强生态环境机构规范化建设。在不突破现有机构限额和编制总额的前提下，统筹解决好体制改革涉及的生态环境机构编制和人员身份问题。目前仍为事业机构、使用事业编制的县（市、区）生态环境局，要逐步转为行政机构，使用行政编制。各级政府要研究制定政策措施，解决人员划转、转岗、安置等问题，确保生态环境队伍稳定。按规定核定市（州）生态环境局领导班子成员职数。改革后，县（市、区）生态环境局继续按国家规定执行公务员职务与职级并行制度。现有县（市、区）生态环境局的直属单位，随县（市、区）生态环境局一并上收到市级。建立健全乡镇（街道）网格化生态环境监管体系，乡镇（街道）单设或在相关综合办事机构加挂生态环境办公室牌子，合理配备专（兼）职生态环境保护工作人员，确保责有人负、事有人干。

加强生态环境保护能力建设。加强县（市、区）生态环境监测机构能力建设，妥善解决监测机构改革中监测资质问题。

加强党组织建设。在各市（州）生态环境局设立党组，接受所在市（州）党委领导，并向生态环境厅党组请示报告党的工作。市（州）生态环境局党组报市（州）党委组织部门审批后，在县（市、区）生态环境局设立分党组。按照属地管理原则，建立健全党的基层组织，市县两级生态环境部门基层党组织接受所在地方党的机关工作委员会和本级生态环境局党组的领导。各市（州）纪委监委驻市（州）生态环境局纪检监察机构的设置，由生态环境厅商省纪委监委同意后，按程序报批确定。

加强跨区域、跨流域生态环境管理。积极探索按流域设置生态环境监管和行政执法机构、跨地区生态环境机构，有序整合不同领域、不同部门、不同层次的监管力量，增强流域生态环境监管和行政执法合力。根据区域流域特点和驻市（州）生态环境监测机构综合能力，生态环境厅可指定驻市（州）生态环境监测机构承担跨区域、跨流域生态环境质量监测职能。鼓励市（州）党委和政府在所辖范围内整合设置跨县（市、区）的生态环境保护执法和生态环境监测机构。

强化生态环境部门与相关部门协作。各级生态环境部门要充分发挥职能作用，统筹谋划属地生态环境保护各项工作，分解下达生态环境保护目标任务，统一指导、协调、监督生态环境保护工作，为属地党委和政府履行生态环境保护责任提供支持；会同有关部门组织开展生态环境保护方面目标绩效考核，定期通报重大生态环境保护工作进展情况；加强与有关部门联动执法，协同作战，集中解决突出生态环境问题。

强化生态环境保护系统上下联动。驻市（州）生态环境监测机构要主动加强与属地生态环境部门的协调联动，为市（州）、县（市、区）生态环境管理和执法提供支持。目前未设置生态环境监测机构的县（市、区），其环境监测任务可单独设置生态环境监测机构承担，也可由市（州）生态环境局整合现有县（市、区）环境监测机构承担，或由驻市（州）生态环境监测机构协助承担。

妥善处理资产债务。市县生态环境部门要开展资产清查，对清查中发现的国有资产损益按规定处理。按照资产随机构走原则，做好资产划转和交接。省驻市（州）生态环境监测机构的办公场所、监测设备等固定资产调配划转工作按国家有关规定办理，逐步平稳过渡。

调整经费保障渠道。改革期间，生态环境部门开展正常工作所需的基本支出和相应的工作经费由原渠道解决。现行由市（州）财政保障的市级生态环境监测机构（含人员经费、公用经费、专项经费等），在核定支出基数后，随着体制的调整全部上划至省，由省级财政保障。县（市、区）生态环境局作为市（州）生态环境局派出机构后，核定生态环境部门支出基数（含人员经费、公用经费、专项经费等）随着体制的调整全部上划至市（州），由市级财政保障。各单位支出基数的核定，原则上不得少于上年决算数。经费保障体制调整后，各级财政要按事权和支出责任相匹配的原则，根据生态环境保护工作需要给予保障，省驻市（州）生态环境监测机构的经费不低于上年度财政保障水平。人员待遇按属地化原则处理，由相应级次财政预算体系给予保障。

根据《方案》，四川省泸州生态环境监测中心站主要职责：负责辖区内生态环境质量监测工作。承担辖区内突发环境事件应急监测。受市生态环境局委托做好执法监测、生态环境科研、规划、评估等相关工作。受辖区内政府及其部门、有关事业单位委托，为辖区环境管理提供技术支撑。

承担辖区内县级生态环境监测机构的业务技术指导，为辖区内生态环境监测的质量管理提供技术支撑。接受省生态环境监测总站业务技术指导和其他工作安排。完成生态环境厅交办的其他工作任务。

2020年11月，四川省政府、省环保机构监测监察执法垂直管理制度改革工作领导小组召开领导小组会议，会议议定事项中明确建立健全现代环境治理机制。要健全环境治理领导责任机制，进一步完善省负总责、市县抓落实的工作机制，充分发挥各级生态环境保护委员会统筹协调、牵头抓总作用，解决好区域生态环境重难点问题。用好绿色考核"指挥棒"，形成协同推进经济高质量发展和生态环境高水平保护的鲜明导向。要健全环境治理监管机制，实施"双随机、一公开"环境监管，形成跨区域跨流域的污染防治联防联控机制，建立与公安、司法等部门信息共享、案件移送等制度，推动形成执法有力、监管有效的良好局面。要加快构建党委领导、政府主导、企业主体、社会组织和公众多方参与的现代环境治理机制，切实加强宣传教育和舆论引导，营造良好氛围，推动生态环境保护与治理由一元主体向多元主体转变，共同守住自然生态安全边界。

四川省的垂改，虽然没有在改革试点之列，但2019年落地的改革实施方案颇有新意，顶层设计切合实际，且亮点纷呈，如双重管理、事权分离、事权财权对等、驻市（州）监测站主要负责人任市（州）生态环境局党组成员、鼓励组建跨行政区域的生态环境监测站等。由于四川省各地实际情况千差万别，属地政府理解和执行政策迥异，导致实际运行情况各异。如部分市（州）监测站主要负责人只列席局党组会议，列入局党组成员的市（州）也存在分管领域差异较大，如有的分管监测科和综合科，有的分管监测科和财务科等。

纵观四川省的垂直管理制度改革，核心是各地政府需要真正理解构建现代环境治理体系的重要性和紧迫性，深入学习贯彻习近平生态文明思想，切实让改革在巴蜀大地落地生根。这次的环保垂改，每一位亲历者都必须树立起大格局、大视野、大环保、大生态理念，担当有为。蓝图已经擘画，号角已经吹响，让我们以"功成不必在我"的精神境界和"功成必定有我"的历史担当把伟大的改革事业奋力推向前进吧！

综论：环境监测垂改的思考

2016年9月，中办、国办印发《关于省以下环保机构监测监察执法垂直管理制度改革试点工作的指导意见》（简称《指导意见》），部署启动制度改革工作。2018年5月，全国31个省（区、市）（不含港澳台地区）出台了政府部门生态环境保护责任分工规定。2018年11月，生态环境部印发《关于统筹推进省以下生态环境机构监测监察执法垂直管理制度改革工作的通知》，要求各地生态环境部门进一步提高思想认识，分类推进垂改任务，并明确了时间表，要求于2019年3月底前全面完成省级环保垂改实施工作，到2020年全国省以下环保部门按照新制度高效运行。

按照《指导意见》要求，垂改分为两个阶段，一是地方试点，二是全面推开。当初起草《指导意见》时，有12个省市（河北、上海、江苏、福建、山东、河南、湖北、广东、重庆、贵州、陕西、青海）分别以省委省政府名义，向环保部提出了改革试点申请，河北和重庆打响了第一炮。河北市级环境监测机构一分为二，上收一半，留下一半；重庆基本没变，重庆直辖市的行政管理体制为市管县，无中间一级。理论上，重庆区县环境监测机构应该全部整体上收到市上才算完成了垂改任务[1]。

《指导意见》明确提出，调整环境监测管理体制，本省（区、市）及所辖各市县生态环境质量监测、调查评价和考核工作由省级生态环境部门统一负责，实行生态环境质量省级监测、考核。现有县级环境监测机构主要职能调整为执法监测，支持配合属地环境执法，形成环境监测与环境执法有效联动、快速响应，同时按要求做好生态环境质量监测相关工作。

各地的实施方案基本上都以"本省（区、市）及所辖各市县生态环境质量监测、调查评价和考核工作由省级环保部门统一负责，实行生态环境质量省级监测、考核。现有市级环境监测机构调整为省级环保部门驻市环境监测机构，由省级环保部门直接管理，人员和工作经费由省级承担。现有县级环境监测机构主要职能调整为执法监测，随县级环保局一并上收到市级，由市级承担人员和工作经费"为主。一些地方的县级环境监测机构

---

① 董瑞强.专访环保部垂改办副主任吴舜泽：垂改意见已转身"雏形"[EB/OL].经济观察报,（2017-08-05）[2023-12-27]. https://baijiahao.baidu.com/s? id = 1574848728686175&wfr = spider&for = pc.

除承担执法监测职能外，还强调了其属地/区域污染源监督性监测和突发生态环境事件应急监测这两种职能。

在省以下生态环境机构监测监察执法垂直管理制度改革工作的推进过程中，市县两级环境监测机构的主要职能被重新调整。比如由市级生态环境局派出机构所属环境监测站负责实施环境空气国控自动监测站设备更新、基础保障和数据一级审核等。监测事权主要有三部分，一是监督性监测、双随机执法等常规性执法监测任务；二是增加了城市黑臭水体、千吨万人集中饮用水水源地、农村环境质量监测（试点）等事项；三是原由县级监测站负责的县级集中式饮用水水源地、主要地表水省考核断面及小流域水质监测，变为由县级监测站负责采样、送样，省生态环境厅驻市监测中心站负责检测。改革后，县级监测站承担的监测事权比改革前增多了，且仍以生态环境质量监测为主，约占年度总监测任务的80%以上。根据历年工作经验，以县级监测站多则十七八人，少则四五人的监测力量，在完成上级下达的生态环境监测任务后，基本上腾不出力量支持、配合执法队伍开展测管联动或执法监测。

四川省下辖21个市州的监测机构全部上收，由省生态环境厅直接管理，成为省生态环境厅派出机构。四川省辖区面积大，各市州情况差异大，监测机构的能力和水平也存在显著差异，上收后无疑对当地的执法监测形成压力。

四川省环境监测垂改的最大问题是没有进行区域或者流域规划设置监测机构，没有充分考虑各市州财政状况和监测队伍的参差不齐。虽然四川省上收了人权、事权，但财权留了个尾巴，即只保证人员工资和工作经费，年终目标奖需要各市州财政自行解决。由于各市州财政状况不同，目标奖差异巨大。

市州监测机构被全收后，地方监测能力大大减弱，如何承接执法监测？半收看似拆散了原有单位，但留下部分精英充实地方，以老带新，度过了这个阵痛期，或许就会迎来一片欣欣向荣。简单地采取全部上收，庞大的监测队伍如何做到精兵简政？何况质量监测的趋势是自动监测。为什么不采取部分市州上收，部分市州下放，构建区域监测或者流域监测？是否可以探索"局队站"融合模式，通过借调、轮岗、混岗等多种形式，让监测人员成为执法人员，提升生态环境执法过程中的监测能力？区县监测站具体怎么改？或许湖南省的思考值得借鉴。

生态环境监测工作要素多、标准细、任务重，需要因地制宜，实事求是地去设置机构和配备人员。实际上，不管水、气、土哪类污染源，都是先去采样，然后分析，最后出报告，实行全程质控。对应这些环境要素管理部门，市县级环境监测机构只要"一前一中一后"内设三个科室就行。"前"指现场采样室，"中"指样品分析室，"后"指综合室提交环境监测报告，各项环境要素的环境监测任务就能科学规范地完成。

现行以地方为主的环境管理体制存在"四个突出问题"：一是难以落实对地方政府及其相关部门的监督责任；二是难以解决地方保护主义对环境监测监察执法的干预；三是难以适应统筹解决跨区域、跨流域环境问题的新要求；四是难以规范和加强地方环保机构队伍建设。

按照习近平总书记的要求，四川省环境监测垂改无疑需要继续下深水，出实招，破难题，走深走实。

结语

纵观全国各省市 2020 年底完成的生态环境监测垂改经验，都出现了基层监测机构"空心化"，监测能力严重不足，条块工作机制不畅等诸多问题。

基层监测"空心化"

2020 年 12 月环保垂改基本完成后，政府的环保权责经历了纵向由区县政府逐级收归至省级政府的过程，省级环境治理体系"条状管理"已然明晰，但与地方政府的权责利益分配仍然纷繁。按照当前省、市两级监测事权划分，省驻市环境监测中心站主要负责全市环境质量监测、调查评价和考核工作，而生态环境执法监测、应急监测和监督性监测由区县环境监测站承担。

受以往监测体制机制影响，部分区县监测能力严重滞后，在岗监测人员不足，业务能力不高，日常监测工作全靠委托第三方监测机构开展，呈现出"空心化"现象。

监测能力严重不足

区县环境监测机构主要责任已经转变为执法监测、监督性监测和突发生态环境事件应急监测，承担起地方环保部门"耳目"的作用。区县环境监测机构除人员力量薄弱外，还存在监测用房不足，检测资质不全等问题，其监测能力与地方环保部门管理需求严重不匹配。

当然，环境监测服务市场开放以后，第三方监测机构异军突起，一些优秀的第三方机构不仅在监测能力、实验室条件，而且在监测技术人员方面，都远远胜过区县环境监测机构，客观上部分弥补了监测能力不足的问题。但是我国环境治理体系要求"政府为主导"，在关键性的监测过程中，必须由区县环境监测机构进行，从而保证地方环保部门话语权和主导权。

条块工作机制不畅

目前我国尚未出台法律法规对垂直管理机构与地方政府各自的权力范围、运行机制等做出明确具体的规定。生态环境保护作为一个牵扯多方关系的复杂领域，改革后的环保机构与地方政府由于职权范围可能存在重合或模糊之处，可能导致人员在工作上互相推诿，形成条块工作机制不畅的问题。

例如发生在乡镇的环保问题，乡镇往往"看得见但无权管"，而垂管部门的监测活动又往往难以得到乡镇的配合，导致环保机构"有权管但看不见"，这两种现象往往加剧条块矛盾。

垂改设计最难把握的就是条块关系处理分寸的拿捏，要使条和块权责明晰、落实、平衡，我们建议：一是在"条"上明确职责范围，在"块"上强化主体责任，调动地方政府解决环保问题的积极性；二是在"条""块"互相监督过程中，加强监测机构与地方政府的联系与沟通，建立协同合作机制，使得监测机构既能够立足本地区的建设与发展，也使地方政府积极支持监测机构在本地区开展工作。

总之，在强化地方政府的责任，厘清职能范围的基础上，可以根据当地环境问题的基本情况，结合自身需要，积极探索创新，寻找适合自己的模式。生态环境监测垂改"后半篇文章"绝不能一收了之，也绝不会一蹴而就，政策上要有弹性，切忌"一刀切"。

"双碳"目标下土壤环境管理思考

在人类生存环境的构成要素中，土壤环境是必不可少的一项。土壤不仅可以将水分和养分提供给众多陆生植物，保证陆生植物的基本生长需求，还可以为人类农业生产创造有利条件。随着土壤酸化、重金属污染、土地功能退化等问题日益凸显，社会各界逐渐从关注土壤产出功能向土壤健康转变。土壤健康概念是指土壤作为动态生命系统，具有维持其功能的持续能力，主要包括维持植物和动物的生产力，保持或提高水和空气质量，促进植物和动物健康。

土壤是生态系统碳库的重要组成部分，既是"碳源"也是"碳汇"。土壤碳库在陆地生态系统占比达到 90% 以上，为植被碳库的 3~4 倍、大气碳库的 2~3 倍。在 2020 年我国提出 2030 年实现"碳达峰"与 2060 年实现"碳中和"（"双碳"）目标的背景下，如何通过基于土壤健康的土壤环境管理策略，更好地融合服务国家发展大局，是当前土壤环境管理的重点。一方面，我们通过减污降碳协同增效，可大幅减少土壤污染和生态退化问题；另一方面，可持续的土壤资源利用和低碳管理是发掘土壤固碳作用、提升生态系统碳汇增量的重要手段。

土壤环境管理重在风险管控，为此我们需要明白几个问题。一是风险管控和修复主要是谁的责任。农用地，风险管控责任在行政机关和污染责任人，修复责任在污染责任人。建设用地，风险管控和修复责任主要由土地使用权人或污染责任人承担。二是土壤标准和水气标准的不同。土壤环境质量标准划出了风险筛选值和风险管制值两条线，在风险筛查和评估的基础上，我们需要采取保护、利用、管控或修复等不同的策略。土壤治理和修复，不能简单照搬大气和水污染治理的思路和技术路径。三是有污染不一定就必然有风险。我们既要考虑污染物的含量，又要考虑污染物接触人体的途径及其逐渐衰减的过程。只有污染物超过一定标准时，才会对人体健康产生威胁。四是有风险未必就一定要修复。我们应针对不同功能用途，设置不同的修复目标值。对于关闭搬迁企业厂址，强调治理；对于在产工业企业厂址，强调防控；对于农田耕地，强调利用。五是溯及既往和无限连带责任。无论土壤污染的潜在责任人的行为有没有过失，是不是故意，或者行为发生之时是否合法，对其危险物质的处置均负有溯及既往的严格的无限连带责任。六是脏中选脏。有健康风险的污染地块是最脏的，要优先修复。

中国土壤环境管理政策历程①

20 世纪 80 年代，矿区土壤、污灌和六六六、滴滴涕农药大量使用造成的耕地污染等问题引起关注，中国逐步将土壤污染防治纳入环境保护重点工作，开展了一系列基础调查，出台土壤污染防治相关管理政策，逐步建立了土壤污染风险管控体系。

纵观中国土壤环境管理发展历程，可划分为四个阶段（详见图 1）。

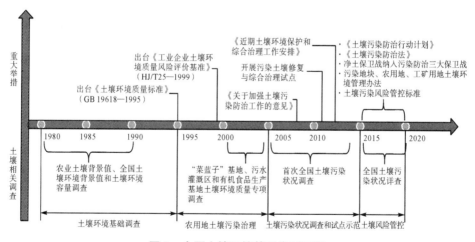

图 1　中国土壤环境管理发展历程

①　刘瑞平，宋志晓，崔轩，等. 我国土壤环境管理政策进展与展望 [J]. 中国环境管理，2021，13（5）：93–100.

"六五"至"八五"时期：土壤环境基础调查

中国 1979 年颁布的《环境保护法（试行）》最早在立法中涉及土壤污染防治的要求：推广综合防治和生物防治，合理利用污水灌溉，防止土壤和作物的污染。"六五""七五"期间，相关部门在国家科技攻关项目支持下开展了农业土壤背景值、全国土壤环境背景值和土壤环境容量等基础研究，编辑出版了《中国土壤元素背景值》和《土壤环境背景值图集》；在此基础上，制订了《土壤环境质量标准》（GB 15618-1995）。此外，还颁布了《农用污泥中污染物控制标准》（GB 4284-1984）《城镇垃圾农用控制标准》（GB 8172-1987）《农用粉煤灰中污染物控制标准》（GB 8173-1987）等农用地土壤污染源防控技术标准。

"九五"至"十五"时期：农用地土壤污染治理

《国家环境保护"十五"计划》提出了确保农产品安全的土壤污染防治具体措施；土壤污染防治要求也零散出现在《基本农田保护条例》《固体废物污染环境防治法》《农药管理条例》等相关法规中。2001 年起，中国环境监测总站组织开展污水灌溉区、"菜篮子"基地和有机食品生产基地土壤环境质量专项调查工作，为农用地土壤污染治理提供了基础支撑。此外，还开展了土壤污染防治与修复相关技术标准研究，发布实施《工业企业土壤环境质量风险评价基准》（HJ/T 25-1999），制定了一批土壤环境监测分析方法，有效提升了中国土壤环境管理水平。

"十一五"至"十二五"时期：土壤污染状况调查和试点示范

该阶段土壤污染防治逐渐成为环境保护工作的重点，相关政策部署相继出台，并开展了一系列土壤污染状况调查、治理试点示范等工作。2008年，原国家环保总局在北京召开第一次全国土壤污染防治工作会议，要求切实解决当前突出的土壤环境问题；同年 6 月，原环境保护部印发《关于加强土壤污染防治工作的意见》，提出开展农用土壤环境监测评估与安全性划分、全国土壤污染状况调查、土壤修复与综合治理试点示范等具体任务。此后，《重金属污染综合防治"十二五"规划》《国务院关于加强环境保护重点工作的意见》《国家环境保护"十二五"规划》等均对土壤污染防治提出明确要求。2013 年，国务院办公厅印发《近期土壤环境保护和综合治理工作安排》，土壤污染防治工作逐步提上重要议事日程。2005—2013 年，原环境保护部、原国土资源部联合开展了首次全国土壤污染状况调查，从国家尺度上初步摸清了土壤污染状况。"十二五"期间，开展了土壤环境质量例行监测试点，分别对污染企业周边、基本农田区（粮棉油）、蔬菜基地、集中式饮用水源地和规模化畜禽养殖场周边开展监测。同时，在大中城市周边、重金属污染防治重点区域等开展土壤污染治理与修复试点示范。此外，原环境保护部组织开展了"污染土壤修复与综合治理试点"专项研究，国家"863 计划"支持开展了"典型工业污染场地土壤修复关键技术研究与综合示范"。

"十三五"时期：土壤污染风险管控

2016 年，国务院印发《土壤污染防治行动计划》，这是中国土壤环境管理领域的纲领性文件。2018 年，党中央印发《关于全面加强生态环境保护坚决打好污染防治攻坚战的意见》，净土保卫战为污染防治三大保卫战之一。2019 年 1 月 1 日，《中华人民共和国土壤污染防治法》正式实施。2020 年 2 月，国家发展改革委印发《美丽中国建设评估指标体系及实施方案》，将土壤安全纳入美丽中国建设评估指标。中国建立了以风险管控为核心的土壤污染防治体系：出台了《土壤污染防治法》，填补了法律空白；出台污染地块、农用地、工矿用地土壤环境管理办法等部门规章，土壤污染责任人认定办法、农用地、建设用地土壤污染风险管控标准，以及建设用地风险管控等系列技术导则，建立了"一法两标三部令"土壤污染防治法规标准体系；完成农用地土壤污染状况详查和重点行业企业用地土壤状况调查，基本掌握全国土壤污染情况；建成覆盖不同地区、不同类型的土壤环境监测网络，基本摸清了耕地污染的现状和空间分布。

中国土壤环境管理政策现状①

形成了以风险管控为核心的总体思路

我国借鉴发达国家土壤污染防治经验，结合近年来土壤污染防治实践

---

① 刘瑞平，宋志晓，崔轩，等. 我国土壤环境管理政策进展与展望［J］. 中国环境管理，2021，13（5）：93-100.

探索，综合考虑现阶段土壤污染现状和社会经济发展实际，形成以风险管控为核心的土壤环境管理思路，即通过采取源头减量、污染阻断等措施，消除或管控土壤环境风险，降低对周边环境的影响。土壤污染风险管控主要体现在四个方面："防"，即通过合理空间布局管控、土壤环境准入等措施，预防土壤污染产生；"控"，即通过企业生产过程环境管理、提标改造升级、污染物排放控制和农业面源污染治理等，管控土地利用过程环境风险；"治"，即针对污染的土壤，采取以风险管控为主的措施，例如，农用地农艺调控、种植替代，污染地块建设阻隔工程等；"管"，即利用环境执法、定期土壤环境监测等管理手段，保障污染防治措施落实，降低土壤环境风险。

土壤环境管理的目标是保障农产品质量和人居环境安全，基于风险管控的总体思路和要求，现阶段土壤污染防治的三大重点是新增污染防控、农用地和建设用地两大地类环境风险管控，并以《土壤污染防治行动计划》《土壤污染防治法》实施为基础，建立土壤污染防治的基本框架和政策体系。在防控新增污染方面，建立土壤污染预防和保护制度，重点对工业、农业、生活三大污染源进行管理，做好土壤环境准入、过程监管、地块退役等环节的全过程管理；在农用地管理方面，建立农用地分类管理制度，即根据农用地土壤环境和农产品质量等分类实施土壤环境管理；在建设用地管理方面，建立准入管理制度，开发利用的地块必须符合相应用地土壤环境质量要求，从而推动污染土壤的风险管控和修复。此外，中国还以法律形式规定了土壤污染风险防控实施的保障机制。例如，实行统一的土壤环境监测制度，建立覆盖生态环境、农业农村、自然资源等的全国土壤环境监测体系，并每十年至少组织一次土壤污染状况普查；建立土壤调查和评估制度，对存在环境风险的地块开展土壤污染状况调查和风险评估，并实施后期风险管控和修复等活动；建立省级土壤污染防治基金制度，解决责任主体不清晰的历史遗留污染、专项资金投入模式渠道窄等问题（详见图2）。

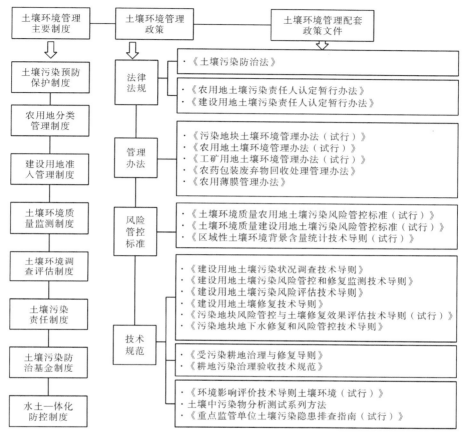

图 2　中国土壤环境管理制度体系

明确了全过程防控政策

中国通过加强前期土壤环境管理，减少污染物排放，显著降低土壤环境风险和后期治理成本，以最小投入获得最大环境效益。从地块准入、使用过程、退役等环节，形成基于地块全生命周期管理的全过程防控机制：在地块准入环节，提出合理空间布局管控，排放有毒有害物质的重点行业和企业开展土壤环境影响评价、符合相应用地土壤环境质量要求的地块方可进行开发利用等预防措施；在地块使用环节，采取在产企业风险防控、提标改造，土壤污染隐患排查，土壤和地下水自行监测，农用地合理使用农药化肥等措施，防止新增污染；在地块退役环节，生产过程终止的重点企业用地进入土壤调查评估和风险管控程序，涉及生产设施设备拆除活动的采取防止土壤污染措施。土壤污染源头防控是综合性的系统工程，还包括农业投入品、畜禽养殖等农业面源污染综合治理，重点保障未污染的耕地、林地、草地和饮用水水源地环境风险。因此，我国建立区域尺度的土壤污染源综合防控制度，开展区域土壤污染源解析和监测预警，识别土壤污染的重点区域、重点行业、重点污染源，研判土壤污染变化趋势，作为区域土壤环境保护政策和污染源管控策略制定的依据。

制定了分类管理政策

长期以来，中国农用地土壤环境管理是对照农用地土壤环境质量相关标准进行超标评价，并根据超标倍数划分污染等级，未考虑农产品质量状况。近年来我国逐渐开展农产品风险和农用地土壤生态风险协同评价，以保护食用农产品质量安全为主要目标，出台了农用地土壤环境质量标准，划出了筛选值和管制值两条标准线。土壤污染物含量低于筛选值的，对农产品质量安全、农作物生长或土壤生态环境的风险低，一般情况下可以忽略；高于管制值的，食用农产品不符合质量安全标准的农用地土壤污染风险高；土壤污染物含量介于筛选值和管制值之间的，对农产品质量安全、农作物生长或土壤生态环境可能存在风险。

根据土壤环境质量和农产品质量情况等，中国建立了农用地分类管理制度，即将农用地划分为优先保护类、安全利用类和严格管控类三个类别，分类实施土壤环境管理。优先保护类农用地土壤环境质量较好，以保护措施为主，例如将符合条件的优先保护类耕地划为永久基本农田，严格新建可能造成土壤污染的建设项目。安全利用类农用地存在农产品超标风险，通过采取农艺调控、种植替代等措施，降低农产品超标风险。严格管控类农用地难以通过安全利用措施降低污染风险，采取划定特定农产品严格管控区域、土壤和农产品协同监测与评价、调整种植结构、退耕还林还草、轮作休耕等风险管控措施。

完善了管控和修复制度

中国逐步建立了涵盖用地准入、污染预防、调查评估、风险管控或修复效果评估、再开发利用等全过程的建设用地土壤环境监管体系，并建立了建设用地土壤污染风险管控和修复名录制度（详见图3）。实施建设用地准入管理，即开发利用的土地必须符合相应用地土壤环境质量要求。经普查详查和监测等表明存在土壤污染风险、用途变更为住宅和公共管理与公共服务用地、土壤污染重点监管单位用途变更或土地使用权变更的地块，需开展土壤污染状况调查；存在污染的进一步开展风险评估。风险评估结果表明需要实施风险管控、修复的地块，纳入建设用地土壤污染风险管控和修复名录，结合土地利用规划，采取相应的风险管控和修复措施，并开展效果评估及后期环境管理。

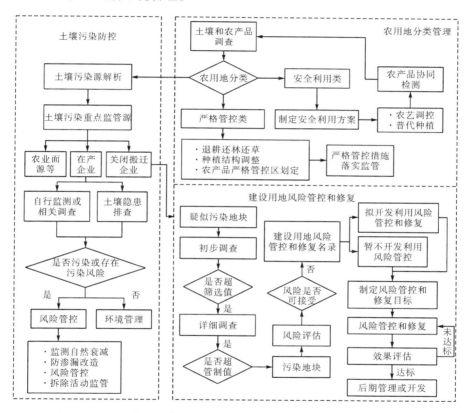

图 3　中国土壤环境管理工作流程构架

建设用地风险管控措施包括提出划定隔离区域、土壤及地下水污染状况监测等；修复技术包括固化稳定化、热脱附、水泥窑协同处置等，通常情况下需同时采取多种管控措施。为保障建设用地调查和修复报告质量，我国建立了相关报告分级评审制度，分别由地市级、省级生态环境主管部门会同自然资源主管部门，组织对土壤污染状况调查报告、风险评估报告、风险管控效果评估报告、修复效果评估报告等进行评审。建立土壤污染责任人认定制度，由土壤污染责任人实施土壤污染风险管控和修复；土壤污染责任人无法认定的，由土地使用权人实施风险管控和修复。

"双碳"目标下土壤环境管理[①]

推动从末端治理向源头防控转变

2014年4月发布的《全国土壤污染状况调查公报》表明，全国土壤总的超标率为16.1%，耕地土壤点位超标率为19.4%，其中，耕地轻微、轻度、中度和重度污染点位比例分别为13.7%、2.8%、1.8%和1.1%。第二次污染源普查显示，2017年全国水污染物排放中，铅、汞、镉、铬和砷排放总量为182.54吨。相关研究表明，大气沉降仍是中国农田土壤中大部分重金属元素（除铜以外）的主要来源，近十年的贡献率达到50%~93%，并且逐年累积。土壤是大气、水、固废等污染物的最终受体，处于污染链条的末端。因此，我们应通过"借力""碳达峰""碳中和"，协同推进减污降碳，大幅减少重金属、有机污染物等污染物的产生和排放，并逐步实现土壤自净。完善污染物排放与土壤污染风险、土壤环境质量等之间的源汇关系，构建定量评价机制，分析制定污染物持续减排情形下土壤环境变化趋势和质量改善的路线图。以减量、断源为核心，建立土壤污染源协同监管机制，对工业源，加强产业结构调整、生产技术革新和污染治理能力提升，推进水气土污染协同防控；对农业源，优化耕作方式，减少化肥、农药、农膜等农业投入品使用，降低温室气体排放。

探索建立低碳环境管理体系

土壤低碳环境管理以土壤健康为出发点，在"碳达峰"和"碳中和"的目标下，我们需不断丰富健康土壤的内涵，从保护人体健康、改善生态环境角度出发，构建以减污、增碳为核心的低碳土壤环境管理路径。一方面，通过工业污染协同减排、农业投入品减量、土地集约节约利用、城镇发展空间管控、土壤资源化利用等途径减少碳排放；另一方面，通过采取

---

① 刘瑞平，魏楠，季国华，等."双碳"目标下中国土壤环境管理路径研究 [J]. 环境科学与管理，2022，47（2）：5-8.

保护性耕作、污染土壤综合治理、土地利用方式优化、生态环境空间修复等措施增加碳汇，分阶段、分步骤、分区域实现健康土壤管理。完善土壤健康监控和评价体系，构建不同类型土壤基于污染物浓度、微生物量、土壤酶等指标的土壤健康表征指标体系和评估框架。结合不同阶段土壤环境管理目标，设计"风险管控—环境质量改善—生态系统良性循环"的土壤健康路线图。

优化空间布局节约集约利用

合理高效的利用土地资源是降低碳排放、增加碳汇的重要手段，通过优化空间布局、推动土地节约集约利用可从源头管控土壤污染风险。严格生态保护红线、永久基本农田、城镇开发边界三条控制线，强化生态功能重要区域保护，改善林地、草地、湿地等重要生态用地管理，加大生态系统保护和修复力度，保障粮食安全和重要农产品供给。根据土壤环境承载力等合理规划产业结构，强化建设用地规模的刚性约束，遏制土地过度开发和建设用地低效利用。此外，探索通过限制碳排放强度、盘活闲置土地、修复再利用工矿废弃地、土地复垦等途径提高土地利用效率。

改善耕作方式发挥土壤增碳效益

农田生态系统是温室气体减排的重要途径之一，具有巨大的固碳潜力，通过大力推广秸秆还田、轮作休耕、少耕免耕、投入品减量、施用有机肥等保护性耕作措施，以及发展耕地集约化经营模式等，可减少对土壤的扰动，显著增加土壤有机碳含量。此外，对于农业面源污染、土壤重金属污染、水土流失严重的地区，实施面源污染综合治理、土壤安全利用和修复、退耕还林还草等行动，提高土壤固碳功能。

加快发展绿色低碳土壤修复技术

绿色可持续修复要求选择最佳的修复技术和方案，综合考虑二次污染、能耗、农作物产量等，以使对环境的影响降低到最小程度，获得最大的环境、社会、经济效益。加快发展绿色低碳修复，构建绿色可持续修复分析框架和评价指标体系。对农用地，建立安全利用可持续效果评价机制，重点关注施入改良剂、调理剂等污染物输入，恢复农业生产功能，农产品安全，修复效果稳定性，修复成本和效益等；分类分区建立农用地安全利用和严格管控技术体系和系统性解决方案；对建设用地，重点关注全生命周期的二次污染防控、能耗、修复时长、修复成本、修复效果、公众影响等，开发可持续评估工具。开展土壤修复全过程碳排放和碳汇核算，探索"零碳排放"修复技术和模式。充分发挥土壤在减污降碳协同增效和有机碳固定等方面的作用，逐步改善生态环境质量，助力"双碳"目标如期实现。

泸州土壤环境管理实践

"十三五"期间

泸州市完成 1 444 个农用地土壤污染状况点位详查；完成 156 个重点行业企业用地调查基础信息采集和风险筛查纠偏、29 个疑似污染地块布点等工作；完成 52 家土壤污染重点监管单位、5 个工业园区、13 家污水集中处理设施和 7 家固体废物处理设施土壤监督性监测。划定永久基本农田面积 487 万亩，涉及耕地图斑 27.89 万个。建成投运川南首个 1 万吨/年医疗废物全类别处置项目、15 万吨/年一般工业固废资源利用项目、3 万吨/年废铅蓄电池收集项目和 5 万吨危废处置项目建设。建立涉重金属重点行业 8 家企业全口径清单和排污许可申报登记。建立绿色防控核心示范区 10 万亩，叙永县和古蔺县分别创建化肥减量增效示范区 2 万亩。农用化肥施用量保持零增长，专业化统防统治覆盖率达 40.8%，农药使用量同比减少 3%，连续 7 年实现农药使用量负增长，绿色防控覆盖率达 33%。

"十四五"期间

《泸州市"十四五"生态环境保护规划》第八章指出，一是加强土壤污染源头防控。严格执行相关国土空间布局要求，禁止在永久基本农田集中区域规划新建可能造成土壤污染的建设项目；鼓励土壤污染重点工业企业集聚发展；禁止在居民区、学校、医院、疗养院、养老院等场所周边新建、改建、扩建可能造成土壤污染的建设项目。

严控矿产开发过程中的土壤污染。严格重点行业企业准入，规范新、改、扩建项目土壤环境调查，落实涉及有毒有害物质土壤污染防治要求；推进耕地周边涉镉等重金属行业企业排查整治，动态更新污染源排查整治清单；推进灌溉水水质监测工作，保障耕地灌溉水质安全。

结合泸州市重点行业企业用地调查成果，完善土壤污染重点监管单位名录。定期开展土壤污染重点监管单位周边土壤环境监测，到 2025 年，泸州市土壤污染重点监管单位排污许可证载明土壤污染防治义务。土壤污染重点监管单位定期对生产区、原材料及固体废物堆存区、储放区和转运区等区域，以及地下储罐、运输管线、污染处理处置等设施开展土壤污染隐患排查，对存在污染隐患的区域制定整改方案并落实。

推进泸州市土壤环境背景值调查研究，摸清泸州市农用地及农产品污染状况，动态调整耕地土壤环境质量类别划分。以工业园区、油库、加油站、废弃矿山、集中式饮用水水源地、垃圾填埋场和焚烧厂等为重点，开展土壤环境质量调查，建立土壤污染风险源清单。以叙永县、古蔺县历史遗留硫铁矿尾砂磺渣等固废堆场区域为重点，开展重金属调查和评估。

二是推进土壤污染风险管控。加大优先保护类耕地保护力度，确保其面积不减少、土壤环境质量不下降。加强叙永县、古蔺县严格管控类耕地监管，根据土壤污染状况和农产品超标情况，采取农艺调控、替代种植等措施，降低农产品超标风险。

定期更新公布疑似污染地块、建设用地土壤污染风险管控和修复名录。推进历史遗留老工业企业土壤治理，对泸县万联化工、中油金诺化工等一批已关闭或拟搬迁的受污染地块开展土壤修复治理。开展用途变更为住宅、公共管理、公共服务用地等地块土壤污染状况调查和风险评估，禁止未达到土壤污染风险管控、修复目标的地块开工建设任何与风险管控、修复无关的项目。探索在产企业"边生产、边管控"的土壤污染风险管控模式。推广绿色修复理念，强化修复过程二次污染防控，健全土壤修复地块的后期管理和评估机制。对划入生态保护红线内的未利用地实行强制性保护，加强滩涂、非煤矿山等未利用地环境监管。

以"硫铁矿矿渣堆体集中区域耕地土壤污染源头预防"和"土壤污染重点监管单位源头预防"为重点，实施"硫铁矿矿渣堆体集中区域耕地土壤污染源头画像—断源控污—示范基地建设""土壤污染重点监管单位隐患排查—绿色改造—长效监管"和"多要素协同推进土壤环境风险管控"三大任务，打造硫铁矿矿渣堆体断源控污科普教育基地，凝练形成可复制、可推广的"硫铁矿矿渣堆体"和"土壤污染重点监管单位"断源控污源头预防模式。

三是实施地下水污染风险防控。以历史遗留炼磺区、垃圾填埋场、加油站、化工园区和化工项目等为重点，开展地下水重点污染源及周边地下水环境风险隐患调查评估。开展泸州市地下水污染防治分区划定工作，形成地下水污染分区、分类防控体系，提出地下水污染分区防治及污染源分类监管措施。健全地下水环境监测网，配合省级部门健全四川省地下水污染基础数据库；加强现有地下水环境监测井的运行维护和管理。

强化地表水与地下水污染协同防治，开展地表水与地下水交互影响研究。开展古蔺县历史遗留炼磺区、叙永县煤硫铁矿开采区地下水污染防控。

四是深化农业农村环境治理。严控农药、化肥使用量，鼓励使用配方肥，增施有机肥，开展政府补贴有机肥生产和使用试点工作，减少化肥使用量；全面推广高效、低毒、低残留环保型农药，采用先进施药机械，提高药液雾化效果，减少农药用量。大力推广应用生态调控、生物防治、物理防治、科学用药等绿色防控技术防治病虫害。

进一步规范畜禽养殖管理，合理调整畜禽养殖业布局，建立持续、高效、生态平衡的规模化畜禽养殖生产体系。以叙永县、古蔺县、合江县、泸县和纳溪区为重点，强化粪污无害化治理，提高畜禽粪污资源化利用；建设养殖规模化、管理专业化、产品绿色化、粪污无害化的畜禽生态养殖示范小区。继续推进农村厕所革命，严格落实公厕管护责任。严格饮用水源、水库等生态敏感区域周边排污监管，规范企业、养殖户、农户等排污行为。完善村庄垃圾收集点建设，健全"户分类、村收集、镇转运、集中处理"的生活垃圾收运处理体系，鼓励开展农村垃圾源头分类处理和资源化利用，持续提升农村生活垃圾无害化处理水平。协同推进废旧农膜、农药肥料包装废弃物回收处理。

"放管服"背景下环评审批思考

环评最早起源于美国 1969 年制定的《国家环境政策法》(National Environmental Policy Act，NEPA)，以通过对拟议政策、规划、计划、项目及其替代方案的环境影响进行分析、预测和评价，将环境与可持续发展因素纳入战略决策，促进决策的科学化与民主化。我国于 1973 年引入环评概念，并在 1979 年出台的《环境保护法（试行）》中将环评确定为"老三项"环境管理制度之一，1989 年《环境保护法》出台之后，包括环评在内的环境管理"八项制度"正式建立起来，再到 1998 年《建设项目环境保护管理条例》、2002 年《环境影响评价法》、2009 年《规划环境影响评价条例》的先后出台，标志着我国环评"一法两条例"的法律体系基本构建起来。党的十八大以来，生态文明体制改革着力于"用制度保护生态环境"，环评制度改革也相应紧锣密鼓地进行着。2013 年，原环境保护部逐步下放审批权限；2014 年修订的《环境保护法》使得有关经济和技术政策实施环评成为可能，2015 年开启了环评机构脱钩；2016 年新修订了《环境影响评价法》，并发布了《"十三五"环境影响评价改革实施方案》，旨在通过改革，发挥环评在环保工作中的"控制阀"作用，让环评重回"为决策提供科学依据"之本源，探索和创新环评改革路径。

随着 2015 年《中华人民共和国环境保护法》的实施和生态文明体制改革的推进，环境监管失灵的状况逐渐得到了扭转。2020 年，为进一步规范环评分类管理，做好"六稳"工作，落实"六保"任务，支持服务中小微企业，助推经济高质量发展，生态环境部发布了《建设项目环境影响评价分类管理名录（2021 年版）》。为营造良好营商环境，促进环保产业良序发展，习近平总书记在党的十九届三中全会上强调：要清理和规范各类行政许可、资质资格、中介服务等管理事项。加快要素价格市场化改革，放宽服务业准入限制，优化政务服务，完善办事流程，规范行政裁量权，保障各类市场主体机会平等、权利平等、规则平等。并多次在其他会议中就深化简政放权、转变政府职能以及深化生态环境监管体制改革作出重要指示批示，为深入推进生态环境领域"放管服"改革指明前进方向，提供根本遵循。

环评"放管服"改革背景

我国的环评制度在 20 世纪 70 年代已确立，其目的是预防规划和建设项目实施后对生态环境造成的不良影响，促进经济社会和生态环境协调发展。可以说，我国引入环评概念时，工业化和城镇化刚起步，人们环境意识低下甚至普遍性缺失，包括环评在内的环境管理制度经历了由计划经济向市场经济的转变。行政许可和行政审批是我国计划经济时期最显著的特征，环评制度也就难以避免地带有较为明显的计划经济色彩，而且该制度作为建设项目立项必不可少的一项行政审批不断被强化。

2016 年 5 月国务院召开"全国推进简政放权放管结合优化服务改革电视电话会议"，要求转变政府职能，提高政府能效。自此，我国陆续出台了《2016 年推进简政放权放管结合优化服务改革工作要点》《国务院办公厅关于进一步做好"放管服"改革涉及的规章、规范性文件清理工作的通知》《国务院办公厅关于印发全国深化"放管服"改革优化营商环境电视电话会议重点任务分工方案的通知》等一系列关于政府"放管服"改革的重要政策文件，为环评行政审批的"放管服"改革指明了方向。为落实国务院"放管服"改革精神，2016 年原环境保护部出台了《关于印发〈"十三五"环境影响评价改革实施方案〉的通知》，为环评行政审批改革提供了实施方案。2018 年生态环境部出台了《关于生态环境领域进一步深化"放管服"改革，推动经济高质量发展的指导意见》，为环评行政审批的"放管服"改革提出了具体举措。2020 年生态环境部出台了《关于统筹做好疫情防控和经济社会发展生态环保工作的指导意见》，进一步统筹推进疫情防控、经济社会发展和生态环境保护，深化了环评行政审批"放管服"改革的举措。

从政策文件来看，我国环评行政审批的政策要求主要集中在以下方面：环评行政审批不再作为建设项目审批核准的前置条件；环评行政审批权的下放和取消；环评行政审批的前置条件的取消；排污许可证载入环评要求；规划环评与项目环评联动；环评分类分级管理的优化；环评登记表备案管理；审批时限压缩；环评告知承诺制；环评审批豁免制；环评与排污许可同步审批制。

"放管服"是"简政放权、放管结合、优化服务"的简称，其核心是合理确定政府、企业、社会公众的边界，明确环评中政府、企业、社会公众的责任、权利与义务。即政府对环境质量负责，做好环评法律、标准的制度修订，进行环评实施情况及环评市场监督，严格环评执法；企业无论是作为环评服务需求方的污染企业，还是作为环评服务供给方的环评机构，都要遵守环评制度和环评市场规则，并自觉行动、自我约束，对其生产经营行为、环评服务行为及其不良后果负责；社会公众可以更多地依法参与监督，通过违法举报、参与环评及制定环评制度等方式，对政府和企业环境行为、治污行为进行有效监督。

《中华人民共和国环境影响评价法》两次修正的主要内容

《中华人民共和国环境影响评价法》自 2002 年颁布以来，分别于 2016 年 7 月 2 日和 2018 年 12 月 29 日经过两次修正，这两次修正都是在政府推行"放管服"改革的背景下进行的。2016 年《中华人民共和国环境影响评价法》修正的主要内容包括：环评行政审批不再作为建设项目审批、核准的前置条件；将环境影响登记表由审批制改为备案制；对规划环评与建设环评的关系作出了重新调整；不再将水土保持方案的审批作为环评的前置条件；取消了环境影响报告书、环境影响报告表的行业预审。2018 年《中华人民共和国环境影响评价法》修正的主要内容包括：建设项目环评资质行政许可被取消；建设单位对环评报告书（表）承担主体责任；编制单位人员违法信息记入社会诚信档案。从上述两次修法来看，2016 年修法集中在"申请活动的环评行政许可"，而 2018 年修法针对的是"环评从业资格行政许可"。2018 年 8 月，生态环境部在新闻发布会上通报了近年来我国环评改革新进展。2018 年上半年，全国备案项目环评 412 864 个，占全国项目环评总数的八成，也就是说，现在项目环评的 80% 无须审批。需要审批的 9 万多个项目中，编制报告书的也只占 8%，大大减少了环评工作量。

环评改革存在的问题

部分改革缺依据

地方在简化环评程序方面主要表现为，对规划所包含项目针对特定类型采取环评审批权限下放、环评文件降级、豁免办理环评、告知承诺审批制、打捆审批、缩短环评时限等措施，这些措施已经超越了《中华人民共和国环境影响评价法》和《中华人民共和国行政许可法》的法释义学范畴，存在合法性质疑。告知承诺审批制即"事前告知承诺+事中事后监管"，名义上为审批，实际上生态环境主管部门可以不通过实质性审查环评文件就直接作出审批决定，通过事后审查进行复核、撤销直至相关责任追究，在一定程度上改变了《中华人民共和国行政许可法》的程序设计，并与《中华人民共和国环境影响评价法》第二十五条的事前审查要求存在冲突，变事前控制为末端治理，弱化了环评审批的预防功能，也容易忽视对审批过程中利害关系人利益的维护。至于打捆审批，是指针对具有同质性、关联性的多个项目，既可以将同一类建设项目编制一个环评文件，一并报批，也可以由审批部门将同一类建设项目环评文件统一组织评估、审查，单个项目不再开展环评。但是何谓"同类项目"，各地认定标准不同，《中华人民共和国行政许可法》和《中华人民共和国环境影响评价法》也未规定此种审批方式。对于缩短环评时限，"审批提速"的政策要求可能会与法律法规的刚性要求产生冲突。

监管体系待完善

"放得起，管得住"是环评改革的必由之路，健全和完善监管体系是"管得住"的重要支撑。虽然现有监管体系对确保企业达标排放、生态环境质量不下降发挥了重要作用，但随着备案管理、简化管理的项目逐渐增加，事中事后监管效率低、监管尺度不统一、多部门协作未形成合力等问题逐渐凸显，事中事后监管难以达到预测效果。自《中华人民共和国环境影响评价法》取消环评机构资质限制后，环评管理开启了以信用管理为主的新模式。环境影响评价信用平台的启用、《建设项目环境影响报告书（表）编制监督管理办法》和《建设项目环境影响报告书（表）编制单位和编制人员失信行为记分办法（试行）》的实施使环评管理更加趋于公开化、透明化，并在一定程度上对环评违法行为起到了震慑作用，但由于相应责任惩戒效力低、作用范围有限等，违法违规行为仍屡禁不止。随着环评单位脱钩改制，中介机构遍地开花，技术水平良莠不齐，环评报告质量普遍下降，没有配套的文件予以规范完善。仅通过信用管理这只"无形的手"支撑构建"以质量为核心"的环评管理体系，其支撑力度严重不足，环境影响评价信用平台管理方式有待完善，配套环评责任惩戒措施的力度尚须强化。

各方责任须明确

环评文件的编制和审批涉及建设单位、环评单位、评估单位、评审专家、主持编制人和主要编制人等多方参与，经过多年的环评改革，以建设单位为责任主体的环评责任体系逐步形成，但各参与方具体责任边界仍不够清晰，责任意识仍然不强：一是建设单位虽已形成履行环评手续的责任意识，但对环评编制质量的责任意识仍较缺乏；二是不少能力弱的环评单位利用环境影响评价信用平台和监管漏洞超能力承揽项目；三是评审专家和评估单位的评审责任范围仍不够明确，导致部分专家不愿评审、不敢评审，部分评估单位不愿评估；四是审批部门的责任未纳入监管。根据"放管服"的要求，各地实践均在放松事前监管的同时强调加强事中事后监管，主要强调规划环评对项目环评自上而下的指导约束作用以及项目环评对规划环评的落实和运用。对项目后续的监管，主要按照"双随机、一公开"的要求加大项目环评抽查比例和力度，并且对存在违法行为和环境管理问题的情形予以处罚和追责。合理的管理制度可以简化管理过程，提高管理效率。在制度化管理下，要让每一件事情都是程序化的、标准化的，这样做有利于机制运行参与的各方迅速掌握自己需要完成的工作内容，打通环评机构、技术评估机构、建设单位以及管理部门之间的沟通障碍，使环评机制运行的效率不断提升。

预防性规制有弱化

现行相关规定和实践以"放"为核心，以效率最大化为价值取向，多倾向于大幅简化规划所包含项目的环评内容和程序，这虽然有助于提升审批效率，但对于用事中事后监管替代事前监管的风险预防功能可能过于乐观。如果以规划环评为前提直接简化甚至豁免项目环评，那么这是对项目环评独立价值的否定。规划环评对于项目环评的嵌入式考虑不能替代项目环评。建设项目环评审批的必要性包括：①环境问题具有很强的外部性及专业性，这就需要生态环境主管部门的工作人员认真审查建设单位提交的环境影响评价文件，发现不符合国家排放标准的项目要及时提出改进建议，改正后仍无法达到环保要求的，要及时制止。②对环境造成不良影响的项目未经审批即投产运行，会造成环境成本提高，其造成的损害是无法用经济价值来衡量的。生态环境主管部门的监管力量有限，环境影响评价文件审批过程中引入公众参与的方式，能借助公众力量提高对建设项目的监督力度，督促建设单位按照环评文件开展环保设施建设，从而减少环境污染。③建设项目环境影响评价文件的作用非常大。对于项目污染物产生的工段、采取了哪些治理措施、排污量的计算、监测数据、环境经济效益分析等内容都在环境影响评价文件中有详细的介绍，通过开展环评审批，可以为生态环境主管部门开展后续监管工作及行政执法工作提供重要的参考信息，提高监管和执法效率。规划环评与项目环评的联动是相互的。2015 年《关于加强规划环境影响评价与建设项目环境影响评价联动工作的意见》规定"在对于项目环评审查中，发现规划环境影响报告书经审查没有完成相应工作任务、不能为项目环评提供指导和约束的，或是发现相关规划在实施过程中产生重大不良影响的，或是规划环评结论与审查意见未得到有效落实的，有关单位和各级环保部门不得以规划已开展环评为理由，随意简化规划所包含项目环评的工作内容甚至降低评价类别。环保部门可以向有关规划审批机关提出改进措施或建议"。联动机制还包括反馈机制，通过项目环评对规划环评中不够合理完善的内容予以优化调整，反馈到跟踪评价或下一轮规划环评中，以便及时调整和优化规划内容。

信息化水平尚不足

实现环评文件基础数据互联互通、资源共享是优化环评管理、简化环评手续的重要手段之一。而当前项目环评数量多，环评文件涉及的污染源、环境质量、生态背景、水文、气象等数据量大且分散。由于尚未建立联通国家、省、市、县多层级的环评管理平台，因此上述数据资源得不到有效利用，人们无法通过大数据分析污染减排趋势和地方经济发展特征，为生态环境管理提供足够的支撑，亦不利于日常监管。

环评审批对策建议

基层建设

市级生态环境主管部门主要承接化工、制浆等重点行业的建设项目及跨多个县级区域的工程项目的环境影响评价文件审批，除钢铁、有色冶炼等行业的建设项目以及跨多个市级区域的工程项目的环境影响评价文件由省级生态环境主管部门审批外，其余印染、建材、铸造、选矿、危险废物处置、废弃资源回收再生利用、环境治理等所有行业的建设项目环境影响评价文件均由县级生态环境主管部门承接审批。县级生态环境主管部门审批的编制报告书等级的环评文件约占全年环评文件的8%，其余的均为报告表或报告表（附加专项）等级，目前一般编制报告表等级的环评文件在70页左右，而附加专项的报告表等级的环评文件在120页到200页之间，编制报告书等级的环评文件在400页到600页之间。基层生态环境部门审批队伍存在"接不住"的问题主要原因有：一是区县级环评审批专业技术人员少，能力水平参差不齐；二是存在某些弱化环评制度的倾向和思想苗头；三是部分审批人员因存在环境风险、职业风险等因素有畏惧、焦虑情绪；四是专业培训和学习交流机会较少。环评范围量大面广，存在泛环评现象。一大批污染轻、影响小的建设项目，也必须完成一整套繁琐、冗杂的审批程序，在一定程度上降低了行政审批效率，影响了经济发展。同时基层生态环境部门普遍缺乏专业的技术审查机构，技术支撑能力较薄弱，无法对建设项目进行有效的审批或监管，造成加快审批和严格把关相冲突的两难境地：要么是通过事无巨细的"保姆式"审批，将大量本该由企业承担的环境风险转嫁给地方政府，要么因顶不住强大的行政干预压力，或者对具体政策标准把握不准，给违法建设项目或者违法行为开绿灯。

"放管服"改革是政府在自身内部的一次革命，以自身改革为出发点来重新定义政府和市场之间的关系：一是按照《建设项目分类管理名录》等文件要求，优化调整建设项目环评审批目录，将复杂、跨区域项目审批权限上收，把环境风险小、工艺简单的项目审批权限下放，确保项目"放得下"、基层审批部门"接得住"。二是实施环评文件分类管理。综合考量重点行业、重点区域、重点污染等关键要素，制定建设项目环境影响评价"正面清单""负面清单""重点控制清单"。三是实施环评文件分类审查。

根据建设项目对生态环境可能产生的影响程度，可分别采用直接审查、专家函审、专家会审等不同审查方式，对确认环境影响较小、符合环评文件编制要求的报告表项目，可以直接进入审批程序。四是实施"全链条"下放工作机制。企业可在"立项所在地"就近申报市级审批权限的环评文件，区县级生态环境部门窗口受理后，实施市区县两级内部联动；将技术审查环节前伸，实行并联审批，建立审批"明白纸"，大力推进"互联网+"服务；充分依托新媒体等大数据平台，按照"网上申报、按时办结、快递送达"的办理模式，实现"不见面审批"。

质量保障机制

环评文件质量缺乏源头控制。根据《中华人民共和国环境影响评价法》编制环境影响评价文件，必须由取得注册证的环评工程师主持编制才具有审批的可行性。但实际情况是主持编制环境影响报告书（表）的注册环评工程师签名与工作量严重不匹配，呈现注册工程师只看数量，不看质量，只出报告，不看报告的情形。承接大量环评审批业务的区县级生态环境主管部门只能针对环评文件进行管理，对环评机构实际现场监督执法无法开展。

市级技术复核存在局限。市级技术复核除存在频次低、覆盖面小等局限外，还存在一个技术复核的结果对于生态环境预防工作来说滞后的问题。因为采取技术复核的前提是该建设项目环评文件已经取得了审批意见，其相当于是建设单位进行污染防治的指导决策。一旦技术复核发现企业项目环评关于污染防治等措施存在问题，势必影响已经进行建设的投入，甚至需要停止建设或生产来进行整改。

我们要提高评审质量，要做到以下两点：一是充分运用规划环评和项目环评联动机制，简化环评内容及类别。对已开展规划环评的园区内的建设项目，环境影响评价文件可以从环境质量评价、监测数据应用、公众参与等内容方面予以简化；对生产工艺成熟、环境风险小的建设项目实施环评类别简化制度。同时强化空间管制，暂停审批无规划环评的园区内的建设项目，鼓励企业规范化入园，从而规避环境风险、激发市场活力。二是借鉴环评试点区域经验，推进实施"规划环评+承诺备案制"改革。试点区域范围内，在落实规划环境影响评价制度、建立"三线一单"约束机制的基础上，对待审批的建设项目进行类型甄别和风险预判，对环境风险低、环境影响小的项目，衔接排污许可，实施承诺备案制；同时，制定区域统一的项目准入环境标准，配合区域环评审批负面清单，严格控制重污染项目环境准入，并依法加强事中、事后监管。

评估单位和专家约束

相关政策文件没有对生态环境部门选择技术评估单位提供指导意见，也没有对技术评估单位工作时限提出要求。且技术评估单位执业发生廉政等问题缺少相应法律责任条款进行规范。环评审批委托技术评估落实不全面致使部分专家执业时缺乏独立性。委托评估技术制度落实不到位，可能不仅会给相关驻地环评审批工作人员带来较大的履职风险，更会影响相关环保专家、行业专家在进行环境影响评价技术审查时的独立性。

环评市场同质竞争激烈，建设单位（企业）在选择中介机构时，往往将价格成本作为首要条件，其次才考虑服务水平和能力。中介机构技术能力、人员构成、管理制度、服务水平参差不齐，造成环评文件编制质量较差、多次修改延误时间，甚至粗制滥造不能通过评审，给建设单位（企业）造成时间和经济损失。现行的考核管理办法对中介机构难以形成真正有效的管理和制约，直接影响了环评审批时限及审批效率。环评市场存在垄断现象和低价、低质恶性竞争。在环评工作过程中，报告编制存在漏项、缺项情况，出现降低项目建设等级、模糊建设项目可能对环境造成的影响的情况。另外，环评机构的技术人员初期并未参与建设项目的业务与谈判，他们对建设项目的实际情况并无知情权，环评机构的业务谈判者大多仅考量环评的成本，以促成合同为目的，忽视项目存在的瑕疵。

事中事后监管

审批、执法部门对建设项目环评事中事后监管的认识存在差异，存在监管空白，特别是对监管的内容、事项、环节还存在不同认识。具体有：①环境影响登记表实行备案管理后，负有监管职责的区县级生态环境部门内部职责分工不明确，导致审批、执法部门间职责不清。②存在登记表备案系统随机抽查不到位、举报虚假备案核查不及时等问题，造成登记表备案管理隐患。③观念转变不到位，仍然存在"重审批、轻监管""重事前、轻事中事后"现象，监管能力的"有限性"与实际监管要求的"无限性"之间的矛盾日益突出。④生态环境监察执法部门任务重、人员力量有限，有时会造成对审批后建设项目粗放式监管或者不及时监管，无法满足事中事后监管的动态性、全面性、专业性等要求。⑤区县生态环境部门信息公开网站不统一，项目建设前环评公示、竣工验收等有关法定公开的信息没有统一的公开途径，一定程度影响公众查询和社会监督。

做好事中事后监管，一是完善事中事后监管制度。明确监管职责、监管对象和监管内容，打造全链条覆盖、无缝隙链接监管系统。环评审批部门进一步加强中介机构监管，建立第三方服务机构评价考核和信用管理机制，提高环评机构工作质量。在行业自律方面，鼓励支持成立行业协会，发挥自律导向作用，规范行业秩序。同时各级环评审批部门按照权限对审批行为和审批程序合法性、审批结果合规性负责，完善项目信息移交制度，做好环评审批、环境监察执法、排污许可、政策法规等部门事中事后监管信息无缝衔接，对污染程度严重、环境风险高的项目应提高抽查比例、实施靶向监管。二是探索建立监管标准。在事中事后监管过程中引入质量管理理念，做到监管职能标准化，确保监管的每一个流程标准化、留痕迹、可追溯，既明确监管主体的职能边界，也避免了监管人员的无限责任风险。三是做到精细化监管。监管的侧重点由程序合法向行为合法转变，对具体环境风险实施层级化监管。准确理解环评的预测性功能而非板上钉钉的设计图纸，对于企业在实际生产过程中的"微调"、环保设施的提标改造等对环境有利的行为，应予以适当的认可。不搞"一刀切"，使监管更具理性和温度。

公众参与

在环评审批过程中，一些建设部门为了简化审批流程，节省审批环节的时间，常常在公众参与调查这一环节上存在短板，如，隐瞒项目的环境污染相关信息、编造调查人员相关信息等，这不仅损害了公众的环境权，也影响了环评的公信力。我们还缺少较为完备的公众参与环评调查的法律法规。此外，一些地方政府信息公开机制不完善，导致项目环评的公示社会知晓度较低，也极大地制约了公众参与环评调查的积极性，不利于环评阶段公众参与制度作用的发挥。

农村污水及其治理

　　现阶段，我国部分农村地区畜禽粪便、化肥农药、生活污水等污染源具有量大、面广、随机性强等特点，这在一定程度上增加了农村水污染治理难度。水环境的污染不仅严重破坏了农村生态平衡，也使村民饮水出现了安全隐患，给村民的健康带来不利影响。为了推动乡村振兴，让乡村成为生态宜居的美丽家园，政府必须结合当地的发展状况和水环境污染情况，有针对性地开展农村污水治理工作。2022年1月，生态环境部、农业农村部等部门印发实施《农业农村污染治理攻坚战行动方案（2021—2025年）》（以下简称《行动方案》），明确要求加快推进农村生活污水垃圾治理，分区分类治理生活污水。截至"十三五"末，我国农村生活污水治理率达到25.5%，东、中、西部地区农村生活污水治理率分别达到36.3%、19.3%和16.8%。此次《行动方案》的行动目标：到2025年，农村生活污水治理率达到40%；东部地区、中西部城市近郊区等有基础、有条件的地区，农村生活污水治理率达到55%左右；中西部有较好基础、基本具备条件的地区，农村生活污水治理率达到25%左右；地处偏远、经济欠发达地区，农村生活污水治理水平有新提升。

　　农村生活污水治理需从治理机制、体系建设两方面着手，建立切实可行、真正发挥作用的农村水环境清洁治理长效机制。同时，必须坚持实事求是、因地制宜的原则，分区施策，分类治理，统筹推进生活污水治理、垃圾分类、改厕等工作。农村生活污水治理重点有四方面：一是厘清农村生活污水治理长效管护责任义务，推动形成政府主导、企业运作、农户参与的共治格局；二是加大政府支持力度，注重吸引多元化社会资本投入，逐步实现市场化运作；三是推动建立生活污水处理农户分担付费制度；四是充分发挥农民主体作用，引导农民自觉参与农村生活污水治理管护。特别是在农村生活污水治理中，我们要树立系统意识，重视完善流域水环境治理体系。农村遍布的池塘沟渠等小微水体是地表水系毛细管网的重要组成部分，与河湖系统的干流或支流相连通，一旦污染必然会加重河湖治理压力。地方政府应鼓励有条件的地方将农村小微水体管理纳入河湖长制监管体系，形成各级联动、自下而上的一体化监管格局，实现农村地区重要河湖水系与村庄内外池塘沟渠水体水质一体化治理。

农村污水来源及特点

来源

生活污水排放。在城镇化建设的背景下，农民的生活水平和生活方式发生了巨大的变化，农村人均用水量明显增大，农村水环境污染情况也愈加严重。这主要有两方面原因。首先，农村人口分布相对比较分散，生活污水排放也比较分散，一些农村的污水收集管网建设的不完善，从而导致一些生活污水未经处理直接排放进附近的河流。其次，部分污水处理厂的出水不达标，直接将超标污水排入河流中，这不仅影响了水资源的重复利用，也破坏了农村周边水环境的生态平衡。农村生活污水主要来源于三方面。一是厨房污水。厨房污水是农村生活污水中有机物的主要来源，排放量占生活污水总量的 20%。二是洗涤污水。洗涤污水占生活污水总量的50% 以上，含大量的氨氮（NH_3-N）、磷（P）等元素，是造成农村水体富营养化的主要原因。三是厕所污水。厕所污水是农村生活污水中氮（N）、磷（P）、化学需氧量（COD）、细菌、病毒的主要贡献者。

农业生产污水排放。我国幅员辽阔，是农业生产大国，由于地区经济发展存在不平衡的现象，一些农村的信息技术较为落后，农户对化肥、农药的使用情况掌握得不够充分，大部分农户认为多使用化肥农药可以让农作物更好的生长，忽视了化肥农药对土壤盐碱化的危害。农田灌溉后多余的水分将土壤中的微量元素带入河流中，从而造成农村水资源的污染。

养殖业污水排放。当前，我国农村的养殖业主要有两种形式，一种是猪牛羊这类的牲畜养殖，一种是水产养殖。有些农户将这些养殖业所产生的粪便污水直接排入周围的农田或渠沟，从而造成生态环境污染。

特点

高分散性，难于统一收集。我国幅员辽阔，加上农村地形复杂、经济欠发达的影响，污水无法利用市政管网统一收集，农户一般直接将其排放到房外沟渠或泼洒到地面。

水量小，水量波动大。由于农村人口居住分散，常住人口不多，相应产生的生活污水也很少，但每天居民的用水习惯基本相似，在早、中、晚各有一个用水高峰期，其他时间用水很少，用水量日变化系数一般为1.9~2.5。季节特征明显，夏季排放量比冬季大。

有机物浓度偏高。生活污水中含有化学需氧量（COD）、氮（N）、磷（P）等，可生化性强，化学需氧量（COD）最高浓度可达到500毫克/升。但生活污水中不含重金属元素等有害物质，利于运用生物处理技术。

水质、水量地区性差异大。由于我国农村各个区域的发展程度、地形气候、居民生活习惯各不相同，因此农村生活污水在每个地方的水量、水质各不相同。

农村污水治理现状

农村污水以生活污水和畜禽养殖污水为主。多年来，疏于治理，部分污水直接排放到大街、村塘、河沟、河道支流，造成水、大气、土壤严重污染。

主要污水处理技术

乡镇污水处理技术。乡镇污水处理厂一般采用活性污泥法，如序列间歇式活性污泥法（Sequencing Bath Reactor Activated Sludge Process，SBR）等处理工艺，自控要求高、占地面积大，但运维成本较低；部分乡镇污水厂采用膜生物反应器（Membrane Bio-Reactor，MBR）工艺，占地面积小、出水水质好，但运维成本较高，且工艺运行控制要求精确。

新型社区污水处理技术。主要采用地埋式生物集成处理法。其主要处理工艺为：①污水—格栅—水解酸化—接触氧化—消毒—达标排放。具有操作简便、自动化程度较高、出水水质稳定等特点，但污水处理费用较高。由于农村社区污水产生量小（一般3 000人的社区，污水产生量约为

200 吨/日），处理费用为 0.5~0.8 元/吨，处理费用较高，直接影响到了污水处理设施的持续运行。②污水—厌氧池—接触氧化塘—人工湿地—出水。适用于有闲置荒地、废弃河塘的农村社区，尤其适合于有地势差、有乡村旅游产业基础或对氮磷去除要求较高的社区，处理规模不宜超过 200 吨/日。该工艺占地面积大，出水水质季节性变化大，运行成本较低。

村庄污水处理技术。对于村民居住分散、污水收集设施不完善的村庄，有的村用微动力小型生物处理工艺，该工艺由沉淀桶、三格化粪池、生物菌种、曝气泵组成，3~5 户共用一个微曝气化粪池，出水靠地形优势进入人工湿地。该工艺优点是占地面积小、运维费用低；弊端是有时用户为省电费会弃而不用。有的村用 WWS 零耗电生物滤池工艺，即污水—沉淀池—厌氧池—强制通风生物滤池—出水，3~8 户村民共用一套系统，每户村民均摊建设费用 2 000 元，该工艺建设费用高、运维费用低。村民居住较集中，污水能统一收集的村庄，采用的是一体化和构筑物工艺。有的村用集装箱 A/O 一体化工艺，即污水—厌氧池—好氧池—沉淀池—清水池—出水。该工艺占地面积少，自动化程度高，出水稳定，适宜处理 200~500 吨/日规模的污水量。有的村用 WA 设备工艺，即污水—沉淀池—地埋式间歇曝气池—砂滤池—出水。该工艺使用灵活，可根据处理水量单台或多台组合使用，能耗低，自动化程度高。

运营模式

乡镇污水处理设施的运营模式主要有 BOT 建设运营模式、乡镇自主运营模式。BOT 模式是专业公司建设、特许运营、运营期满后移交政府的模式。特许运营公司有专门的技术管理队伍，解决了乡镇技术人员短缺，运营维护难，污水处理不达标的问题。乡镇自主运营模式是乡镇成立专门运营公司，乡镇财政补贴的运营方式。该种运营模式问题较多：一是绝大部分乡镇污水处理厂属于中小型规模，难以产生较大的规模效益，乡镇财政补贴较为困难，运营资金短缺；二是管理人员的专业化水平不高，难以适应新设备、新技术的要求，管理经验不足，有出水质量不达标的现象。

农村和新型社区污水处理设施的运营模式主要有三种。第一种是社区居民自主管理模式。这是一种以社区居民为管理主体，主要依托社区居民的自觉性进行污水处理设施的运营管理模式。这种运营模式需要满足几个条件：社区建设起步较早，建设条件比较成熟，污水处理设施对水质水量适应能力强，运营管理简单；社区居民文化程度相对较高，环保意识较强，有一定的污水处理管理能力。第二种是社区维修、保养合约管理模式。社区保养合约管理模式是指社区通过与取得一定资格的技术工人签订合约，将污水处理设施的日常维护与运营工作交由技术工人管理。该管理模式适用于处理系统复杂且集体经济较好的社区。第三种是市场化运行管理模式。即将社区污水处理设施的运营权交给具有相应资质的专业公司进行管理，以保证污水处理设施的正常运营。

农村污水治理主要问题

缺规划

在做美丽乡村规划时，多数地区没有农村污水处理规划，污水处理设施和管网建设不规范；旱厕改造完成后，由于村内管网缺失从而导致污水无法排放；自来水、村村通完成后又二次建设污水管网；部分粪渣和污泥无处处理，乱排乱倒，造成二次污染。

缺资金

农村污水治理最大的投资是污水管网建设。污水管网建设资金的奖补政策各地不一，管网投资巨大，经济负担重。农村污水处理设施运营费用无着落、无保障。实际运营中需要村民承担部分费用，村民不愿意投入，其他运营费用也不到位，致使已建成的某些污水处理设施存在有钱建设、无钱运营的情况。

缺体制

有的地区农村污水治理存在"九龙治水"现象，环保部门负责污水处理站建设，住建部门负责旱厕改造，农工委负责美丽乡村考核，三个部门各自为政。还有不少地方，污水处理设施建设的主管部门不明确，上下管理体制未理顺，监管困难，有时出现协调配合不及时、不到位的现象。

缺标准

目前，农村污水处理工程的设计、施工没有统一的国家、地方和行业技术标准。有的地方排水管网用10公分（1公分＝1厘米）的罗纹塑料管，没有考虑清淤、检查的方便。厕所容器均用塑料材质，使用寿命短、极易损坏，安装过程中存在化粪池掩埋不深、排气管安装过低、蹲便器安装过高等诸多问题。

缺运维

受专业维护人才缺失、运维意识不到位等因素制约，许多污水处理设施运行率低；有的农村仅建有污水处理设施，未能完善收集管网，收集不到污水；农村污水排放季节性变化大，冬季污水收集量少，导致部分污水处理设施冬季闲置。

农村污水治理对策

工艺对策

针对农村生活污水的特点与存在的问题，以现有的技术及应用成果为基础，我们可以运用能够快速应用并推广的微动力、易管理的新型农村生活污水处理工艺技术和设备装置，具体可列为三套技术方案，分别为C-CBR一体化生物反应工艺、强化通风分级跌水充氧生物过滤器和接触氧化跌水充氧处理工艺（详见图1）。

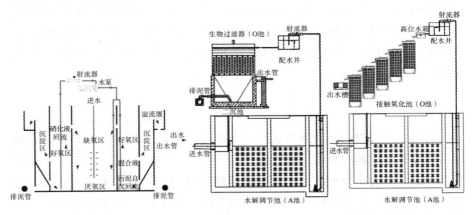

C-CBR一体化生物反应工艺　强化通风分级跌水充氧生物过滤器　接触氧化跌水充氧处理工艺

图1

处理技术

我国农村污水处理技术主要分为三类：生物处理技术、生态处理技术和生物+生态组合处理技术。其优缺点见表 1。

表 1　农村污水处理技术优缺点对比

污水处理方法	常用技术	优点	缺点
生物处理技术	厌氧:化粪池、沼气池等	经济效益高、清洁能源	处理效率低、未标准化
	好氧:生物接触氧化法、曝气生物滤池、生物转盘等	无污泥膨胀问题、污泥产量少、占地面积小	运营成本高、维护繁琐
	厌氧-好氧生物处理技术:A^2/O、A/O-MBR 等	脱氮除磷效果显著	占地面积大、运行费用高
生态处理技术	人工湿地	运维成本低、技术简单	易受气候、病虫影响
	稳定塘	构建费用低、可资源化利用	占地面积大、易二次污染
	土地处理技术	高效、低耗、简单	易堵塞、二次污染
生物+生态组合处理技术	生物接触氧化法+人工湿地、厌氧+稳定塘等	发挥单一处理技术优势，弥补缺陷	占地面积大、投资成本高

生物处理技术。通过厌氧或兼氧微生物对可溶性和颗粒型物质进行降解，产生甲烷和二氧化碳等物质。水平流式三格化粪池是第一代厌氧反应器，出现于 20 世纪 50 年代，也是农村最早实行的生物处理技术，利用沉降和厌氧发酵原理去除水中的悬浮性有机污染物。目前，我国有关化粪池的技术革新，主要集中于对水流状态和填料性能的改进。污水的好氧生物处理技术至今已有 100 年的历史，该技术是利用好氧微生物通过自身的新陈代谢将污水中的污染物降解为二氧化碳和水。对于农村污水水质复杂的特殊性，单一的生物处理技术难以满足对多种污染物的去除，且部分工艺直接在农村使用很难正常运行。因此，农村污水生物处理技术逐渐从单一技术演变为组合生物处理技术。

生态处理技术。我国生态处理技术发展于 20 世纪 70 年代，在 20 世纪末广泛应用于农村污水处理。人工湿地是对与沼泽类似的地面进行改造，将污水和污泥按一定比例投配到人工湿地上，利用根系发达的水生植物创造厌氧、兼氧和好氧的环境，实现各类微生物对污染物的降解作用净化水质。稳定塘是通过向人工挖掘的池塘中添加菌藻，利用水生植物、菌藻系统、微生物作用共同降解水中的污染物。稳定塘中的微生物利用藻类光合作用产生的氧进行同化作用，净化水质，实现无动力农村污水的净化过程。土地处理技术是通过管道设备将污水投配到天然土壤或复合土壤层中，通过沉淀、过滤、吸附和生物降解作用去除污染物。目前应用较多的有地表漫流生态处理系统、多介质土壤地下渗滤系统等。

生物+生态组合处理技术。该技术的生物处理单元利用好氧或厌氧微生物去除污水中的有机污染物和含氮磷污染物，生态处理单元通过植物和菌藻等进一步去除污染物。根据我国农村污水分布特点以及缺乏长期运行管理的情况，生物+生态组合技术将农村污水与农业有机结合，更符合农村污水处理因地制宜、资源化利用的原则，也是当前我国农村污水治理的重要技术。

集中和分散处理工程实例

集中式污水处理系统通常建在远离城市污水处理厂的人口密集区的村庄中，集中处理效果稳定，且节省土地资源和经济成本。

青岛市张家楼镇采用以"初沉池+A^2/O+斜管沉淀+石英砂过滤+紫外消毒"为主体的处理工艺对农村生活污水进行处理。工程设计污水处理量500 吨/日，经处理后出水化学需氧量（COD）、五日生化需氧量（BOD$_5$）、悬浮物平均去除率可达87%、97%、93%，满足《城镇污水处理厂污染物排放标准及修改单》（GB 18918−2002）一级 A 标准，图 2 为污水处理工艺流程。

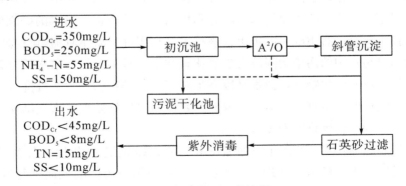

图 2　污水处理工艺流程

四川省乐山市犍为县马庙乡采用"超声在线清洗技术"与 $A^2/O-MBR$ 组合一体化工艺对农村生活污水进行处理，进水流量为 200 吨/日，出水实现化学需氧量（COD）、五日生化需氧量（BOD_5）、氨氮（NH_3-N）、悬浮物、总磷（TP）最高去除率 96%、98%、99%、100%、97%，达到《城镇污水处理厂污染物排放标准及修改单》（GB 18918-2002）一级 A 标准，图 3 为农村污水处理一体化设备流程。

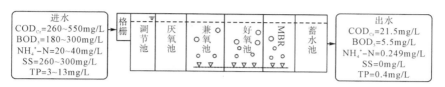

进水
$COD_{Cr}=260\sim550mg/L$
$BOD_5=180\sim300mg/L$
$NH_4^+-N=20\sim40mg/L$
$SS=260\sim300mg/L$
$TP=3\sim13mg/L$

格栅｜调节池｜厌氧池｜兼氧池｜好氧池｜MBR｜蓄水池

出水
$COD_{Cr}=21.5mg/L$
$BOD_5=5.5mg/L$
$NH_4^+-N=0.249mg/L$
$SS=0mg/L$
$TP=0.4mg/L$

图 3　农村污水处理一体化设备流程

污水分散处理通常是在住宅分散、地形复杂、人口稀少的乡镇，对单户或几户的污水进行处理。分散式污水处理是解决我国农村污水问题的重要方向，可以弥补集中式污水处理不能完全覆盖的缺陷。

生活污水：处理技术包括化粪池、沼气池、人工湿地、生态塘系统、土地处理系统等。与传统的化粪池相比，新型化粪池不仅改变了污水在化粪池内的流向，加强厌氧消化作用，而且在化粪池内设置适当的填料层，提高了其清除污染物的能力。改善后的新型化粪池化学需氧量（COD）去除率为 76%~84%，五日生化需氧量（BOD_5）去除率为 80%~92%，出水可用作农田灌溉，图 4 为三格化粪池工艺。

进水单元	反应单元	过滤单元	沉淀单元

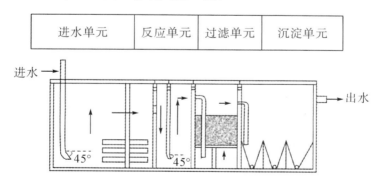

图 4　三格化粪池工艺

在四川省某农村，有居民通过生态沟渠处理生活污水。该农村每日产生 30~150 吨的污水，包括 0.86~4.31 千克的氮和 0.05~0.23 千克的磷。

污水经过生态沟渠处理后，总氮（TN）平均去除率和去除效率分别为47.97%和3.19克／（平方米·日），总磷（TP）平均去除率和去除效率分别为49.79%和0.28克／（平方米·日）。该生态沟渠处理系统适用于地形和气候特征相似的农村地区，图5为生态沟渠工艺。

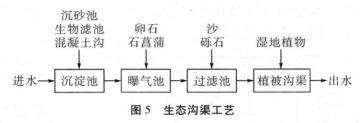

图5　生态沟渠工艺

庭院型污水（指村民生活过程中产生的生活污水与分散畜禽养殖污水混合的污水）：湖北省十堰市百二河水库采用水生植物与人工填料的组合型生态浮床处理上游河段某农家乐化粪池的出水。组合生态浮床由美人蕉和适量的球形塑料填料（粒径1.2厘米，孔隙率51.28%）基质构成，共运行24日。该系统对化学需氧量（COD）、氨氮（NH₃-N）、总氮（TN）、总磷（TP）的去除率分别为71.79%、73.88%、88.67%、85.61%，球形塑料填料内部复杂的结构可以制造出好氧和厌氧区域，有助于微生物的硝化和反硝化作用以及植物根系对氮元素的吸收，有效地提高了水体生态修复效率，图6为组合型生态浮床装置。

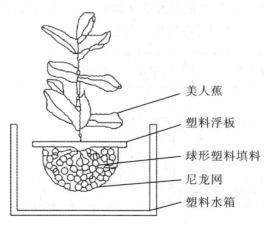

图6　组合型生态浮床装置

养殖污水：我国农村多采用厌氧—好氧生物膜法、厌氧—生态修复等技术处理畜禽养殖污水。在传统 MBR 前连接一个缺氧池，缺氧池里加入柔性纤维束，MBR 中加入悬浮海绵生物载体，构成缺氧生物滤池—移动床生物膜反应器（AF-MBMBR）。采用 AF-MBMBR 处理养殖废水过程中，总有机碳的去除率在 92.8%~96.2%，脱氮途径主要是短程硝化—反硝化，总氮（TN）的去除率达到了 93.2%，图 7 为 AF-MBMBR。

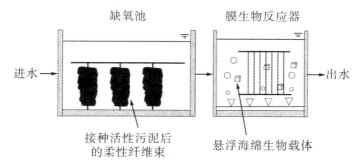

图 7 AF-MBMBR

针对养殖污水治理，有关学者研发了稻草—绿狐尾藻生态治理技术，具有工程投资少和运行成本低的特点。通过对养猪场实际处理效果的动态监测结果分析，该技术对养殖废水主要污染物化学需氧量（COD）、总氮（TN）、氨氮（NH_3-N）、总磷（TP）的去除率分别为 96.4%、97.9%、99.3%、90.6%，出水水质均显著优于《畜禽养殖业污染物排放标准》（GB 18596-2001）排放要求，图 8 为养殖废水生态治理技术工艺流程。

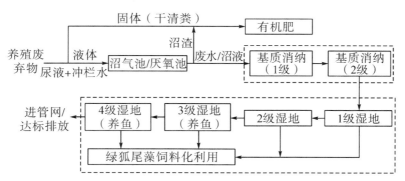

图 8 养殖废水生态治理技术工艺流程

农产品加工污水：

水果加工污水。采用活性污泥法对某厂的甘蔗制糖加工污水进行处理。设计水处理量为 14 000 吨/日，经 4 个月的调试运行，出水化学需氧量（COD）、五日生化需氧量（BOD_5）、悬浮物最大去除率分别为 78%、

65%、72%，排水符合《农田灌溉水质标准》（GB 5084−2021）（旱作），可回用至甘蔗园进行灌溉，图 9 为甘蔗制糖加工污水处理工艺流程。

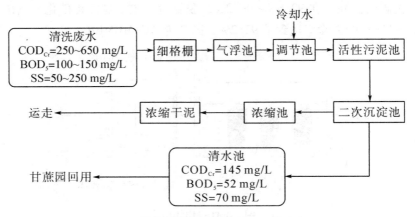

图 9　甘蔗制糖加工污水处理工艺流程

湖南省某食品厂采用絮凝气浮+水解酸化+CASS 组合工艺对柑橘罐头加工污水进行处理。污水设计水量为 3 300 吨/日，出水化学需氧量（COD）、五日生化需氧量（BOD₅）、悬浮物最大去除率分别为 94%、97%、91%，处理效果稳定，出水水质达到《污水综合排放标准》（GB 8978−1996）一级标准，图 10 为柑橘罐头加工污水处理工艺流程。

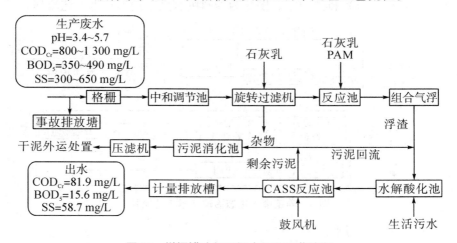

图 10　柑橘罐头加工污水处理工艺流程

蔬菜加工污水。山东省临沂市八湖镇某蔬菜脱水企业采用莲池湿地对大蒜加工污水进行处理。处理工艺为预处理（过滤、沉淀、调节 pH 值、厌氧处理、曝气）和荷塘生态处理。预处理对化学需氧量（COD）、五日生化需氧量（BOD$_5$）、悬浮物的去除率分别为51%~53%、46%~48%、77%~85%。pH值稳定在6.1~7.4之间。荷塘系统对水中化学需氧量（COD）、五日生化需氧量（BOD$_5$）、悬浮物的去除率分别超过97%、98%、80%。预处理后的污水在莲花池停留7天后可达到《污水综合排放标准》（GB 8978-1996）二级标准。另外，大蒜加工污水经预处理后适量灌溉荷塘，可使莲藕产量提高8.3%。

肉类加工污水。目前，肉类加工污水普遍采用水解酸化—好氧组合工艺进行处理。辽宁省某村采用水解酸化—接触氧化法处理屠宰污水。该工艺设计水处理量8 000立方米/日，对化学需氧量（COD）、五日生化需氧量（BOD$_5$）、氨氮（NH$_3$-N）和油脂的去除率分别为97.5%、99.3%、98.5%及96%，图11为肉类加工污水水解酸化—好氧组合工艺流程图。

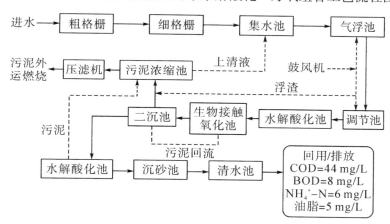

图11　肉类加工污水水解酸化—好氧组合工艺流程图

临安区指南村实践

临安区是浙江省首个提出全域景区化的区县，也是"全国碳汇林业试验区"。2018年后，全面开始实施农污提标及第三方运维项目，项目涉及太湖源镇等乡镇约6万户，图12为临安区太湖源镇指南村观云站点。浙江农林大学农村环境研究所和浙江双良商达环保有限公司通过产学研深度合作，创建生态化微循环模式示范点。

临安区指南村农村污水治理通过喷灌利用实现水循环，通过有机质资源化、碳汇林实现碳循环，并以水循环、碳循环为基础，通过林下经济等实现产业循环，最终实现全面融入"生态、生产、生活"的生态化微循环模式。

图12　临安区太湖源镇指南村观云站点

水循环

喷灌利用是农村污水治理行业的发展方向。《关于推进污水资源化利用的指导意见》《关于加快农房和村庄建设现代化的指导意见》都明确相关要求。但是，喷灌利用不是简单的排到沟渠即可，后面还要有相应的喷灌设施、喷灌面积的支持，不然容易造成漏排。

指南村探索将前段水（含有氮（N）、磷（P）等营养物质）经过处理后达到《农田灌溉水质标准》用于喷灌。喷灌面积30亩，一方面解决了村落景区夏季水量大的问题，从而减轻了系统负荷，降低处理成本的同时提高系统达标率；另一方面也为中草药等农作物提供了有机养分，图13为百草园喷灌设施。

图13　百草园喷灌设施

碳循环

碳循环主要包括有机质资源化和碳汇林两个方面。一是有机质资源化（见图14）。农村有机废弃物治理是人居环境建设的重点，但也是目前的短板。目前，大部分地区处理的方式采用外运统一处理，成本很高。指南村将化粪池残渣、餐厨垃圾、有机废弃物就地实现资源化。其核心是高效复合菌剂在高温下工作，完成固废的发酵腐熟化处理，最终制成微生物土壤调理剂。不用外运处理，减少碳排放。二是碳汇林。在很多地区，乡村振兴过于依赖乡村旅游，造成同质化竞争过剩。乡村振兴并非仅仅是乡村旅游，各地要创新生态产品价值实现的体制机制，开发乡村碳汇产品，借此创新发展美丽乡村，推动乡村振兴。碳汇林就是重要的一项。

图14 有机质资源化

指南村与浙江农林大学开展合作，将村里1 000多亩（三期2 000亩）的竹林建设成为碳汇林，全面发展碳汇经济，增加村民收入。预计每年可产生碳汇500吨左右。根据指南村的绿色设施，浙江双良商达环保有限公司进行了碳足迹分析（见图15）："指南村项目整体算下来，碳排放量为181.7吨/年，碳汇量730吨/年，实现碳中和，不光是零碳，还有碳盈余548.3吨/年可以进行碳交易"。

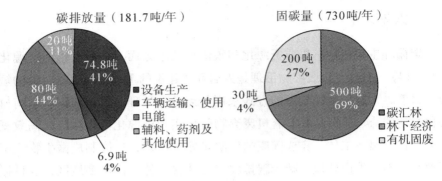

碳排放量（181.7吨/年）

20吨
11%
74.8吨
41%
80吨
44%
6.9吨
4%

■设备生产
■车辆运输、使用
■电能
■辅料、药剂及其他使用

固碳量（730吨/年）

200吨
27%
30吨
4%
500吨
69%

■碳汇林
■林下经济
■有机固废

图15　碳足迹分析

产业循环

乡村振兴最根本是产业振兴，指南村在水循环和碳循环的基础上，发展产业循环经济。浙江双良商达环保有限公司在指南村建立占地 1 500 平方米的中草药种植示范基地百草园，种植了 150 多种中草药（见图16）。指南村林下经济规划目前共有三期，一期以示范为主，带动二期和三期农村专业经济合作社农户共同实施，从而激活农户闲置资源，提高村民收入，图17 为林下经济三叶青种植园。浙江双良商达环保有限公司通过开发碳汇，给农民带来增收的同时，把污水问题一并解决，该公司受到当地政府的欢迎。据中国水网了解，浙江双良商达环保有限公司已牵头主编10多项以及参编20多项行业标准、导则、规范、指南等。

板蓝根　　忘忧草

菊苣　　鼠尾草

图16　中草药种植示范基地百草园

图 17 林下经济三叶青种植园

临安区指南村农村污水治理实践已经走在了全国前列，通过机制、技术创新，将农村污水治理与乡村振兴各产业相融合，探索建立"生态、生产、生活"三生共融的未来乡村模型，践行"绿水青山就是金山银山"的理念，为全国许多地区提供了借鉴与参考。在乡村振兴和碳中和背景下，农村污水治理进入了新阶段，也有了新的需求。

泸州实践

科学规划农村生活污水治理

强化规划引领，制定实施《泸州市农村生活污水治理三年推进方案（2023—2025 年）》，明确全市农村生活污水治理工作的总体目标、重点任务、治理模式，细化生态环境、住建、城管、农业农村等部门职责，强化财政、自然资源等要素保障，各区县政府结合自身实际制定《农村生活污水专项规划》，将任务细化到各年度、各镇村。全市通过实施农村生活污水"三结合"治理模式，75.7%的行政村农村生活污水得到有效治理，农村生态环境质量显著提升。

一是集中处理与工程措施相结合。对邻近城镇的区域，通过城镇污水收集管网向周边延伸，将邻近农户生活污水尽可能纳入城镇污水收集管网，实现统一收集进入城镇污水处理设施处理，全市 77 个行政村、3 万余户农村生活污水均纳入城镇污水管网处理。对离城镇较远、人口密集的农村地区（聚居点），采用"一体化污水处理装置"方式集中收集处理，全市新改建农村聚居点生活污水处理设施 300 余个，46 个常住人口 600 人及以上聚居点农村生活污水均得到有效处理，图 18 分别为污水收集管网及一体化污水处理装置。

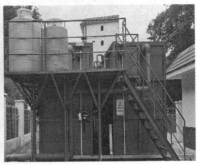

图 18 污水收集管网及一体化污水处理装置

二是分散处理与资源化综合利用相结合。对于位置偏远、居住分散的农户，优先采取"三格式化粪池+资源化利用"模式，辅以农田沟渠、塘堰等灌排系统进行生态化改造，就近就地通过农林灌溉等方式实现资源化综合利用。53 万余农户通过粪污资源化利用（见图 19），实现生活污水有效治理，推动农户减少使用化肥 150 吨/年以上。

图 19 粪污资源化利用

三是污染治理与生态涵养相结合。以农村黑臭水体治理为重点，通过控源截污、清淤疏浚、水体净化等方式，实施生态河塘、生态沟渠、生态河道治理，对摸排发现的农村黑臭水体全部开展了整治，图 20 为小流域综合治理情况展示。

图 20　小流域综合治理情况展示
——大陆溪石牛栏（左）、高洞（右）生态湿地

多措并举保障治理资金

一是强化资金统筹。坚持市、区县、乡镇三级联动，集中各级各类"零、散"涉农资金进行统筹整合，有计划用于保障农村环境综合整治工作。2020 年以来，全市已累计整合各类资金 33 亿元用于农村环境治理，为工作开展提供了强有力的经费支撑。鼓励各类企业积极参与农村环境整治项目，通过特许经营等方式吸引社会资本参与农村垃圾、污水处理项目，鼓励以区县为单位进行项目打包，统一与环境保护企业购买服务，有效节约资金成本。

二是多渠道争取投融资。加强项目包装储备，围绕农村环境综合整治、农村生活污水治理等重点方面，储备谋划了泸县农村污水设施提升改造项目、合江县乡镇农村生活污水处理设施建设项目等 22 个农村生态重点项目。广泛开展项目融资，充分利用省农行、省农发行等融资政策。近三年来，全市共包装申报农村生态环保类融资项目 13 个，已获金融机构融资授信 9 个，授信额度 30.21 亿元，已发放贷款 7.01 亿元。

三是积极实施"以奖代补"试点示范。按照"示范先行、稳步推开"的原则，坚持因地制宜，注重实效，发挥农村生活污水治理"千村示范工程"试点示范引领，全市已实施 224 个行政村农村生活污水治理以奖代补"千村示范工程"（见图 21），落实省级专项奖补资金 7 185 万元。

图21 千村示范工程

强化农村生活污水治理监管

一是健全污水处理设施监督管理体系。以区县为单位出台《农村生活污水处理设施运行维护管理方法》，从制度上对设施的稳定运行给予保障，进一步建立健全农村排污监管机制，有效推动农村生活污水处理设施运维管理落实到位，确保设施正常运行，发挥出应有的效益。

二是实现设施运维管理专业化。实施专业化运维、统一化管理。规范农村生活污水治理设施运维对象、范围、费用及标准等，各区县均将运维费用纳入财政预算，依托"四川泸天化麦王汇兴水务有限责任公司""泸州市繁星环保发展有限公司"等专业机构实施整区县全面负责运维管护（见图22）。目前，全市初步建立"有制度、有标准、有队伍、有资金、有监督"的"五有"管护长效机制。

三是强化综合督促指导（见图23）。坚持把督导检查作为统筹推动农村环境综合整治的重要抓手，定期对辖区内已建成农村生活污水治理开展排查，动态更新全市农村生活污水处理设施基础信息情况。联合农业农村、乡村振兴、住建等部门开展农村环境整治专项检查，针对发现的问题，督促区县分类制定整改方案，明确责任主体、整改措施、完成时限等，切实推动问题整改到位。

四是健全运维管理考核机制。对设计处理规模 20 吨/日以下的农村生活污水处理设施定期抽测，对设计处理规模 20~500 吨/日的农村污水处理设施半年监测一次，监测结果作为拨付运维费用的重要依据，从而有效推动农村生活污水处理设施运维管理落实到位，确保设施安全、稳定、达标运行。

图 22　专业机构运维

图 23　联合督导

噪声污染防治的历史变迁
及新噪声法

噪声是指发声体做无规则振动时发出的声音，通常所说的噪声污染是指人为造成的。从生理学观点来看，凡是干扰人们休息、学习和工作以及对要听的声音产生干扰的声音，即不需要的声音，统称为噪声。噪声主要有交通噪声、工业噪声、建筑噪声、社会噪声等。噪声不但会对听力造成损伤，还会诱发多种致癌的疾病，也对人们的生活工作有所干扰。噪声污染与水污染、大气污染、固体废物污染被看成世界范围内四个主要环境问题。

噪声污染防治的历史变迁

20多年来，随着我国经济社会发展，我国噪声污染防治的形势已发生了重大变化，污染区域扩大，污染来源增多，污染形式多样化，使得噪声污染防治成为生态环保短板之一。

我国噪声污染防治的时间轨迹为：1989年9月1日，国务院第四十七次常务会议通过《中华人民共和国环境噪声污染防治条例》（属于行政法规），于1989年12月1日起施行。1996年10月29日，第八届全国人大常委会第二十二次会议通过《中华人民共和国环境噪声污染防治法》（升级为法律），于1997年3月1日起施行。2018年12月29日，第十三届全国人大常委会第七次会议修正个别条款。2021年12月24日，第十三届全国人大常委会第三十二次会议修订形成《中华人民共和国噪声污染防治法》，于2022年6月5日起施行。

起步阶段（1989—1996 年）

1989 年 9 月 26 日，国务院发布了《中华人民共和国环境噪声污染防治条例》（简称《噪声条例》），自同年 12 月 1 日起施行。该条例实施以来，在我国防治环境噪声污染，保护和改善生活环境，保障人体健康等方面，发挥了重要作用。主要表现在：加强了各级政府对环境噪声污染防治工作的领导；建立了环境噪声污染防治的监督管理体系；推动了环境噪声污染防治技术的研究与开发应用；环境噪声污染防治取得了一定成效，特别是一些城市的局部噪声环境有所改善。

发展阶段（1997—2021 年）

《噪声条例》实施以来，随着客观形势的变化，越来越不适应环境噪声污染防治的要求。主要表现在四个方面：一是我国环境噪声污染在《噪声条例》实施以后得到了一定控制，但总体而言污染仍然十分严重，如果不在法律上规定严格的控制措施，并保证得到贯彻实施，环境噪声污染必将继续恶化，严重损害人体健康并制约经济和社会的持续、稳定发展。二是随着我国经济的高速增长和城乡建设步伐的加快，在原有噪声源尚未得到有效治理的情况下，新的噪声源又大量增加。《噪声条例》对诸多新情况显然缺乏必要的控制与管理手段。三是由于规划不当造成建设布局不合理，这是导致越来越严重的交通运输噪声污染和社会生活噪声污染的重要原因之一。但是《噪声条例》对此并没有提出明确的要求，无法从根本上解决环境噪声污染问题。四是《噪声条例》在法律责任方面的规定偏少，力度不够，可操作性不强。

成熟阶段（2022 年至今）

《中华人民共和国环境噪声污染防治法》（以下简称《环境噪声污染防治法》）自 1997 年施行以来，基本没有进行修改，仅 2018 年对个别条款进行了修正。此法实施 20 多年以来，我国噪声污染防治法规标准体系不断完善，噪声污染防治措施取得积极成效。但是《环境噪声污染防治法》已不能适应新形势的新要求，主要表现在三个方面：一是《环境噪声污染防治法》修改是贯彻落实习近平总书记的重要指示精神和党中央一系列重大决策部署的具体行动。二是《环境噪声污染防治法》修改是不断满足人民群众日益增长的安宁和谐环境需要的求实行为。随着我国经济社会的发展，环保热线举报平台中噪声投诉长期居高不下，位居各污染要素的第 2 位，仅次于大气污染。修改《环境噪声污染防治法》，是呼应人民群众需求的务实举措。三是《环境噪声污染防治法》修改是推进生态环境治理体系和治理能力现代化的客观需要。

《中华人民共和国噪声污染防治法》修改的主要内容

2022 年 6 月 5 日起，《中华人民共和国噪声污染防治法》（以下简称《噪声污染防治法》）施行，共九章九十条，条文增加近三分之一，新增"噪声污染防治标准和规划"一章。原《中华人民共和国环境噪声污染防治法》同时废止。全国人大常委会将其界定为"新制定的"。《噪声污染防治法》主要内容包括六个方面。

一是着眼于维护最广大人民群众的根本利益，增加防治对象、调整适用范围。例如第三十四条修改工业噪声定义，将工业噪声扩展到生产活动中产生的噪声；第四十四条修改交通运输噪声定义，增加城市轨道交通车辆运输噪声；将法律中仅适用于城市市区的规定，修改扩展至农村地区。

二是着眼于满足人民群众对高质量公共服务的新需要，完善政府及其相关部门职责。例如第五条规定，"县级以上人民政府应当将噪声污染防治工作纳入国民经济和社会发展规划"；第六条增加目标责任制和考核评价制度，将噪声污染防治目标完成情况纳入考核评价内容；第二十条要求未达到国家声环境质量标准的设区的市、县级人民政府，应当及时编制声环境质量改善规划及其实施方案，采取有效措施，改善声环境质量。

三是着眼于实现人民群众对美好生活的向往与追求，加强源头防控。例如第十六条完善产品噪声限值制度，对于可能产生噪声污染的工业设备、施工机械等产品，要求在其技术规范或者产品质量标准中规定噪声限值，并且对产品及其使用时发出的噪声进行监督抽测；增加规划防控要求，新增工业噪声、交通运输噪声规划控制要求条款。

四是着眼于提高人民群众的满意度，针对突出问题、加强噪声分类管理。例如第三十六条、第三十八条对于工业噪声，增加排污许可和自行监测条款，要求排放工业噪声的单位应当依法取得排污许可证或者填报排污登记表，按照要求开展自行监测；第四十一条、第四十二条对于建筑施工噪声，新增优先使用低噪声施工工艺和设备及自动监测条款；第二十六条对于交通运输噪声，严格新建交通项目和在已有交通干线两侧新建噪声敏感建筑物的标准要求，规定建设单位应当采取措施，符合相关标准；第六十四条对于社会生活噪声，规定在公共场所开展娱乐、健身等活动的，应当遵守公共场所管理者有关活动区域和时段等规定。

五是着眼于充分发挥公众参与治理的积极作用，强化社会共治。例如第十条新增环境教育和公众参与规定，鼓励社会各界开展噪声污染防治宣传教育和科学普及，增强公众噪声污染防治意识，引导公众依法参与噪声污染防治工作；第三十二条新增宁静区域创建条款，鼓励开展宁静小区、静音车厢等宁静区域创建，共同维护生活环境和谐安宁；第六十九条新增自治管理规定，要求居（村）民委员会等基层群众性自治组织指导业主委员会及其委托的管理单位、业主通过制定管理规约等形式，约定本物业管理区域内噪声污染防治的管理要求，由业主共同遵守。

六是着眼于回应人民群众对公平正义的新期待，明确法律责任、加大处罚力度。例如第八章明确罚款额度，完善处罚机制；第三十条对排放噪声造成严重后果，被责令改正拒不执行的，规定相关监督管理部门可以采取查封扣押的强制措施。

《噪声污染防治法》的亮点

明确噪声污染内涵，扩大法律适用范围

首先，明确"指超过噪声排放标准或者未依法采取防控措施产生噪声，并干扰他人正常生活、工作和学习的现象"，从而解决部分噪声污染行为在现行法律中存在监管空白的问题。目前有些产生噪声的领域没有噪声排放标准，包括城市轨道交通、机动车"炸街"、乘坐公共交通工具、饲养宠物、餐饮等噪声扰民行为。《噪声污染防治法》针对有些产生噪声的领域没有噪声排放标准的情况，在"超标+扰民"基础上，将"未依法采取防控措施"产生噪声干扰他人正常生活、工作和学习的现象，均界定为噪声污染。其次，删除了原《环境噪声污染防治法》名称中的"环境"二字，因为扰民需要防治的是人为噪声，不是自然环境噪声，《噪声污染防

治法》明确法律规范的对象是人为噪声，不仅不影响对噪声污染防治行为的严格要求，而且更聚焦需要运用法律手段解决的噪声污染。最后，《噪声污染防治法》还将工业噪声扩展到生产活动中产生的噪声，增加了对可能产生噪声污染的工业设备的管控，并明确环境振动控制标准和措施要求等。

完善噪声标准体系，科学精准依法治污

现行噪声标准主要有三项，对新型噪声扰民行为尚没有相应的噪声排放标准，《噪声污染防治法》有三个举措。首先，明确建设噪声污染防治标准体系。该法明确国家要推进噪声污染防治标准体系建设，并授权国务院生态环境主管部门和国务院其他有关部门，在各自职责范围内，制定和完善噪声污染防治相关标准，并加强标准之间的衔接协调。其次，扩大噪声标准的制定主体范围。《噪声污染防治法》授权省级人民政府，对于尚未制定国家噪声排放标准的，可以制定地方噪声排放标准；对已经制定国家噪声排放标准的，还可以制定严于国家噪声排放标准的地方噪声排放标准。同时，授权县级以上地方政府，可以根据国家声环境质量标准和国土空间规划以及用地现状，划定本行政区域各类声环境质量标准的适用区域。最后，明确制定环境振动控制标准。振动问题因缺乏相关控制标准和制度，造成证据收集困难、管理依据不明，亟待解决。《噪声污染防治法》明确要求国务院生态环境主管部门，根据国家声环境质量标准和国家经济、技术条件，制定国家噪声排放标准以及相关的环境振动控制标准。

强化噪声源头防控，筑牢污染第一防线

首先，在规划中防控。要求各级人民政府及有关部门，在制定、修改国土空间规划和相关规划时，依法进行环境影响评价，充分考虑城乡区域开发、改造和建设项目产生的噪声对周围生活环境的影响，统筹规划，合理安排土地用途和建设布局，防止、减轻噪声污染。其次，在布局中防控。要求各级人民政府及有关部门在确定建设布局时，要根据国家声环境质量标准和民用建筑隔声设计相关标准，合理划定建筑物与交通干线等的防噪声距离，并提出相应的规划设计要求；在交通干线两侧、工业企业周边等地方建设噪声敏感建筑物，还应当按照规定间隔一定距离，并采取减

少振动、降低噪声的措施。最后，在产品中防控。要求国务院标准化主管部门会同有关监管部门，对可能产生噪声污染的工业设备、施工机械、机动车、城市轨道交通车辆、民用航空器、机动船舶、电气电子产品、建筑附属设备等产品，在其技术规范或者产品质量标准中规定噪声限值；市场监督管理加强对电梯等特种设备使用时发出的噪声进行监督抽测，生态环境主管部门予以配合。

厘清各级政府责任，明确目标考核评价

首先，将噪声污染防治目标完成情况纳入政府考评，即运用目标化、定量化、制度化的管理方法，通过签订责任书的形式，细化噪声污染防治的主要责任者和责任范围，将任务层层分解落实，从而达到既定的声环境质量目标。其次，对未完成噪声环境质量改善规划设定目标的地区以及噪声污染问题突出、群众反映强烈的地区，省级以上人民政府生态环境主管部门，要会同其他负有噪声污染防治监督管理职责的部门实施约谈，要求及时整改，同时向社会公开。最后，因公路、城市道路和城市轨道交通运行排放噪声造成严重污染的，或者因铁路运行排放噪声、民用航空器起降排放噪声等造成严重污染的，设区的市、县级人民政府要组织有关部门，对噪声污染情况进行调查评估和责任认定，并制定噪声污染综合治理方案。对于未达到国家声环境质量标准的区域所在的设区的市、县级人民政府，要及时编制声环境质量改善规划及其实施方案，采取有效措施，改善声环境质量。同时，规划及实施方案还要向社会公开。

分类防控噪声污染，对症下药精准施策

对工业噪声，增加了排污许可管理制度，增加了自行监测制度，同时要求对可能产生噪声污染的新改扩建项目进行环评；建设项目的噪声污染防治设施应当与主体工程同时设计、同时施工、同时投产使用；在投入生产或者使用之前，建设单位要对配套建设的噪声污染防治设施进行验收，编制验收报告，并向社会公开。

对于建筑施工噪声，一是明确施工单位噪声污染防治责任，要求建设单位将噪声污染防治费用列入工程造价。二是明确建设单位自动监测责任，并对监测数据的真实性和准确性负责。三是增加了禁止夜间施工的规定，除非是因生产工艺要求或者其他特殊需要必须连续施工的抢修、抢险

施工作业。四是增加了优先使用低噪声施工设备的要求，工信部会同生态环境部、住建部等部门，要公布低噪声施工设备指导名录，并适时更新。

对于交通运输噪声，一是基础设施选址要考虑噪声的影响。例如，新建公路、铁路线路的选线设计，要尽量避开噪声敏感建筑物集中区域；新建民用机场的选址，与噪声敏感建筑物集中区域的距离要符合标准。二是在基础设施相关工程技术规范中要有噪声污染防治的要求。三是加强对地铁和铁路噪声的防控。四是加强对警报器使用的管理。

对于社会生活噪声，一是鼓励培养居民养成减少噪声产生的良好习惯，日常活动中，要尽量避免产生噪声对周围人员造成干扰。二是预防邻里噪声污染，使用家用电器、乐器或者进行其他家庭场所活动，要控制音量或者采取其他有效措施。三是预防室内装修噪声，要按照规定限定作业时间，采取有效措施。四是鼓励创建宁静区域，在举行中考、高考时，对可能产生噪声影响的活动，做出时间和区域的限制性规定等。

聚焦噪声扰民难点，保障安宁和谐环境

一是禁止广场舞噪声扰民。规定在公共场所组织或者开展活动，要遵守公共场所管理者有关活动区域、时段、音量等规定，采取有效措施，防止噪声污染。同时，要求公共场所管理者要规定娱乐、健身等活动的区域、时段、音量，采取设置噪声自动监测和显示设施等措施来加强监督管理。如果违反规定的，首先是说服教育，责令改正；拒不改正的，给予警告，对个人可以处 200 元以上 1 000 元以下的罚款，对单位可以处 2 000 元以上 20 000 元以下的罚款。

二是禁止机动车轰鸣"炸街"扰民。明确禁止驾驶拆除或者损坏消声器、加装排气管等擅自改装的机动车以轰鸣、疾驶等方式造成噪声污染，要求使用机动车音响器材要控制音量。违反规定的，由公安机关交通管理部门依照有关道路交通安全的法律法规处罚。

三是禁止酒吧等商业场所噪声扰民。明确要求文化娱乐、体育、餐饮等场所的经营管理者，要采取有效措施，防止、减轻噪声污染，并且禁止在商业经营活动中使用高音广播喇叭，或者采用其他持续反复发出高噪声的方法进行广告宣传。违反规定的，责令改正，处 5 000 元以上 50 000 元以下的罚款；拒不改正的，处 5 万元以上 20 万元以下的罚款，并可以报经有批准权的人民政府批准，责令停业。

推进噪声监测自动化，科学设置监测点位

新实施的《噪声污染防治法》，对噪声监测提出了明确规定，要求组织开展全国声环境质量监测，推进噪声监测自动化，统一发布全国声环境质量状况信息。生态环境部专门制定了《关于加强噪声监测工作的意见》，重点从四个方面加强噪声监测，保障人民群众对噪声污染的知情权和监督权。一是全面建成噪声环境质量监测网。将建成覆盖全国所有地级及以上城市功能区的声环境质量监测网。二是全面实现功能区声环境质量自动监测。到 2024 年年底前，其他 303 个地级城市实现城市功能区声环境质量自动监测（图 1 为夜间噪声手工监测）。自 2025 年 1 月 1 日起，全国地级及以上城市全面实现功能区声环境质量自动监测。三是全面开展区域噪声、社会生活噪声和噪声源监测。各地要以投诉较多的噪声敏感建筑物集中区域为重点，开展声环境质量和噪声排放情况调查、监测。鼓励街道、广场、公园等公共场所管理者根据需要在相关场所开展噪声监测。工业噪声排放单位要依照法律和排污许可证要求开展自行监测并公开数据。城市轨道交通运营单位、铁路运输企业、民用机场管理机构要依法落实噪声监测责任。四是全面加强噪声监测信息发布。生态环境部将依法统一发布全国声环境质量状况信息，地方生态环境部门负责发布本行政区域声环境质量状况信息。功能区声环境质量自动监测系统建成后，全国 339 个地级及以上城市将实时发布功能区声环境质量自动监测数据。此外，鼓励地方生态环境部门充分利用各类声环境质量和噪声源排放监测数据，试点发布城市噪声地图。

2022 年，泸州市投资 50 万元在主城区 4 个声环境功能区内建成 5 个环境噪声自动监测系统（见图 2），该系统可实现 24 小时连续监测，能及时反映声环境质量变化趋势，与传统手工监测方法相比，具有准确、高效、连续等特点。声环境功能区噪声自动监测系统是环境质量监测网络的重要一环，该系统建成将进一步完善泸州市环境质量监测网络。目前，泸州市设置的 5 个自动监测点位，1 个一类功能区，为西南医科大学城北校区；2 个二类功能区，分别为酒城宾馆、泸州老年大学；1 个三类功能区为泸州北方公司；1 个四类功能区为国豪宾馆。

图 1　夜间噪声手工监测

图 2　环境噪声自动监测系统

展望

长期以来噪声污染防治工作不太受重视，噪声污染防治工作技术支持一直严重不足。一方面是因为噪声污染不像大气、水、土壤污染那样属于"外伤"，可能带来重大污染事故，对生态环境的损害显而易见；另一方面由于噪声污染具有主观性强、瞬时性、不可累积性等特征，有时忍一忍就过去了，而这样的"内伤"只有身处其中的人才能感同身受。但是不重视并不代表问题不严重，噪声污染容易引发心理疾病、睡眠障碍等。噪声污染还会带来社会问题，近年来，因噪声问题引发的邻里纠纷，有的演变为刑事案件，有的甚至引发为群体事件。

进入新世纪以来，噪声治理首次纳入《中华人民共和国国民经济和社会发展第十四个五年规划和2035年远景目标纲要》，同时地方立法也在提速。据了解，北京市、江苏省、四川省成都市等地区也都启动了"噪声污染防治条例"修改工作。2021年11月发布的《中共中央 国务院关于深入打好污染防治攻坚战的意见》也提出，实施噪声污染防治行动，加快解决群众关心的突出噪声问题。到2025年，地级及以上城市全面实现功能区声环境质量自动监测，全国声环境功能区夜间达标率达到85%。

《噪声污染防治法》在"六五环境日"实施，意义重大。当然，一部法律解决不了所有噪声问题，防治噪声污染工作绝不是生态环境部门一家努力能够做到的，每个人都要有噪声污染防治意识，每个人也都将是噪声污染治理的受益者。治理噪声污染有赖于"三个人人"——人人有责、人人参与、人人受益。

核与辐射安全思考

　　核与辐射安全监管是国家治理现代化的重要一环，核与辐射安全是核能与核技术利用事业的生命线，是环境安全和公众健康的重要组成部分。2014 年 3 月，习近平主席在第三届核安全峰会上提出了"理性、协调、并进"的中国核安全观，对核与辐射安全监管工作具有极强的指导性和针对性。"理性"旨在突出核能事业安全与发展之间的辩证关系。核安全基本规律可以概括为"五个一"，即认识一些特性，坚持一项方针，培育一种文化，建立一个体系，落实一项要求。"协调"旨在阐明核安全领域国家自主与国际合作的关系。"并进"旨在阐明四个方面的并重：发展和安全并重，权利和义务并重，自主和协作并重，治标和治本并重。十八届四中全会提出的全面依法治国方略，对提高核与辐射安全监管法治能力和水平提出了更高要求。要牢固树立依法治"核"理念，科学立法，不断完善法规体系，做到有法可依、违法必究。

　　经过 50 余年的探索实践，我国构建了核与辐射安全监管大厦"四梁八柱"理论体系（"四梁"指的是法规制度、机构队伍、技术能力、精神文化，"八柱"指的是审评许可、监督执法、辐射监测、事故应急、经验反馈、技术研发、公众沟通和国际合作），确立了"安全第一、质量第一"的根本方针，提出了监管体系和监管能力"两个现代化"的目标，形成了"独立、公开、法治、理性、有效"的监管理念，形成了审评、许可、监督、监测、应急、执法全过程全链条的监管机制，传承了"严慎细实"的工作作风，总结了坚持文化引领、坚持依法行政、坚持问题导向、坚持从严管理、坚持依靠机制、坚持接轨国际、坚持持续改进、坚持夯实基础、坚持团队协作、坚持从我做起"十个坚持"的基本经验。

　　核与辐射环境安全监测监管系统，应分别加强环境监测、监管、应急三方面能力建设，并形成统一指挥调度系统。一是环境监测能力应全面覆盖重点电离辐射、电磁辐射使用单位；配备电离辐射监测实验室设备和移动应急监测设备，具备核素快速识别能力；形成监测网络，实时传输监测数据。二是监管能力建设应全面覆盖所有涉源单位、放射源和广播电视类、通信发射类、工科医类、交通系统、电力系统电磁辐射设施（设备）；具备移动执法能力，使监督管理职能发挥更大的作用。三是应急环境监测系统要分为固定监测系统和移动监测系统。固定监测系统可以记录特定区域长期的连续测量数据，而移动监测系统将核辐射探测仪器安装在移动平台上，具有机动能力强、反应迅速、获得辐射环境场分布数据等特点，使其成为核事故应急监测体系的重要组成部分。以移动方舱为载体，建设核与辐射应急移动实验室，并按辐射监测区、人员检测与去污区、样品采集与制备区、工作人员保障区、通信设备区等分为不同功能区，配备各类自动监测设备和对应功能区的功能设备，购置核与辐射应急便携式仪器及配件，提升移动实验室在核与辐射应急响应中的技术支持能力。

核与辐射简介

概念及其来源

放射性物质以波或微粒形式发射出的一种能量叫核辐射。核辐射主要是 α、β、γ 三种射线：α 射线是氦核，α 射线比较容易被挡住，但人体一旦吸入则危害较大。β 射线是电子流，如果 β 射线照射皮肤就会出现明显的烧伤。α 射线和 β 射线穿透力不强，辐射距离近，辐射源不进入人体就不会对人体造成严重的危害。γ 射线具有很强的穿透力，是短波电磁波。γ 辐射可以穿透人体和建筑物，其危害距离远。自然界中的放射性物质有很多，但通常危害有限。电磁波是生活中较为常见的辐射，电磁波的功率和频率决定其对人体的危害程度。天然辐射主要有三种来源：宇宙射线、陆地辐射源和体内放射性物质。人工辐射源包括放射性诊断和放射性治疗辐射源如 X 光、核磁共振、放射性废物、核武器爆炸落下的灰尘以及核反应堆和加速器产生的照射等。

我国辐射安全监督起始于 20 世纪 60 年代，经历了三个主要阶段。第一个阶段，以 1960 年公布的《放射性工作安全防护暂行规定》为标志，这是我国第一个辐射安全管理法规。第二个阶段，起始于 1987 年国务院发布的《关于加强放射性同位素和射线装置放射防护管理工作的通知》，以1984 年颁布的《放射安全防护基本标准》（GB 4792-1984）和1989 年国务院颁布的《放射性同位素与射线装置放射防护条例》（44 号令）为标志，正式开始陆续制定和修订了多项法规与标准，形成了较为完善的法规、标准体系。第三个阶段，起始于2003 年 6 月全国人大通过的《中华人民共和国放射性污染防治法》，法律明确规定"国务院环境保护行政主管部门对全国放射性污染防治工作依法实施统一监督管理"，确立了环保部门在放射性污染防治工作中作为实施统一防护与安全监督管理部门的地位。

对环境的影响

核辐射对环境的危害范围大，对周围生物破坏性极为严重，破坏性持续时间长，事后处理危险复杂。受到核辐射污染的区域很多年后仍然不适合人们生活，植物、动物都会受到影响而发生变异。国际辐射防护委员会（International Commission on Radiological Protection，ICRP）第 1 委员会根据近年来的研究报道，确定了在 1% 的受照个体中产生某一特定的效应或组织反应的辐射剂量为剂量阈值，并修订了部分组织反应的剂量阈值。

防护策略

核与辐射防护三原则：实践的正当性；防护水平的有效提高；个人受照剂量的控制极限值。一是外照射防护。控制受照射时间；安全距离；屏蔽降低危害。二是控制内照射。减少或禁止放射性物质的摄入；对可能摄入的放射性核素进行有效防范；利用药物或者其他合理手段进行放射性物质的排出。

人体防护对策。核辐射在不同阶段会对人体造成不同程度的影响，因此要根据具体影响情况选择合适的防护方案。在核辐射事故出现的初级阶段，要做好人体防护措施，避免吸收过多放射性物质，也要服用一定含量的碘片，要及时远离辐射源地带。环保部门要针对环境污染情况进行评估和监测，根据核辐射情况选择合适的防护拯救方案，尽可能减少不良影响。在化工企业工作的人员要做好防护服的穿戴工作，避免受到核辐射的损害。

核电站防护对策。核电站覆盖范围内都要进行智能报警系统的建设工作，如果出现意外情况要及时进行警报提醒，政府要做好引导和安全转移工作，妥善安排群众。核能企业要做好自身的安全管理工作，定期进行设备检查，如果发现异常状态，要提高警惕，进行意外风险的有效规避。如果已经出现核辐射等问题，要做好放射性物质的深埋处理。

辅助性对策。核辐射是非常严重的安全危害问题，存在于我们的日常生活中，因此我们要做好全面的防护措施，也要做好后续处理工作，这对社会的稳定发展有很大影响。如果出现核辐射等安全事故，相关部门要做好调查处理工作，及时进行安全转移，及时采用有效的防护，也要做好生态环境的调查工作。多种植绿化植物，可以有效缓解核辐射带来的不良影响，也能提升生态环境的稳定性。

环境治理对策。如果核辐射已经造成非常严重的污染问题，比如放射性沉降进入自然水体和土壤中就已经造成了毁灭性伤害，我们就只能避免恶化。总体来看，在进行环境治理工作的过程中，环境监控设备的应用情况极为重要，技术工作人员应当选择更为全面的应用技术，展现核辐射地带的实际状态，这样才能做好有效的风险规避工作。通过进行深度掩埋的方式可以大幅度降低辐射量。一些处于半衰期的物质，在一定时间内也会自行消退。

核与辐射管理

为了合理利用核能，避免造成核辐射，减少核辐射对人体及其他动植物造成的危害，降低核污染的发生概率，我们必须严格管理核能。目前，人们在日常生活中能够接触到核辐射的概率较高，比如医院的检查设备等等，相关管理部门及企业，要科学评估核辐射，做好安全防护，降低核辐射污染。

根据辐射自动监测站数据统计，2022 年泸州市 γ 辐射剂量率为 67.3~141.4 纳戈瑞/小时，均值 73.9 纳戈瑞/小时，为正常辐射水平。泸州市现有放射源 124 枚，包括 II 类源 32 枚，其中 2 枚核素为铱（Ir）- 192，用于移动伽玛探伤，30 枚核素为钴（Co）-60，用于放射外科治疗（伽玛刀）；登记在册的射线装置共 971 套，包括 II 类射线装置 53 套，主要用于 DSA、探伤机、加速器等。目前，泸州市内无核反应堆等大型核设施，最大的辐射环境风险主要是放射源丢失、被盗以及射线装置失控等行为造成的意外照射。泸州市 2022 年核与辐射安全工作开展情况如下。

强化隐患排查,确保环境安全。印发《核与辐射安全隐患排查工作实施方案》《辐射环境监测方案》《关于加强便携式 X 射线装置生产、销售和使用活动安全隐患排查工作的通知》等,按照"日常+专项+强化"和"线上数据+线下执法"的管理模式,进一步加强核与辐射监督检查和安全隐患排查工作力度,切实抓好重大节假日、重要会议期间的辐射安全监督检查。2022 年,排查核技术利用单位 196 次,发现问题 138 个,已全部完成整改。

强化许可管理,筑牢安全门槛。一是严格许可,将核技术利用单位 100%纳入《国家核技术利用辐射安全监管系统》管理。2022 年,全市办理辐射安全许可证事项 187 件,其中新核发辐射安全许可证 39 项。二是强化服务,依法审批合江县石佛 110 千伏变电站扩建工程等 17 个辐射建设项目。三是开展"三同时"落实情况核查,对近 5 年来已审批的 22 个电磁辐射设施(设备)进行核查,重点核查环境保护管理、科普宣传、环境信访投诉处理、"三同时"落实、自主验收等情况。

构建治理体系,规范监管行为。一是印发《关于加强核与辐射安全"双随机"抽查工作的通知》,凝聚监管力量、整合监管资源,加强监管措施。二是实施安全风险清单管理制度。针对不同风险类别的企业,建立核技术利用单位安全风险清单,将涉源单位、非密封放射性物质工作场所、使用和开展野外(室外)辐射探伤单位纳入第一类风险级清单;将各类直线加速器、DSA、室内工业射线探伤机等 Ⅱ 类射线装置使用单位纳入第二类风险级清单;其他单位纳入第三类风险级清单。三是引入动态管理模式,建立放射源动态台账,将放射源出库、作业、离场、入库 4 个关键环节纳入动态管理。

强化科普宣传,化解公众疑虑。组织开展泸州市 2022 年"4·15"全民国家安全教育日核安全宣传活动,泸州市全市共计发放宣传资料 7 000 余份,接受咨询 480 余人次,出动"绿芽"志愿者 40 余人,滚动播放 5 部公益广告视频和 40 余条宣传标语。

完善应急体系,提升应急能力。将辐射应急管理纳入全市环境应急体系,统筹管理,强化应急响应、应急技术支持能力建设。将大型核技术利用单位和省级有关单位的专家纳入泸州市核与辐射技术培训和应急管理智库。组织编制应急演练方案,按要求开展辐射应急演练。

核与辐射评估

由于核与辐射与一般污染不同，因此工作人员在开展环评工作时将面临更大的挑战，需要进一步完善相关技术。主要挑战有：一是评估机制不完善。当前我国环评工作人员比较重视噪声污染、水污染、大气污染等问题，不太重视对核与辐射污染的评价。二是数据评估难度较大。由于当前我国环评方面有关核与辐射的数据搜集有限，相关数据尚不具备参考价值，因此在核与辐射评价方面，环评工作人员无法利用信息技术直接对比搜集到的数据资料，实现对核与辐射情况的信息化评价。三是核与辐射领域环评技术应用受到限制。如在进行环评工作时遇到的技术方面的限制、人员方面的限制、数据支撑方面的限制等，都直接影响了核与辐射领域环评技术的应用，无法保障环评技术达到预期效果。四是缺少完善的核与辐射环评反馈机制。很多核与辐射环评工作都是工作人员自行搜集资料，并开展相应的检测工作，根本无法在检测之前对核与辐射评价的有关数据资料进行了解，这就导致环评工作人员的风险较大。由于缺少相应的核与辐射环评反馈机制，很多环评工作人员不太关注工作经验总结、不反馈工作中遇到的问题，这就导致很多问题没有得到有效解决，不利于核与辐射环评工作的优化以及改进。

核与辐射监测

例行监测

目前，全国核与辐射环境监测力量主要集中在省级层面，31 个省级辐射环境监测机构均通过了辐射环境监测能力评估，沿海的部分有核电厂的省份设置了区域监测分站，北京市、四川省等省、市已建成具备一定规模的省级辐射环境监测网。总体来看，全国大多数省（自治区、直辖市）的辐射环境监测能力正逐步得到加强，但在垂直管理改革和事业单位分类改革中，个别省（自治区、直辖市）的省级辐射环境监测力量有所削弱，全国各地的市级辐射环境监测能力都呈现出弱化趋势。近年来，四川省辐射站新增了核技术利用单位辐射安全监督检查、核与辐射建设项目环评技术评估、核技术利用辐射安全与防护培训考核等职能职责，以及省级以上重点核技术利用单位监督监测、县级以上集中式饮用水源地放射性水平监测、核设施预警监测等多项监测任务。截至 2021 年，四川省范围内的国控、省控辐射环境监测点位数 431 个，点位数以每年 14.9% 的速度递增。图 1 为宇宙射线伽玛剂量率监测现场，图 2 为陆地天然本底伽玛剂量率监测现场。

图 1　宇宙射线伽玛剂量率监测现场

图 2　陆地天然本底伽玛剂量率监测现场

应急监测

辐射事故应急预案的实施将认真贯彻执行"以人为本、预防为主，统一领导、分类管理，属地为主、分级响应，专兼结合、充分利用现有资源"的原则，核事故预案贯彻执行我国核应急管理工作"常备不懈、积极兼容，统一指挥、大力协同，保护公众、保护环境"的方针原则。各地应成立应急监测领导小组，并按照核与辐射应急监测实施程序开展核与辐射监测工作。其主要包括两个方面。一是及时进入应急状态。移动监测组、固定监测组、信息通信组、后勤保障组和专家咨询组等相关人员迅速到岗开展工作，落实 24 小时值班制度，随时监控事件最新进展和动态；同时，大型放射性移动监测车进入应急待命状态，保障车辆和车载仪器设备运行正常，随时准备开赴监测前线。二是全面启动辐射环境监测系统。主要通过省内自动辐射监测站对环境中 γ 空气吸收剂量率进行 24 小时连续、实时监控，将已经监测的数据通过专线以 30 秒的频率传往省级数据中心，并通过环境保护部辐射应急监测数据网，上报应急监测数据，实时制作"辐射环境自动监测站空气吸收剂量率"等图表提供给指挥部。同时，按上级指挥部门要求，每天定时上报自动监测站和核电厂周围连续监测系统监测数据，编制辐射环境应急监测信息日报，并进行数据分析和结论评价。组织各区县做好辖区内 γ 辐射空气吸收剂量率巡测和风向、风速测量，以及气溶胶、气碘、沉降物、雨水等样品的采集和送检工作，根据需要进行相关的放射性核素分析，并按时间要求上报监测数据。利用国际先进的可移动监测放射性惰性气体氙气（Xe）同位素活度的测量系统，进行惰性气体的采集及 131mXe，133mXe，133Xe 和 135Xe 四种同位素的浓度测量。开展口岸相关（航班、轮船）监测，根据需要采集进关飞机机身及引擎、轮船表面滤纸擦拭样，并将样品送回到实验室进行人工核素分析。

根据监测数据，组织专家对一系列监测数据进行研判，并对照平时的基础辐射数据，为核与辐射的应急工作开展提供数据结果，并为事故研判和信息公开提供技术支撑。一是监测数据研判。通过对 γ 辐射空气吸收剂量率的数据汇总，参照气溶胶、气碘、沉降物、雨水中放射性核素的分析结果，结合风向及风速等气象参数，给出核与辐射事故的情况，完成环境介质放射性水平超标的判别标准和各类环境介质放射性水平是否超过我国国家标准及国际标准的调研报告。二是跟踪、收集媒体和网络舆情。平时组织编写《核电与辐射热点问题问答》《辐射防护小常识》等核与辐射相关基础知识的宣传手册，必要时发放给公众以消除误解和恐慌。同时，在门户网站开辟专栏，及时发布相关信息，消除广大公众的疑虑。

在事故后期编制"事故的辐射环境影响、剂量评价"等总结报告，为核与辐射事故应急监测积累经验。组织专家编制有针对性的《应急监测技术指南》和《应急监测实施程序》，作为开展应急监测工作的技术指南。将已公布的剂量率监测数据进行质量和准确性评估，作为核与辐射事故的辐射环境监测数据库。同时针对发生核与辐射事故期间在网上所开展的辐射环境监测数据进行详尽分析和深入研究，及对省内公众造成的辐射剂量进行估算，编制完成"核与辐射事故辐射环境影响报告"，为事故后期合理制定辐射防护措施，提供核与辐射事故后公众防护建议。

目前全球都以环境辐射监测网为基础，结合核事故应急指挥系统，对监测到的辐射污染情况，启动不同等级的事故应急预案，通过核事故应急指挥系统，综合分配核应急资源，例如避难、隐蔽场所、通信、电力、交通、医疗等，都可以通过核事故应急指挥系统第一时间进行有效整合，提高核事故状态下的减灾、救助效率，避免核事故的进一步恶化，使核事故造成的损失降到最低。

泸州市核与辐射监测能力

近年来，四川省泸州市生态环境监测中心站（2009 年增挂四川省泸州市辐射环境监测站）辐射环境监测能力取得了长足进步，先后通过 X-γ 辐射剂量（率）、α/β 表面污染等项目的计量认证，配备了低本底 α、β 计数器，测氡仪，α/β 表面污染仪，加压电离室巡测仪，X-γ 剂量率仪等仪器设备。截至 2022 年，泸州市级具有辐射专业背景的管理和监测人员 3 人，区县暂无。市监测站能较高质量开展日常的辐射污染源监督性监测、辐射环境质量监测等工作，管理人员也能较好地开展辐射项目审批、辐射安全许可、放射源及辐射装置台账管理等工作。但在辐射事故应急状态下，辐射管理和监测人员的宏观判断力、监测能力、应急处置能力还需要提升。

根据相关要求，泸州市级已经编制了辐射应急预案，区县级的辐射应急预案正在编制中。辐射应急预案中针对泸州市所有类型的辐射源，具体分析到每类辐射源可能产生的辐射事故场景及辐射事故级别，有针对性地提出应对策略。管理和监测人员在熟悉应急预案文本的前提下，要对所有辐射源均有详细的了解，这样才能第一时间预判辐射事故是何种类型的事故、事故可能的后果及其严重程度、辐射应急监测需如何开展等问题。

辐射应急演练不只是根据预先设定的脚本进行，还可在模拟真实情景方面下功夫。比如，在保证安全的情况下，可以尝试在接近真实或真实应急条件下进行辐射应急演练。这样既可以实实在在的提升管理和监测人员对事故的宏观判断力和处理事故的能力，又可以进一步锤炼监测人员面对真实应急时的反应能力和行动能力，达到以演促练的目的。图 3 为辐射应急演练 γ 剂量率监测现场。

图 3　辐射应急演练 γ 剂量率监测现场

精准治污的泸州实践

"走航监测设备正常，走航监测路线核查无误，出发！"一天的走航监测工作就这样从早晨开始了。

在走航过程中，监测人员一旦发现异常点位便立即开展周边污染源核查，摸清区域内污染分布情况，锁定异常高值点和主要污染区域，及时对污染进行溯源和成因分析，立即反馈给所在地执法部门。根据走航监测发现和标记的问题区域、问题企业、问题点位，执法人员可以深入问题现场，精准检查企业污染防治设施运行、污染物达标排放、环保管控措施落实情况等，及时有效固定违法证据，有效提升了执法检查效率，实现精准治污。哪怕是最高气温超过 40 摄氏度的"三伏天"，泸州监测站的监测人员都经受住了"烤"验，始终坚守在一线，持续开展挥发性有机物（VOCs）走航监测，全力保障大气环境质量。

挥发性有机物（VOCs）参与大气环境中臭氧（O_3）和二次气溶胶的形成，对区域性大气臭氧（O_3）和细颗粒物（$PM_{2.5}$）污染具有重要的影响，是导致城市灰霾和光化学烟雾的重要前体物。夏季气温日益升高，太阳辐射增强，臭氧（O_3）污染态势明显；秋冬季节则长时间静稳无风，零降水，逆温现象频繁，细颗粒物（$PM_{2.5}$）污染防治形势严峻。

国家积极推进挥发性有机物（VOCs）的污染防治工作，一场场针对挥发性有机物（VOCs）的"战役"正在打响。激光雷达走航车的投入使用有助于实现"测、管、治"联动，为科学治理大气污染提供新方法、新技术。

2020 年年初，泸州市首台激光雷达走航车投用。一辆车顶长了"眼睛"的黑色商务车吸引了不少市民的目光。"只要激光雷达设备一开启，从近地面到高空 5 千米以内的大气污染立体分布情况就会显示在电脑屏幕上。"车内的技术人员指着屏幕上变化的图谱解释道，根据监测数值的高低屏幕会呈现出红色、黄色或橙色等不同颜色，他们可以直观看出不同高度的污染物情况，为分析研判大气污染来源提供依据。"该车利用激光雷达可实时监测空气中细颗粒物（$PM_{2.5}$）、可吸入颗粒物（PM_{10}）等含量，能够实现定点垂直监测、水平监测以及走航监测，垂直方向可监测 5 千米以内高空，水平方向可监测 5 千米半径范围，快速对区域大气污染源进行溯源定位。"[①]

2020 年泸州监测站累计开展颗粒物和挥发性有机物（VOCs）走航专项监测 138 次，覆盖主城三区、泸县和合江县的主要工业园区、站点周边敏感区域和加油站等面源，编制挥发性有机物（VOCs）走航监测日报 35 份、周报 12 份，发现挥发性有机物（VOCs）异常高值点位 46 个、问题企业 19 家。

2021 年，泸州市充分借力大气污染防治攻坚帮扶行动，开展了本地大气污染源解析、污染物主要来源和传输规律、细颗粒物（$PM_{2.5}$）和臭氧（O_3）协同控制等方面的研究，更新完善污染源清单。推动重点园区配齐便携式监测设备、安装挥发性有机物（VOCs）在线监测设施。加快大气监测网格化微站、组分站建设。全年泸州监测站共开展颗粒物和挥发性有机物（VOCs）走航专项监测 95 次，覆盖主城三区、泸县和合江县等 5 个区县，编制走航监测报告 107 份，发现异常高值点位 34 个、问题企业 13 家。

2022 年，泸州监测站累计开展颗粒物和挥发性有机物（VOCs）走航专项监测 101 次，覆盖主城三区、泸县和合江县等 5 个区县，出具走航监测报告 43 份，发现异常高值点位 17 个，问题企业 6 家。图 1 为联合开展挥发性有机物（VOCs）走航监测与执法行动现场，图 2 为走航监测助力大气污染防治现场。

---

① 岳东. 精准查找大气污染源 泸州首台激光雷达走航车投用［EB/OL］. 四川新闻网，（2020 -03-16）［2024-02-29］. http://scnews.sc.org/system/20200316/001048176.html.

图 1　联合开展挥发性有机物（VOCs）走航监测与执法行动现场

图 2　走航监测助力大气污染防治现场

下一步，泸州监测站将继续充分利用多项科技手段，坚持精准治污、科学治污、依法治污理念，为泸州市实施精准治污提供科学技术支撑，推动泸州市空气质量持续改善。

颗粒物走航案例

2021年泸州监测站对全市5个国控气站和4个重点工业园区进行了水平扫描监测，对三区两县空气站周边主要道路开展了走航监测。异常高值点位主要集中在龙马潭区和纳溪区，细颗粒物（$PM_{2.5}$）最高浓度为228微克/立方米，可吸入颗粒物（PM_{10}）最高浓度为345微克/立方米，污染物主要分布在60~600米之间。

2021年12月28日，泸州监测站对纳溪区环保局国控点周边区域进行水平扫描，发现1处颗粒物高值区，位于工投产业园厂界道路与G321国道交汇处，经现场勘查发现该路段位于工业区附近，且重型货车过境频繁，疑似污染源为工业排放、机动车尾气和道路扬尘（见图3）。通过走航监测，发现1处颗粒物高值区，位于人民西路一段，经现场勘查发现该道路为交通干道，疑似污染源为道路扬尘和机动车尾气排放（见图4）。

图3　颗粒物水平扫描结果

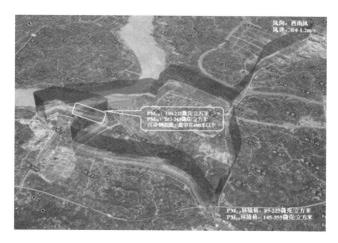

图4　颗粒物走航监测结果

挥发性有机物（VOCs）走航案例

2021年泸州监测站针对全市范围内的重点行业及园区、面源、敏感区域（国、省控空气自动站）周边开展了挥发性有机物（VOCs）峰值浓度和关键活性物种浓度的监测工作。异常高值点位涉及行业主要为化工、包装印刷等，挥发性有机物（VOCs）最高浓度为2 081.5微克/立方米，关键活性物种主要为苯系物和烷烃类。

2021年8月2日，泸州监测站对酒业集中发展区开展了挥发性有机物（VOCs）走航监测，发现1个异常高值点位，位于泸州宏旭包装有限公司附近，挥发性有机物（VOCs）最高浓度为2 081.5微克/立方米，走航监测图见图5，关键活性物种及浓度见表1。

图5 挥发性有机物（VOCs）走航监测结果

表1 2021年8月2日挥发性有机物（VOCs）走航监测结果

异常点位	总挥发性有机物（TVOCs）峰值浓度/微克/立方米	关键活性物种	物种浓度/微克/立方米	疑似排放点
泸州宏旭包装有限公司附近	2 081.5	3-甲基庚烷	250.3	泸州宏旭包装有限公司
		2-甲基庚烷	160.7	
		3-甲基己烷	125.4	
		庚烷	314.7	
		甲基环己烷	114.2	
		甲苯	240.3	
		正辛烷	54.9	
		二甲苯	62.8	

泸州市大气污染成因分析及改善对策

基本概况

泸州市区位情况

泸州市地处四川盆地南缘，属川、滇、黔、渝四省市结合部，处在长江经济带、成渝地区双城经济圈、南贵昆经济区的叠合部。东与重庆市和贵州省接壤，南与贵州省连界，西与云南省和四川省宜宾市、自贡市相连，北接四川省内江市和重庆市。泸州市是区域间要素流通、融合发展与分工协作的重要节点，构建起了四川省增长的第二极和成渝地区双城经济圈崛起的中间地带，是全国双拥模范城、国家历史文化名城、国家卫生城市、国家优秀旅游城市、全国文明城市。作为我国传统老工业基地、传统农业大市以及白酒金三角的重要组成部分，泸州市不仅经济发展基础较好，且具备较好的产业内部、产业间发展循环经济的客观条件，转型发展已经起步。泸州市先后被列入全国第二批新能源汽车推广应用示范城市、全国第三批资源枯竭转型发展试点城市、国家新能源汽车推广试点城市、四川省绿色建材产业化示范基地。全市下设江阳、纳溪、龙马潭三区和泸县、合江、叙永、古蔺四县，行政区域面积 12 232.34 平方千米。

泸州市地形气候情况

地形地貌

泸州市地处川东南平行褶皱岭谷区南端与大娄山的结合部，四川盆地南缘向云贵高原的过渡地带，兼有盆中丘陵和盆周山地的地貌类型。总的特点是：南高北低，以长江为侵蚀基准面，由南向北逐渐倾斜，山脉走向与构造线方向基本一致，呈东西向、北西向及北东向展布。大体上以江安—纳溪—合江一线为界，南侧为中、低山；北侧除背斜形成北东向狭长低山山垅外，均为丘陵地形。最低点是合江县九层岩长江江面，海拔203米；最高点是叙永县分水杨龙弯梁子，海拔1902米，相对高差1699米。境内大部分为1000米以下低山，少数中山，主要山脉有叙永丹山等14条。全市喀斯特地貌发达，面积2439平方千米，占全市辖区面积20%。按其特点，全市地貌大体上可分为四种类型。

北部浅丘宽谷区：包括泸县、江阳区、龙马潭区、合江县和纳溪区长江以北的广大地区，为川东平行褶皱地带的延伸部分，属四川盆中丘陵区的南缘，面积占总辖区面积的18.6%。海拔多在250~400米，最高为万寿山，海拔757米。长岗山多为林地，浅丘宽谷多为耕地，田多土少，是全市主要农业区。

南部低中山区：包括叙永县、古蔺县大部，属四川盆地南缘的盆周山地低中山地貌类型区，面积占总辖区面积的38.6%。出露的地层以古老海相沉积的各类灰岩、泥岩为主，侵蚀严重，形成山峦叠嶂、沟谷纵横的复杂地貌类型，平均海拔800米左右，最高为叙永县分水杨龙弯梁子，海拔1902米。山地为林地、旱地和园地（茶园）；槽坝地势平坦，以耕地为主，土壤肥沃，土层深厚，也是泸州市主要农业区之一。

中部丘陵低山区：长江以南，南部低中山区以北为中部丘陵低山区，包括泸县少部，江阳区一部，合江县、纳溪区大部和叙永县、古蔺县北部，面积占总辖区面积的41.5%，山地海拔一般为500~1000米，最高为古蔺县斧头山，海拔1895米，丘陵海拔350~500米。山地以林地为主，全市现存的两大片原始森林——福宝林区和黄荆林区以及楠竹林，均集中在这一区，丘陵以耕地为主，其次是园地（果园和茶园）。

沿江河谷阶地区：沿长江、沱江等大、中河流两岸，由于河流的冲积、堆积而形成数级阶地，面积占总辖区面积的1.3%。一、二级阶地为第四系现代河流冲积物，阶面平坦宽阔，宽达500~1000米，海拔250米以下，相对高差小于30米，厚15~20米，以耕地为主，土层深厚，土壤肥沃，是全市蔬菜、甘蔗、龙眼的集中分布区。三级、四级阶地为第四系近代冰水沉积物，由于流水的侵蚀，只零星残留于河谷两岸的基座台面上，海拔250~330米，多为耕地和园地，土层深厚，是全市甘蔗、荔枝的集中产区。

气候特征

泸州市属亚热带湿润气候区，南部山区立体气候明显。气温较高，日照充足，雨量充沛，四季分明，无霜其长，温、光、水同季，季风气候明显，春秋季暖和，夏季炎热，冬季不太冷。年平均气温 17.5 ℃～18.0 ℃，年际之间的变化为 16.8 ℃～18.6 ℃，高低年间相差值为 1.8 ℃；泸州市无霜期长在 300 天以上，降雪甚少，个别年份终年无霜雪，适宜作物生长期长。

2018 年泸州市气温正常略偏高，降水正常略偏多，日照正常略偏多。年内低温冷害、暴雨洪涝、风雹、雷暴、雾霾等气象灾害较常年偏轻；连阴雨、高温干旱较常年略重，干旱是 2018 年造成经济损失最大的气象灾害。综观全年，光、温、水充足，整个 2018 年气象条件虽然不及 2017 年，但仍属正常略偏好年。

温度：2018 年全市大部分地区平均气温在 18.1 ℃～18.8 ℃之间，较常年平均偏高 0.5 ℃～0.8 ℃，合江东南部、古蔺东南部正常略偏低。全年春夏季气温偏高、秋冬季偏低。7 月上旬中后期开始到 8 月，全市普遍出现高于 38 ℃的高温天气，东部、南部部分地方超过 40 ℃。全市年极端最高气温 42.3 ℃，高温天气较常年略偏重；年极端最低 -1.1 ℃，年初和年末分别出现低温（日均温<5 ℃）天气时段。年内寒潮天气有 4 次，接近常年，分别出现在 4 月上旬、4 月中旬、12 月上旬和 12 月下旬。

降水：2018 年全市大部分地方降水量在 1 025～1 390 mm 之间，古叙山区南部 750～1 000 mm，与常年相比大部分地方正常略偏多，偏多幅度 1%～22%。年内出现严重春旱和一般性伏旱。年内区域性暴雨过程 5 次，比常年偏多 1～2 次，多于 2017 年，分别发生在 5 月 21 日、7 月 3 日、8 月 2 日、8 月 3 日、8 月 15 日等。年内秋绵雨过程持续时间长，明显重于常年。全市年雨日 152～196 天，较常年偏多 3～5 天。

日照：2018 年全市日照时数 1 220～1 365 小时，与常年相比正常略偏多，偏多幅度 10%～16%。年内 2—3 月、6—8 月、11 月日照偏多，光照充足，其余月份日照偏少。9 月中、下旬，10 月中旬到下旬前期出现明显的寡照天气过程。

泸州市工业企业状况

2018 年全市生产总值（GDP）实现 1 694.97 亿元，按可比价格计算，比上年增长 7.6%。其中，第一产业增加值 190.58 亿元，增长 3.7%；第二产业增加值 882.97 亿元，增长 8.7%；第三产业增加值 621.42 亿元，增长 7.2%。三次产业对经济增长的贡献率分别为 5.4%、63.0% 和 31.6%，分别拉动经济增长 0.4、4.8、2.4 个百分点。人均地区生产总值（人均 GDP）39 230 元，增长 7.4%。三次产业结构由上年的 11.5：53.3：35.2 调整为 11.2：52.1：36.7。

2018 年年末规模以上工业企业 680 户，全年规模以上工业增加值增长 10.4%。在规模以上工业中，分轻重工业看，轻工业增加值比上年增长 9.7%，重工业增加值增长 12.1%。分经济类型看，国有企业增加值增长 17.8%，集体企业增加值增长 16.8%，股份制企业增加值增长 10.9%，私营企业增加值增长 6.8%，外商及港澳台商投资企业增加值下降 31.1%，其他经济类型企业增长 19.5%。分行业看，规模以上工业 32 个行业大类中有 20 个行业增加值实现增长，四大传统支柱产业增加值增长 8.5%。其中酒类制造业增加值增长 9.9%，化工行业增加值增长 5.8%，机械行业增加值增长 7.2%，能源行业增加值下降 1.6%，医药制造业增加值下降 10.9%，智能终端行业增加值增长 685.0%。从企业规模看，大中型企业增加值增长 11.6%，其中国有企业增长 17.8%。分新旧动能看，高技术产业工业增加值比上年增长 84.5%，比规模以上工业增加值增速高 74.1 个百分点，比支柱产业酒的制造业高 74.6 个百分点，拉动规模以上工业经济增长 2.0 个百分点。分产业看，第一产业投资 40.51 亿元，比上年下降 22.7%；第二产业投资 436.71 亿元，增长 18.0%，其中工业投资 429.19 亿元，增长 17.3%，对全社会固定资产投资增长贡献率 68.3%；第三产业投资 1 177.45 亿元，增长 3.3%。

2018 年全年实现社会消费品零售总额 763.96 亿元，比上年增长 12.2%。按经营地分，城镇消费品零售额 561.55 亿元，增长 12.2%；乡村消费品零售额 202.41 亿元，增长 12.4%。按消费形态分，商品零售额 656.31 亿元，增长 12.6%；餐饮收入 107.65 亿元，增长 9.8%。

泸州市居民生活状况

2018 年年末全市公安户籍登记总户数 156.83 万户，户籍总人口 509.61 万人，其中城镇人口 207.42 万人，乡村人口 302.19 万人。年末全市常住人口 432.362 万人，其中城镇常住人口 218.17 万人，乡村常住人口

214.19万人。城镇化率50.46%。到2020年，总人口约为530万人，城镇化率55%~58%，城镇人口约为300万人；到2030年，总人口约为565万人，城镇化率66%~70%，城镇人口约为400万人。城镇等级结构分四级，一级中心城市指泸州市中心城区；二级中心城镇包括合江县城、泸县县城、古蔺县城、叙永县城；三级中心城镇包括玄滩镇、立石镇、兆雅镇、牛滩镇、况场镇、大渡口镇、分水岭、白沙镇、福宝镇、九支镇、先市镇、白节镇、护国镇、江门镇、水尾镇、摩尼镇、太平镇、二郎镇、双沙镇、石宝镇、大村镇、龙山镇，共22个；普通建制镇为四级中心（见表1）。

表1 城镇规模结构

规模等级	城镇数量/个	平均规模/万人	总规模/万人	规模比例/%
一级中心城市	1	192.5	190~195	46.24
二级中心城市	4	26.3	100~115	27.50
三级重点镇	22	3.02	66.5	16.63
四级一般镇	101	0.38	38.5	9.63

以泸州市中心城区为核心，以长江流域为重点经济带，以主要交通干线为骨架，以县城为辅助增长极，通过"核的集聚、带的生长、网的复合"，形成泸州市域内"一心一带、一区二轴"的城乡空间格局。在市域内打造中心主城区和泸县县城、合江县城、叙永县城、古蔺县城等五个经济辐射中心，依托区域交通廊道、经济发展带培育一批特色鲜明、成规模的三级重点城镇，形成市域"一主、四次、多点"的主要城镇空间布局。"泸三角"空间发展的基本结构为"一核二翼三走廊"，形成大泸州地区都市圈。沿长江拓展城市新区、各产业区和重大基础设施，沿隆纳高速公路重点发展城乡产业，从而共同形成"泸三角"独具特色的空间结构。"一核"：即泸州都市发展核心区，是泸州城市性质与职能的主要承担者，也是"泸三角"的核心地区。包括城市核心地区及周围功能组团，总体上以隆纳高速公路、成自泸高速公路和宜泸渝沿江高速公路围合的区域。"二翼"：即泸县县城和合江县城，是"泸三角"地区北部和东部片区起飞的两翼。"三走廊"即沿长江综合走廊，是"泸三角"城市拓展生长主轴，是"泸三角"区域二三产业聚集的核心地带，也是全市域综合经济产业带，重点发展酒业、化工、机械、能源、物流、科教、医疗卫生、旅游、现代服务业；沿泸福（集）发展走廊，重点发展现代农业及其相关综合产

业，打造现代农业示范区，建设全市乃至川南地区的新农村示范带；沿福（集）合发展走廊，依托毗邻重庆市的区位优势，承接重庆市、东部沿海地区的产业转移，建设颇具竞争力的产业转移示范区。

泸州市农业生产状况

2018年泸州市农林牧渔业总产值317.80亿元，比上年增长3.6%。其中农业增加值119.41亿元，增长4.4%；林业增加值9.51亿元，增长5.4%；畜牧业增加值54.04亿元，增长1.8%；渔业增加值7.62亿元，增长5.9%。农业生产情况（见表2）表明，全年粮食播种面积592.44万亩，粮食总产量229.70万吨，其中稻谷产量109.30万吨，高粱产量7.74万吨，玉米产量65.88万吨。经济作物中，油料播种面积74.87万亩，油料产量10.06万吨，其中油菜籽产量8.84万吨；蔬菜及食用菌播种面积112.73万亩，产量272.82万吨。中草药材播种面积4.65万亩，产量2.48万吨。烟叶播种面积9.65万亩，烟叶产量0.77万吨。茶叶产量1.41万吨，水果产量22.37万吨。甘蔗产量7.26万吨。

全年水产养殖面积9 401公顷，投放鱼种量1.14万吨，水产品产量8.79万吨。全年生猪出栏401.33万头，年末生猪存栏248.98万头；牛出栏6.80万头；羊出栏50.40万只；家禽出栏3 591.37万只；兔出栏965.83万只。肉类总产量37.21万吨，增长2.2%；其中猪肉产量28.97万吨，牛肉产量8 381吨，羊肉产量7 663吨。禽蛋产量4.29万吨。

表2 农业生产情况

项目		播种面积/万亩	比上年增减/%	总产量/万吨	比上年增减/%
粮食作物	—	592.44	-0.3	229.70	0.2
经济作物	油料	74.87	-2.6	10.06	-1.8
	蔬菜及食用菌	112.73	2.0	272.82	3.4
	中草药	4.65	5.4	2.48	3.5
	烟叶	9.65	-2.3	0.77	-1.9

大气环境质量现状

川南城市群区位与气象特征

川南城市群区位位置

泸州市位于四川盆地南部，市中心位于长江和沱江交汇处。东邻重庆市，南接贵州省赤水市、云南省昭通市，北接自贡市、内江市。泸州市处于川南城市群偏东南位置，多数时候处于川南城市群的下风向位置。

内江市位于四川省东南部，处于川南城市群较北位置，平均海拔300~500米，沱江下游中段穿城而过；其西部为资中县白云山、威远县俩母山，海拔最高834米；南部为自贡市、隆昌市，东部为重庆市大足区、荣昌区，北部为资阳市安岳县。

自贡市地处四川盆地南部的中浅丘地带，位于川南城市群中心，地势西北高东南低，属低山丘陵河谷地貌类型。东邻内江市隆昌县、泸州市泸县，南接宜宾市江安县、南溪县、宜宾县，西与乐山市犍为县、井研县毗邻，北靠内江市威远县。

宜宾市地处四川盆地南端，属浅丘、河谷地带，兼有南亚热带的气候属性，岷江、金沙江在此汇合后始称长江。南邻云南省水富县，北接自贡市，东邻泸州市，西邻乐山市。

川南城市群气象特征

近三年川南城市群气象特征见表3。泸州市属于亚热带湿润气候区，夏季盛行暖湿的偏南风，冬季盛行湿冷的偏北风，全年风速较低，多为0~2米/秒的微风，主导风向多变；地形以丘陵河谷为主、山地为辅。

内江市属于亚热带湿润季风气候，冬季盛行干冷的偏北风，夏季盛行暖湿的偏南风；全年降水60%在夏季，春秋季节降雨量相当，冬季降水稀少，仅占全年4%左右。

自贡市气候属东亚季风环流控制范围，为亚热带湿润季风气候类型，四季分明，气候温暖，雨量充沛，全年多静风，主导风向多变，独特的地形地貌和气候特征，造就了该区域成为川南城市群大气污染物传输停滞回旋区域。

宜宾市具有气候温和、热量丰足、雨量充沛、光照适宜、无霜期长、冬暖春早、四季分明的特点。地形以丘陵河谷为主，常年风速较低，年平均风速仅为 1.23 米/秒，多为西北风和东北风，静风频率较大，高达 34%~53%。

表 3　近 3 年川南城市群气象特征

城市	年份/年	平均温度/℃	降雨量/mm	平均风速/m/s
自贡	2016	18.9	935	1.4
	2017	18.9	850	1.4
	2018	18.7	910	1.4
泸州	2016	18.8	1 524	1.1
	2017	19.0	948	1.3
	2018	18.9	1 237	1.3
	2019	20.4	934	1.3
内江	2016	18.1	938	1.4
	2017	18.0	708	1.5
	2018	18.1	1 046	1.5
宜宾	2016	19.5	1 195	1.0
	2017	19.5	963	1.0
	2018	19.3	1 223	1.0

川南城市群大气环境质量概况

川南四城市多年大气环境质量年变化情况

监测资料显示，2006—2018 年，川南四城市大气污染物二氧化硫（SO_2）随着年份增加，年标准偏差整体呈下降趋势，年均浓度差异在缩小，说明二氧化硫（SO_2）年均浓度趋于稳定，四城市二氧化硫（SO_2）污染得到了同步改善，这得益于近年来实施的二氧化硫（SO_2）排放控制措施。据调查，四城市的能源清洁化、工业企业外迁、脱硫减排等措施有效降低了二氧化硫（SO_2）排放量。13 年的数据表明，四城市二氧化硫（SO_2）年均浓度自 2011 年始呈整体下降趋势，尤其在 2014 年以来下降非常明显（见图 1）。

四城市二氧化硫（SO_2）年均浓度最高值出现在 2008 年，达 62.5 微克/立方米，其中宜宾市贡献最大，其次是泸州市。泸州市二氧化硫（SO_2）年均浓度在 2006—2008 年出现快速上升趋势，3 年增长了 2.4 倍；

年均浓度在 2008 年出现最高值，达 68.6 微克/立方米；在 2013—2014 年出现快速下降趋势，从 44.2 微克/立方米下降到 24.6 微克/立方米，下降幅度达 44.3%；在 2015—2018 年呈现逐年下降趋势。

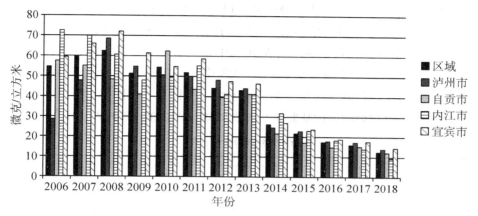

图 1　2006—2018 年二氧化硫（SO$_2$）平均浓度

　　四城市二氧化氮（NO$_2$）年均浓度表现为波动变化，泸州市波幅较大。泸州市在 2006—2010 年呈上升趋势，2010—2013 年稳定在相对高位，2013—2016 年呈明显下降趋势，2016—2018 年趋于稳定。泸州市 2010 年二氧化氮（NO$_2$）浓度为历史最高，达到 40 微克/立方米；2014—2015 年维持在 30 微克/立方米，与 2008—2009 年几乎持平，低于 10 年总平均浓度。在 2009 年之前，泸州市比自贡市低；2009 年之后，泸州市已经高于其他城市，2014 年后开始呈波动下降趋势，同宜宾相似度高，平均浓度同区域整体均值接近（见图 2）。

　　四城市二氧化氮（NO$_2$）年均浓度最高值出现在 2013 年，达 39.4 微克/立方米，其中泸州市贡献最大，其次是自贡市。泸州市二氧化氮（NO2）年均浓度在 2006—2010 年出现快速上升趋势，5 年增长了 3.9 倍；年均浓度在 2010 年和 2013 年达到次高点和最高点，分别为 48.7 微克/立方米和 48.9 微克/立方米；在 2013—2015 年出现快速下降，从 44.9 微克/立方米下降到 33.1 微克/立方米，下降幅度达 26.3%；在 2016—2018 年呈现平稳趋势，波动幅度为 -5.2%~8.1%。

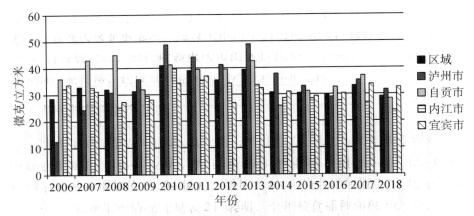

图2　2006—2018年二氧化氮（NO₂）平均浓度

四城市可吸入颗粒物（PM₁₀）年均浓度总体表现为下降—平稳—上升—下降趋势，其中2006—2008年处于浓度快速下降期，2008—2012年处于相对稳定期，2013年回升较快，2014—2018年缓慢下降（图3）。

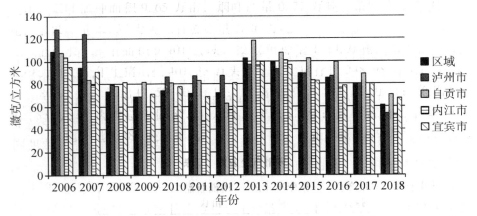

图3　2006—2018年可吸入颗粒物（PM₁₀）平均浓度

四城市可吸入颗粒物（PM₁₀）年均浓度最高值出现在2006年，达108.8微克/立方米；在2013年出现次高点，达102.9微克/立方米。泸州市可吸入颗粒物（PM₁₀）年均浓度在2006—2009年出现快速下降趋势，4年降低了46.4%；在2010年反弹25.3%；在2010—2012年呈稳定状态；在2012—2013年反弹11.5%；在2013—2017年缓慢下降；2017—2018年快速下降，从80微克/立方米到53.9微克/立方米，下降幅度高达32.6%，且在四城市中下降幅度最大，显著低于自贡市和宜宾市，同内江市持平。

川南四城市 2015—2018 年大气环境质量年变化情况如下。

2015—2018 年四城市二氧化硫（SO_2）年均浓度整体呈下降趋势，4 年从 21.5 微克/立方米下降到 12.5 微克/立方米，下降幅度 41.9%；泸州市从 22.7 微克/立方米下降到 14.1 微克/立方米，下降幅度 37.8%。泸州市同宜宾市走势趋同，且两城市的 4 年年均值差异小，协同性强（见图 4）。

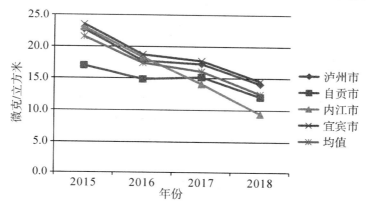

图 4　2015—2018 年二氧化硫（SO_2）平均浓度

2015—2018 年四城市二氧化氮（NO_2）年均浓度整体呈平衡状态，4 年波动幅度为 -5.2%~8.5%。泸州市呈现下降—升高—下降态势，最近两年四城市的走势趋同。2018 年泸州市和宜宾市二氧化氮（NO_2）年均浓度高于自贡市和内江市（图 5）。

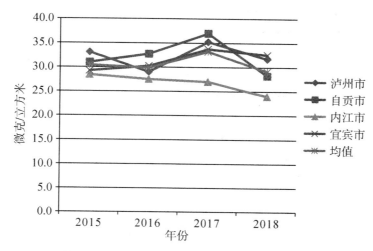

图 5　2015—2018 年二氧化氮（NO_2）平均浓度

2015—2018 年四城市一氧化碳（CO）年均浓度走势差异大，2018 年整体呈下降趋势。泸州市从 0.9 毫克/立方米下降到 0.7 毫克/立方米，下降幅度 22.2%，且 4 年的年均浓度均小于其他三城市（见图 6）。

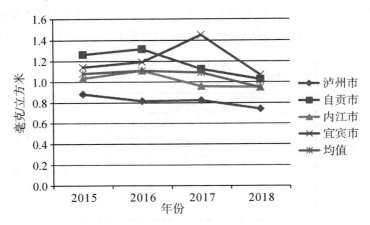

图 6　2015—2018 年一氧化碳（CO）平均浓度

2015—2018 年四城市臭氧（O₃）年均浓度在 2015—2016 年均呈升高走势，然后趋于平稳。泸州市臭氧（O₃）年均浓度在 2016 年达到高点，为 131.5 微克/立方米，随后 3 年呈下降趋势，2018 年年均浓度低于其他三城市，比四城市的平均值低 8.2%（见图 7）。

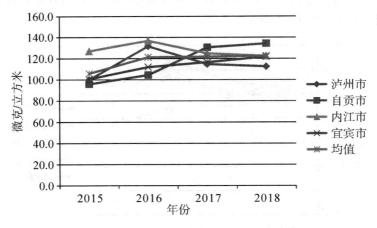

图 7　2015—2018 年臭氧（O₃）平均浓度

2015—2018 年四城市细颗粒物（PM₂.₅）年均浓度整体呈下降趋势，2017—2018 年下降明显。泸州市细颗粒物（PM₂.₅）年均浓度在 2016 年达到高点，为 64.4 微克/立方米，3 年从高点下降到 35.3 微克/立方米，下降幅度 45.2%，且 2017—2018 年的下降斜率大于 2016—2017 年。泸州市细颗粒物（$PM_{2.5}$）年均浓度在 2018 年远低于自贡市和宜宾市，同内江持平（见图 8）。

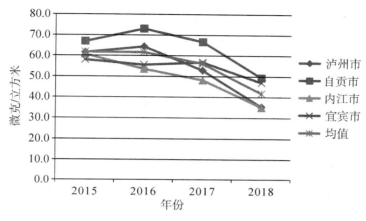

图 8　2015—2018 年细颗粒物（$PM_{2.5}$）平均浓度

2015—2018 年四城市可吸入颗粒物（PM_{10}）年均浓度整体呈下降趋势，2017—2018 年下降明显。泸州市可吸入颗粒物（PM_{10}）年均浓度在 2015 年达到高点，为 89.3 微克/立方米，4 年从高点下降到 54.2 微克/立方米，下降幅度 39.3%，且 2017—2018 年的下降斜率非常大，下降幅度 32.7%。泸州市可吸入颗粒物（PM_{10}）年均浓度在 2018 年远低于自贡市和宜宾市，同内江市持平（见图 9）。

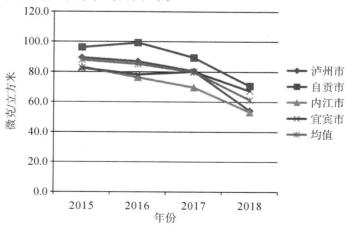

图 9　2015—2018 年可吸入颗粒物（PM_{10}）平均浓度

川南四城市 2019 年大气环境质量月变化情况如下。

2019 年 1—9 月四城市二氧化硫（SO$_2$）月均浓度整体呈波动下降趋势，1—5 月四城市波动一致，5—7 月四城市走势出现差异，7—9 月波动趋势再次一致。泸州市二氧化硫（SO$_2$）月均浓度在 1 月最高，达 16 微克/立方米；5 月最低，即 8 微克/立方米；8 月次高点，即 14 微克/立方米。泸州市二氧化硫（SO$_2$）月均浓度在 5 月以前低于宜宾市，高于内江市和自贡市；5 月以后同其他三城市拉开距离，同宜宾市差距最大，泸州市和宜宾市两城市出现两极分化态势（见图 10）。

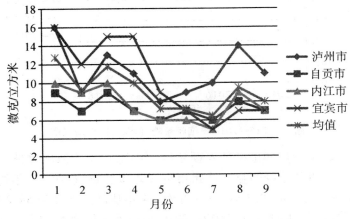

图 10　1—9 月二氧化硫（SO$_2$）平均浓度

2019 年 1—9 月四城市二氧化氮（NO$_2$）月均浓度在 4 月前除自贡市外，其他三城市波动大；4 月后四城市趋于一致，整体平稳。泸州市二氧化氮（NO$_2$）月均浓度在 1 月最高，达 41 微克/立方米；5 月最低，即 23 微克/立方米。泸州市二氧化氮（NO$_2$）月均浓度在 6 月以前低于宜宾市，高于内江市和自贡市；6 月以后同其他三城市逐步拉开距离，同内江市差距最大（见图 11）。

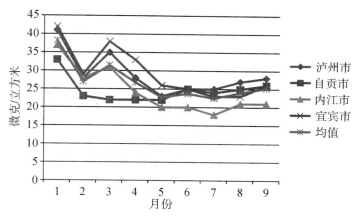

图 11　1—9 月二氧化氮（NO₂）平均浓度

2019 年 1—9 月四城市一氧化碳（CO）月均浓度在 4 月前呈快速下降趋势；在 4—6 月之间呈平稳态势；在 6—7 月再次呈下降趋势；然后缓慢攀升。泸州市一氧化碳（CO）月均浓度在 1 月最高，达 1.1 毫克/立方米；但远低于其他三城市；4—7 月间无变化，均为 0.8 毫克/立方米；7 月和 8 月达低点，即 0.7 毫克/立方米。泸州市一氧化碳（CO）月均浓度在 5 月以前低于宜宾市和自贡市，高于内江市；6 月以后同宜宾市同步上升，月均浓度一致（见图 12）。

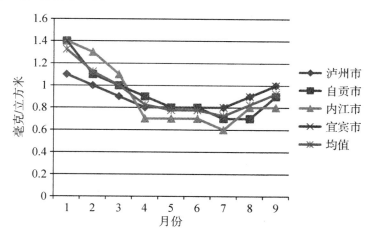

图 12　1—9 月一氧化碳（CO）平均浓度

2019 年 1—9 月四城市臭氧（O_3）月均浓度呈波动上升态势；在 3—9 月波动的周期律明显。泸州市臭氧（O_3）月均浓度在 1 月最低，即 72 微克/立方米；8 月最高，即 198 微克/立方米；4 月次高，即 180 微克/立方米。泸州臭氧（O_3）月均浓度从最低到最高，上升幅度高达 2.75 倍（见图 13）。

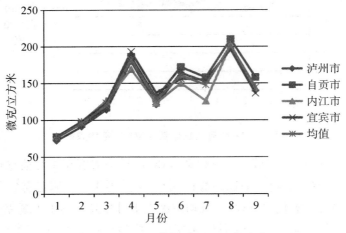

图 13　1—9 月臭氧（O_3）平均浓度

2019 年 1—9 月四城市细颗粒物（$PM_{2.5}$）月均浓度在 5 月前呈快速下降趋势；在 5—7 月再次下降，7—9 月缓慢上升。泸州市细颗粒物（$PM_{2.5}$）月均浓度在 1 月最高，达 80 微克/立方米；7 月最低，即 20 微克/立方米。泸州市细颗粒物（$PM_{2.5}$）月均浓度从最高到最低，下降幅度高达 75%（见图 14）。

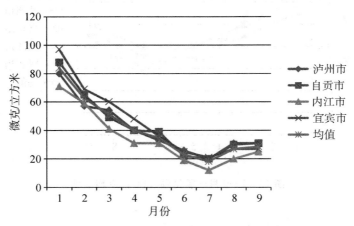

图 14　1—9 月细颗粒物（$PM_{2.5}$）平均浓度

2019 年 1—9 月四城市可吸入颗粒物（PM$_{10}$）月均浓度在 5 月前呈快速下降趋势；在 5—7 月再次下降，7—9 月缓慢上升。泸州市可吸入颗粒物（PM$_{10}$）月均浓度在 1 月最高，达 96 微克/立方米；7 月最低，即 30 微克/立方米。泸州市可吸入颗粒物（PM$_{10}$）月均浓度从最高到最低，下降幅度高达 68.8%（见图 15）。

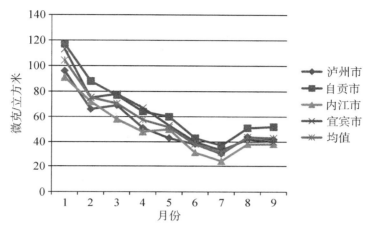

图 15　1—9 月可吸入颗粒物（PM$_{10}$）平均浓度

泸州市大气环境质量监测网络

监测点位

至 2018 年年底，泸州市共有大气自动监测站点 12 个，其中，大气国控点 3 个，省控点 5 个，市控点 3 个，对照点 1 个。泸州市城区兰田宪桥、小市上码头和市环监站为大气国控点，九狮山为对照点。"十二五"期间，泸州市新增纳溪区环保局为省控点，泸县、叙永县、合江县和古蔺县大气手工监测改为大气自动监测。

监测项目

3 个国控点的监测项目在二氧化硫（SO$_2$）、二氧化氮（NO$_2$）和可吸入颗粒物（PM$_{10}$）等指标基础上，于 2013 年底增加了对一氧化碳（CO）、臭氧（O$_3$）和细颗粒物（PM$_{2.5}$）的自动监测。5 个省控点为"十二五"期间新增点位。因此国控点和省控点全部实现了二氧化硫（SO$_2$）、二氧化氮（NO$_2$）、可吸入颗粒物（PM$_{10}$）、一氧化碳（CO）、臭氧（O$_3$）和细颗粒物（PM$_{2.5}$）指标的监测。

泸州市大气环境质量特征

大气环境质量总体概况

2015 年是全省执行新标准的元年，开始按照《环境大气质量标准》（GB 3095-2012）对六项污染物进行评价。2015—2018 年泸州市大气污染物平均浓度见表 4，由表 4 可知，全市 2018 年二氧化硫（SO_2）浓度整体达标且呈缓慢下降趋势，由 2015 年的 23 微克/立方米下降到 2018 年的 14 微克/立方米，四年共计下降 39.1%。特别是 2018 年保持加速下降趋势，年均降幅为 17.6%，是同比 2016 年的 3.5 倍。这说明二氧化硫（SO_2）减排、城市能源结构调整及工业企业外迁等举措取得明显成效。

全市 2018 年二氧化氮（NO_2）浓度整体达标，出现"倒 V"型变化特征，前三年呈缓慢上升趋势，从 2015 年的 33 微克/立方米波动上升到 2017 年最高值的 35 微克/立方米，这可能与泸州市机动车保有量持续增加有关。2018 年由于气候等综合因素影响，年均浓度下降至 32 微克/立方米。

全市 2018 年可吸入颗粒物（PM_{10}）、细颗粒物（$PM_{2.5}$）浓度达标且呈缓慢下降趋势，可吸入颗粒物（PM_{10}）由 2015 年的 89 微克/立方米下降到 2018 年的 54 微克/立方米；细颗粒物（$PM_{2.5}$）由 2015 年的 62 微克/立方米波动下降到 2018 年的 35 微克/立方米。说明扬尘减排、城市扬尘控制等举措取得了一定成效，但细颗粒物（$PM_{2.5}$）占比较高，二次转化明显。

表 4　2015—2018 年泸州市大气污染物年均浓度

年份	二氧化硫（SO_2）/$\mu g/m^3$	二氧化氮（NO_2）/$\mu g/m^3$	一氧化碳（CO）/mg/m^3	臭氧（O_3）/$\mu g/m^3$	细颗粒物（$PM_{2.5}$）/$\mu g/m^3$	可吸入颗粒物（PM_{10}）/$\mu g/m^3$
2015	23	33	0.9	121	62	89
2016	18	29	0.9	154	64	87
2017	17	35	1.0	147	53	80
2018	14	32	0.9	139	35	54

重污染月份管控关键

泸州市重污染月份集中在 11 月、12 月、1 月、2 月，2015—2019 年重污染月份大气污染物平均浓度见表 5，由表 5 可知，4 个重污染区间（2015—2016 年、2016—2017 年、2017—2018 年、2018—2019 年）的二氧化硫（SO$_2$）平均浓度排序为：2016—2017 年＞2015—2016 年＞2017—2018 年＞2018—2019 年；二氧化氮（NO$_2$）平均浓度排序为：2017—2018 年＞2016—2017 年＞2015—2016 年＞2018—2019 年；一氧化碳（CO）平均浓度排序为：2017—2018 年 ＝ 2018—2019 年＞2015—2016 年 ＝ 2016—2017 年；臭氧（O$_3$）平均浓度排序为：2016—2017 年＞2015—2016 年＞2017—2018 年＞2018—2019 年；细颗粒物（PM$_{2.5}$）平均浓度排序为：2016—2017 年＞2017—2018 年＞2015—2016 年＞2018—2019 年；可吸入颗粒物（PM$_{10}$）平均浓度排序为：2016—2017 年＞2017—2018 年＞2015—2016 年＞2018—2019 年。

表 5　2015—2019 年重污染月份大气环境质量

序号	年份	月份	二氧化硫（SO$_2$）/μg/m³	二氧化氮（NO$_2$）/μg/m³	一氧化碳（CO）/mg/m³	臭氧（O$_3$）/μg/m³	细颗粒物（PM$_{2.5}$）/μg/m³	可吸入颗粒物（PM$_{10}$）/μg/m³
1	2015	11	18.4	35.5	0.7	32.1	52.3	74.8
		12	24.5	38.9	0.5	28.7	58.4	83.5
	2016	1	18.3	35.5	0.5	37.1	72.5	101.3
		2	17.2	33.0	0.6	72.4	84.0	113.2
		均值	19.6	35.7	0.6	42.6	66.8	93.2
2		11	21.3	31.8	0.6	51.6	69.6	109.3
		12	23.6	37.5	0.5	33.5	87.9	126.3
	2017	1	26.8	40.0	0.7	34.8	112.7	151.6
		2	23.2	37.2	0.6	55.1	78.3	108.5
		均值	23.7	36.6	0.6	43.8	87.1	123.9
3		11	16.7	45.3	0.7	55.8	60.3	91.1
		12	19.8	51.7	1.0	26.4	82.7	117.6
	2018	1	19.0	44.9	0.7	26.0	65.5	92.9
		2	13.9	31.3	0.6	59.4	62.8	91.8
		均值	17.4	43.3	0.8	41.9	67.8	98.4
4		11	15.6	33.8	0.7	44.0	47.1	62.7
		12	15.0	34.3	0.8	23.7	48.4	63.1
	2019	1	16.2	41.5	0.9	37.5	79.7	96.0
		2	9.4	28.5	0.9	48.0	56.7	66.3
		均值	14.1	34.5	0.8	38.3	58.0	72.0

根据空气质量分指数（IAQI）（HJ 633-2012）标准，二氧化硫（SO_2）：24 小时平均 150 微克/立方米；二氧化氮（NO_2）：24 小时平均 80 微克/立方米；一氧化碳（CO）：24 小时平均 4 毫克/立方米；臭氧（O_3）：24 小时平均 200 微克/立方米；细颗粒物（$PM_{2.5}$）：24 小时平均 75 微克/立方米；可吸入颗粒物（PM_{10}）：24 小时平均 150 微克/立方米。

泸州市重污染月份影响大气环境质量的关键指标为细颗粒物（$PM_{2.5}$），其中 2016 年 2 月和 12 月细颗粒物（$PM_{2.5}$）月均值超标 0.12 倍、0.17 倍；2017 年 1 月、2 月和 12 月细颗粒物（$PM_{2.5}$）月均值超标 0.50 倍、0.04 倍、0.10 倍；2019 年 1 月细颗粒物（$PM_{2.5}$）月均值超标 0.06 倍。2015 年 11 月和 12 月细颗粒物（$PM_{2.5}$）月均值无超标，2018 年 1 月、2 月、11 月、12 月细颗粒物（$PM_{2.5}$）月均值无超标。说明 2017 年至 2019 年以来泸州市在重污染月份呈现出周期变化态势，2018 年大气环境超好，原因是 4 个重污染月份均无超标。

大气环境质量季节差异明显

以 2018 年为例，泸州市各季节大气质量由差到好的排序为冬、春、秋、夏，冬季的二氧化硫（SO_2）、二氧化氮（NO_2）和可吸入颗粒物（PM_{10}）浓度比夏季分别高出 0.16 倍、0.35 倍和 1.27 倍，细颗粒物（$PM_{2.5}$）浓度则比夏季高出 2.44 倍（见图 16）。

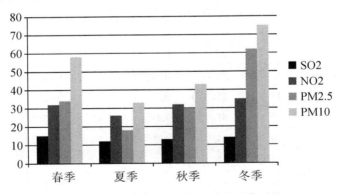

图 16　2018 年泸州市大气污染物季节对比

城市大气污染与城市的局地气象要素关系密切，且各种气象因素对于大气污染程度的影响是相互作用的。不利于大气污染物扩散的地面天气形势，往往是各种不利气象因素综合作用的结果，如强冷高压的天气形势下，地面和低空风速较小，常伴有较强的辐射低空逆温、低层大气压温度、混合层厚度低等特点，不利于大气污染物的扩散和稀释。泸州市独特的地理地形环境与鲜明的亚热带季风气候的协同作用是造成大气污染物浓度季节性差异明显的重要原因。

泸州市处于地形起伏、山水相间的丘陵地带，属于组团型结构山地城市，城市用地被长江、沱江分割。随着城市的开发建设，破坏了原有地表植被和地形地貌，引起大气环流和局地气象要素发生变化，强化了城市热岛效应。山地立体化的下垫面会阻挡大气环流，地形的作用使得冬季冷锋不易进入，夏季暖风不易离开。泸州市具有全年风速低、冬季气温高容易形成辐射逆温的气候特征，给污染物的扩散和清除带来极为不利的影响。

具体来说，泸州市降水夏季多、冬季少，湿清除过程对颗粒物的作用存在季节性差异；风速、逆温和雾罩影响污染物的扩散输送，冬季静风频率、逆温频次以及雾罩日数明显多于其他季节，不利于污染物的扩散输送，极易造成污染物的二次生成与近地面累积。边界层高度能反映城市污染物的环境承载力，夏、秋季日照辐射充足，对流活动较强，边界层较高，污染物垂直扩散能力较强；相反冬季边界层较稳定，且边界层高度低，污染物的环境承载力明显减小。受这些因素制约的环境承载力差异决定了城市大气中污染物浓度存在十分明显的季节性差异。

大气环境质量月均浓度变化显著

如图 17 所示，全市可吸入颗粒物（PM_{10}）和细颗粒物（$PM_{2.5}$）月均浓度呈"U"形变化趋势，2018 年 1 月（92.9 微克/立方米、65.5 微克/立方米）、2 月（91.8 微克/立方米、62.8 微克/立方米）较高，6—9 月较低。可吸入颗粒物（PM_{10}）和细颗粒物（$PM_{2.5}$）浓度最高月份分别是最低月份（9 月）的 3.2 倍和 3.6 倍，波动很大。二氧化硫（SO_2）和二氧化氮（NO_2）的月均浓度变化趋势不明显，最高月份（1 月）是最低月份的 1.7 倍和 1.8 倍。一氧化碳（CO）浓度 1 月最高，是全年最低月份的 2.0 倍。臭氧（O_3）变化趋势呈倒"U"形，3—9 月浓度均超过 100 微克/立方米，5 月浓度最高，达 164 微克/立方米，属污染严重月份。

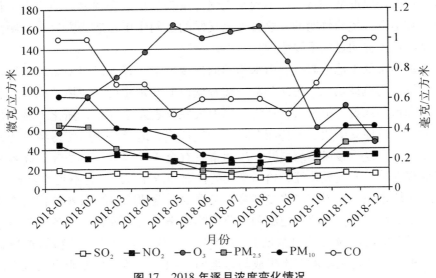

图 17 2018 年逐月浓度变化情况

颗粒物和臭氧（O_3）浓度在9月普遍低于前后月份，原因是2018年9月泸州市降雨异常丰富，有利于污染物的湿清除。5月和10月颗粒物浓度偏高原因是因为生物质燃烧主要集中于此月份。春、秋季污染气象条件虽好于冬季，但主要作物油菜、小麦和稻谷的收割时间集中在4月和9月，秸秆露天焚烧是重污染的主要诱因。夏季垂直方向的大气对流非常活跃，边界层抬高，利于污染扩散，颗粒物不易积累；同时，夏季频繁和充足的降雨对颗粒物起到了有效地清除作用。臭氧（O_3）浓度通常是夏季最高，夏季是冬季的2倍，但2018年6—8月降雨明显，反而5月份光照充足，气温较高，光化学反应强烈，大气氧化性较强，导致二次生成的臭氧（O_3）增多。

进一步原因分析：一是冬季逆温多发，大气层稳定、静风频率高、边界层低，导致垂直扩散能力下降以及水平输送能力极差，污染物累积效应和细颗粒物（$PM_{2.5}$）的二次转化明显；同时由于火电的燃煤消耗等能耗增加，污染物的排放量也有所增加。二是春、秋季污染气象条件虽好于冬季，但主要作物油菜、小麦和稻谷的收割时间集中在4月和9月，秸秆露天焚烧是4月、5月和9月、10月重污染的主要诱因，也是导致泸州市春季和秋季颗粒物浓度较高的重要原因。同时，春秋季节的北方浮尘对泸州市大气质量也有所影响，特别是3—5月的影响最为明显。三是夏季垂直方向的大气对流非常活跃，地面温度随太阳暴晒升高，逆温层会被破坏，边界层抬高，利于污染扩散，颗粒物不易积累。同时，泸州市70%的降水出现在6—8月，夏季频繁和充足的降雨对颗粒物起到了有效地清除作用，特别是在风速较低的泸州市，雨水冲刷的湿沉降作用是去除颗粒物的主要途径。

大气环境质量复合型污染特征鲜明

臭氧（O₃）导致污染天数增加，大气氧化性增强。

臭氧（O₃）是氮氧化物（NOx）和挥发性有机物（VOCs）在光照作用下反应生成的，这决定了臭氧（O₃）污染取决于主观和客观两个方面，主观上排放的氮氧化物（NOx）和挥发性有机物（VOCs）浓度高，客观上日照强。

从气候条件这个客观原因分析，2015—2017年污染气象条件利于臭氧（O₃）的生成，厄尔尼诺现象导致气温升高、日照偏强。如：由于2015年3月气温是同期第2高位月，臭氧（O₃）污染也提前至3月；2016—2017年气温偏高较多，臭氧（O₃）污染最为严重，随着臭氧（O₃）浓度上升明显，污染等级加重；2018年6—8月降雨量大幅增加，臭氧（O₃）污染等级相对较轻；2019年极端气温较高，臭氧（O₃）污染也成为2015年至2019年来第二高年份（见图18）。

图18 2015—2019年臭氧（O₃）超标情况

从污染物排放这个主观原因分析，也有利于臭氧（O₃）的生成。初步研究表明，泸州市的臭氧（O₃）污染正在由氮氧化物（NOx）控制型向挥发性有机物（VOCs）控制型转化。2019年气温升高、日照偏强，NOx下降时挥发性有机物（VOCs）没有下降或者是没有以更高的比例下降，这导致了臭氧（O₃）污染的加重。

细颗粒物（PM$_{2.5}$）占比较高，二次转化明显。

全省细颗粒物（PM$_{2.5}$）/可吸入颗粒物（PM$_{10}$）比值为0.61，盆地西部、盆地南部、盆地东北部分别为0.61、0.69、0.58，区域差异明显（1.1∶1.2∶1），其中盆地南部最高。盆地南部的泸州市细颗粒物（PM$_{2.5}$）/可吸入颗粒物（PM$_{10}$）比值为0.70，说明其细颗粒物（PM$_{2.5}$）的二次生成更加明显。

从季节来看，全省冬季细颗粒物（PM$_{2.5}$）/可吸入颗粒物（PM$_{10}$）比值最高（0.67），春季最低（0.58），秋季（0.61）稍高于夏季（0.60）。盆地西部和盆地东北部的季节变化趋势与全省一致，盆地南部尤其是泸州市的细颗粒物（PM$_{2.5}$）/可吸入颗粒物（PM$_{10}$）的最低值出现在夏季（0.55），最高值出现在冬季（0.83），变化幅度大（见图19）。

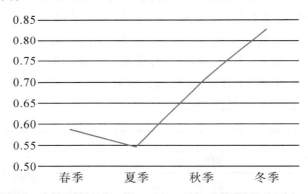

图19 泸州市不同季节细颗粒物（PM$_{2.5}$）/可吸入颗粒物（PM$_{10}$）值

初步分析，夏季风速相对较大，受输入性浮尘和建筑、道路扬尘等影响，粗颗粒物较多，细颗粒物（PM$_{2.5}$）/可吸入颗粒物（PM$_{10}$）值最低；秋冬季由于逆温层的频繁出现，大气稳定，污染物存在累积效应，二次生成的细颗粒物（PM$_{2.5}$）贡献明显，所以秋冬季细颗粒物（PM$_{2.5}$）/可吸入颗粒物（PM$_{10}$）比值高。

全省细颗粒物（PM$_{2.5}$）和可吸入颗粒物（PM$_{10}$）相关性好，R^{2}可达0.96；盆地西部、盆地东北部和盆地南部分别为0.96、0.95、0.98，其中盆地南部最高。泸州市2017年至2019年的R^{2}值分别是0.96（2017年）、0.93（2018年）和0.97（2019年），该值已经明显高于成都市2013年和

2014 年的研究结果（分别为 0.92 和 0.95），反映了细颗粒物（PM$_{2.5}$）对可吸入颗粒物（PM$_{10}$）的贡献越来越大，二次转化作用加强（见图 20）。

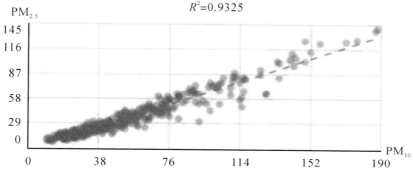

泸州市2018年1月1日—2018年12月31日PM$_{10}$与PM$_{2.5}$相关性
$y=0.7116x-3.0667$
$R^2=0.9325$

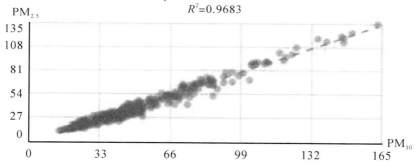

泸州市2019年1月1日—2019年9月30日PM$_{10}$与PM$_{2.5}$相关性
$y=0.8330x-3.2947$
$R^2=0.9683$

图 20　2018—2019 年泸州市细颗粒物（PM$_{2.5}$）和可吸入颗粒物（PM$_{10}$）相关性

二氧化氮（NO$_2$）/二氧化硫（SO$_2$）比值继续上升。

盆地南部二氧化氮（NO$_2$）/二氧化硫（SO$_2$）比值为 2.06，较 2015 年升高（1.48）。内江市、自贡市、宜宾市、泸州市分别为 2.67、2.33、2.20、2.29，均较 2015 年上升。二氧化氮（NO$_2$）/二氧化硫（SO$_2$）比值已经高于 2，说明二氧化氮（NO$_2$）的贡献越来越突出。同时各城市数值差异较大，说明各城市这两项污染物明显受当地排放源的影响（见图 21）。

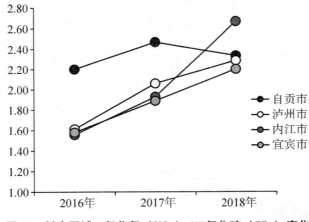

图 21　川南区域二氧化氮（NO_2）/二氧化硫（SO_2）变化

泸州市二氧化氮（NO_2）/二氧化硫（SO_2）比值从 2013 年超过 1.0，到 2018 年短短六年时间已经超过 2.0，表明泸州市大气污染类型由煤烟型转变为煤烟型、机动车尾气型并存的复合型污染。以二氧化硫（SO_2）、氮氧化物（NOx）和可吸入颗粒物（PM_{10}）为特征污染的传统煤烟型问题依然严重且尚未得到根本解决的同时，机动车尾气、臭氧（O_3）和细颗粒物（$PM_{2.5}$）为特征污染的复合污染问题又接踵而至。值得注意的是，共存的污染问题不是简单的线性叠加，而是存在着污染物之间的相互转化和作用的过程，使得泸州市大气污染问题愈发复杂化。

小结

川南四城市多年大气环境质量年变化情况

2006—2018 年，川南四城市大气污染物二氧化硫（SO_2）随着年份增加，年标准偏差整体呈下降趋势，二氧化硫（SO_2）年均浓度趋于稳定。四城市二氧化硫（SO_2）污染得到同步改善，这得益于近年来在二氧化硫（SO_2）排放控制措施上取得的明显效果。

四城市二氧化氮（NO_2）年均浓度表现为波动变化，泸州市波幅较大。在 2009 年之前，泸州市比自贡市低；2009 年之后，泸州市已经高于其他城市，2014 年后开始呈波动下降趋势，同宜宾市相似度高。泸州市二氧化氮（NO_2）年均浓度在 2006—2010 年出现快速上升趋势，5 年增长了 3.9 倍；在 2013—2015 年快速下降，下降幅度达 26.3%；在 2016—2018 年呈现平稳趋势。

四城市可吸入颗粒物（PM$_{10}$）年均浓度总体表现为下降—平稳—上升—下降趋势。泸州市可吸入颗粒物（PM$_{10}$）年均浓度在2006—2009年出现快速下降趋势，4年降低了46.4%；在2013—2017年缓慢下降；2017—2018年快速下降，下降幅度高达32.6%，且在四城市中下降幅度最大，显著低于自贡市和宜宾市，同内江市持平。

川南四城市2015年以来大气环境质量年变化情况

2015年以来四城市二氧化硫（SO$_2$）年均浓度整体呈下降趋势，4年下降幅度41.9%；泸州市下降幅度37.8%。泸州市同宜宾市二氧化硫（SO$_2$）走势趋同，且两城市的4年年均值差异小。四城市二氧化氮（NO$_2$）年均浓度整体呈平衡状态，泸州市呈现下降—升高—下降态势，最近2年4城市的走势趋同。四城市一氧化碳（CO）年均浓度走势差异大，2018年整体呈下降趋势。泸州市下降幅度为22.2%，且4年的年均浓度均小于其他三城市。四城市臭氧（O$_3$）年均浓度在2015—2016年均呈升高走势，然后趋于平稳。泸州市臭氧（O$_3$）年均浓度在2016年达到高点，随后3年呈下降趋势，2018年年均浓度低于其他3城市。四城市细颗粒物（PM$_{2.5}$）年均浓度整体呈下降趋势，2017—2018年下降明显。泸州市细颗粒物（PM$_{2.5}$）年均浓度在2016年达到高点，3年下降幅度为45.2%，且2017—2018年的下降斜率大于2016—2017年。四城市可吸入颗粒物（PM$_{10}$）年均浓度整体呈下降趋势，2017—2018年下降明显。泸州市可吸入颗粒物（PM$_{10}$）年均浓度4年下降幅度为39.3%，且2017—2018年的下降斜率非常大。

川南四城市2019年大气环境质量月变化情况

2019年1—9月四城市二氧化硫（SO$_2$）月均浓度整体呈波动下降趋势。泸州市二氧化硫（SO$_2$）月均浓度在1月最高，5月最低。四城市二氧化氮（NO$_2$）月均浓度在4月前除自贡市外，其他三城市波动大；4月后四城市趋于一致，整体平稳。泸州市二氧化氮（NO$_2$）月均浓度在1月最高，5月最低。四城市一氧化碳（CO）月均浓度在4月前呈快速下降趋势；在4—6月之间呈平稳态势；在6—7月再次呈下降趋势；然后缓慢攀升。泸州市一氧化碳（CO）月均浓度在1月最高，但远低于其他三城市。四城市臭氧（O$_3$）月均浓度呈波动上升态势；在3—9月波动的周期律明显。泸州市臭氧（O$_3$）月均浓度在1月最低，8月最高，4月次高，臭氧（O$_3$）月均浓度从最低到最高，上升幅度高达2.75倍。四城市细颗粒物

（PM$_{2.5}$）月均浓度在 5 月前呈快速下降趋势；在 5—7 月再次下降，7—9 月缓慢上升。泸州市细颗粒物（PM$_{2.5}$）月均浓度在 1 月最高，7 月最低，下降幅度高达 75%。四城市可吸入颗粒物（PM$_{10}$）月均浓度在 5 月前呈快速下降趋势；在 5—7 月再次下降，7—9 月缓慢上升。泸州市可吸入颗粒物（PM$_{10}$）月均浓度在 1 月最高，7 月最低。泸州市可吸入颗粒物（PM$_{10}$）月均浓度从最高到最低，下降幅度高达 68.8%。

泸州市大气环境重污染情况

泸州市大气重污染月份集中在 11 月、12 月、1 月、2 月，根据空气质量分指数（IAQI）（HJ 633−2012）标准，泸州市重污染月份影响大气环境质量的关键指标为细颗粒物（PM$_{2.5}$），其中 2016 年 2 月和 12 月细颗粒物（PM$_{2.5}$）月均值超标 0.12 倍、0.17 倍；2017 年 1 月细颗粒物（PM$_{2.5}$）月均值超标 0.50 倍；2019 年 1 月细颗粒物（PM$_{2.5}$）月均值超标 0.06 倍。近 3 年以来泸州市在重污染月份呈现出典型的周期变化态势，2018 年大气环境超好，原因是 4 个重污染月份均无超标。

泸州市重污染天数多集中于 11 月、12 月、1 月和 2 月。细颗粒物（PM$_{2.5}$）占比逐年升高（70% 左右），细颗粒物（PM$_{2.5}$）的二次转化程度整体加重。泸州市二氧化氮（NO$_2$）/二氧化硫（SO$_2$）逐年上升，该值显著高于其他城市，冬季比值最高、夏季比值最低。臭氧（O$_3$）浓度逐年升高，臭氧（O$_3$）达标率逐年降低，大气氧化性逐渐增强，复合型污染特征愈加鲜明。

泸州市大气污染物季节和月度变化情况

泸州市大气污染物季节和月度变化明显，大气污染物浓度呈冬高夏低。2006—2018 年，二氧化硫（SO$_2$）、二氧化氮（NO$_2$）、可吸入颗粒物（PM$_{10}$）月均浓度逐月变化均呈 "V" 字形，即 1 月、12 月浓度最高，7 月浓度最低。二氧化硫（SO$_2$）、二氧化氮（NO$_2$）、可吸入颗粒物（PM$_{10}$）月均浓度逐年变化，幅度最大均为 1 月。二氧化氮（NO$_2$）和可吸入颗粒物（PM$_{10}$）在 6 月、7 月变化幅度最小。臭氧（O$_3$）污染持续严重，2016 年首次出现臭氧（O$_3$）造成泸州市重度污染的情况。二氧化氮（NO$_2$）/二氧化硫（SO$_2$）值逐年升高，表明二氧化硫（SO$_2$）减排效果明显，二氧化氮（NO$_2$）污染较为突出。

泸州市大气污染成因分析

根据《泸州市第二次全国污染源普查公报》，2017 年全市普查对象数量 5 280 个（移动源不计入），其中工业源 3 405 个，畜禽规模养殖场 293 个，生活源 1 411 个（其中行政村 1 125 个，非工业企业单位锅炉 56 台，储油库 1 个，加油站 229 个），集中式污染治理设施 171 个。2017 年污染源普查数量见表 6。

表 6　2017 年污染源普查数量　　　　　　单位：个

地区	工业污染源	畜禽规模养殖场	生活污染源	集中式污染治理设施	合计
泸州市	3 405	293	1 411	171	5 280
江阳区	527	16	107	26	676
龙马潭区	426	21	66	9	522
纳溪区	336	72	161	24	593
泸县	651	106	252	48	1 057
合江县	522	20	279	37	858
叙永县	426	31	265	15	737
古蔺县	517	27	281	12	837

工业企业情况

按照普查企业规模划分标准，泸州市工业源中大型企业占 0.15%，中型企业占 1.70%，小型企业占 12.89%，微型规模普查对象占比为 85.26%。《泸州市第二次全国污染源普查公报》中（见表 7）表明，全市各区县工业总产值在 187 347.51~2 620 847.97 万元之间，其中龙马潭区工业生产总值排全市首位，占全市工业总产值的 44.84%，其次是江阳区和古蔺县，最后是叙永县。从各地区企业比例来看，大中型企业占各地区工业源比例前 3 位依次是龙马潭区（3.67%）、江阳区（2.66%）、纳溪区（2.08%）。从地区分布上看，全市大、中型企业主要集中于龙马潭区（16 个）、江阳区（14 个）和泸县（11 个），合计占全市大、中型企业的 65.07%。

表 7　泸州市各地区工业总产值

地区	工业企业数					大、中型企业占比/%	工业总产值/万元	占比/%
	总数/个	其中:大型企业/个	其中:中型企业/个	其中:小型企业/个	其中:微型企业/个			
全市	3 405	5	58	439	2 903	1.85	5 845 158.58	—
江阳区	527	1	13	119	394	2.66	871 153.58	14.90
纳溪区	336	1	6	53	276	2.08	476 846.84	8.16
龙马潭区	426	1	15	65	345	3.76	2 620 847.97	44.84
泸县	651	0	11	109	531	1.69	416 572.53	7.13
合江县	522	1	4	47	470	0.96	434 856.71	7.44
叙永县	426	0	5	25	396	1.17	187 347.51	3.21
古蔺县	517	1	4	21	491	0.97	837 533.44	14.33

全市工业企业覆盖了 4 个门类、38 个大类行业、241 个小类行业（见图 22），其中制造业涉及 30 个大类行业共 3 128 个普查对象，占全市普查对象数量的 91.86%，居 4 个门类之首。从行业上看，全市 17 个大类行业占比工业源普查对象总数达到 1%，主要集中在酒、饮料和精制茶制造业（15）和非金属矿物制品业（30）。其中占比排列前 5 的行业依次为酒、饮料和精制茶制造业（15）820 个普查对象，占比 24.08%；非金属矿物制品业（30）682 个普查对象，占比 20.03%；木材加工和木、竹、藤、棕、草制品业（20）237 个普查对象，占比 6.96%；农副食品加工业（13）206 个普查对象，占比 6.05%；通用设备制造业（34）139 个普查对象，占比 4.08%。非金属矿物制品业（30）中泸县 166 个居全市首位，其次为叙永县 144 个。

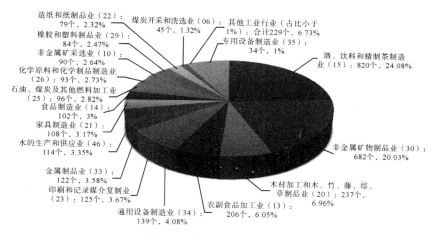

图 22 全市工业源行业分布

在酒、饮料和精制茶制造业（15）中，小类行业白酒制造（1512）普查对象有759个，占比92.56%（见表9）。非金属矿物制品业（30）中主要的小类行业是建筑用石加工（3032）（145个）、水泥制品制造（3021）（221个）及粘土砖瓦及建筑砌块制造（3031）（116个），这三个小类行业普查对象数量合计占非金属矿物制品业（30）普查对象总数的70.67%（见表10）。

表9 酒、饮料和精制茶制造业（15）主要小类行业企业数量情况

国民经济行业分类（小类代码）	企业数量/个	占比/%
白酒制造（1512）	759	92.56
瓶（罐）装饮用水制造（1522）	14	1.71
精制茶加工（1530）	22	2.68
其他酒制造（1519）	19	2.32
其他小类行业	6	0.73
合计	820	100

表10 非金属矿物制品业（30）主要小类行业企业数量情况

国民经济行业分类（小类代码）	企业数量/个	占比/%
水泥制品制造（3021）	221	32.40
建筑用石加工（3032）	145	21.26

国民经济行业分类（小类代码）	企业数量/个	占比/%
粘土砖瓦及建筑砌块制造（3031）	116	17.01
其他建筑材料制造（3039）	72	10.56
砼结构构件制造（3022）	25	3.67
玻璃包装容器制造（3055）	22	3.23
轻质建筑材料制造（3024）	17	2.49
日用陶瓷制品制造（3074）	12	1.76
其他小类行业	52	7.62
合计	682	100

江阳区工业企业的行业分布情况

江阳区工业企业的行业分布情况见图23。江阳区工业源共涉及26个大类行业，93个小类行业，其中酒、饮料和精制茶制造业（15）普查对象数量最多，共有117个，其次依次为非金属矿物制品业（30）71个、通用设备制造业（34）51个、印刷和记录媒介复制业（23）49个、造纸和纸制品业（22）41个，以上5个行业占了江阳区工业源数量的62.42%。

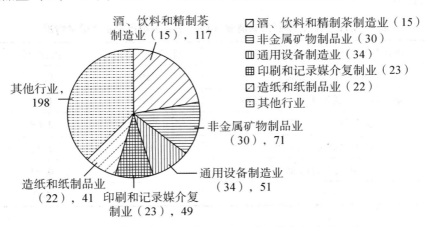

图23 江阳区各行业普查对象分布情况

纳溪区工业企业的行业分布情况

纳溪区工业企业的行业分布情况见图24。纳溪区工业源共涉及32个大类行业，95个小类行业，其中酒、饮料和精制茶制造业（15）普查对象数量最多，共有83个，其次依次为非金属矿物制品业（30）50个、金属制品业（33）25个、木材加工和木、竹、藤、棕、草制品业（20）23个、水的生产和供应业（46）20个，以上5个行业占了纳溪区工业源数量的59.82%。

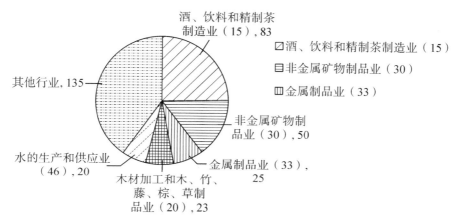

图24　纳溪区各行业普查对象分布情况

龙马潭区工业企业的行业分布情况

龙马潭区工业企业的行业分布情况见图25。龙马潭区工业源共涉及24个大类行业，111个小类行业，其中非金属矿物制品业（30）普查对象数量最多，共有81个，其次依次为酒、饮料和精制茶制造业（15）66个、通用设备制造业（34）63个、化学原料和化学制品制造业（26）25个、金属制品业（33）25个，以上5个行业占了龙马潭区工业源数量的61.03%。

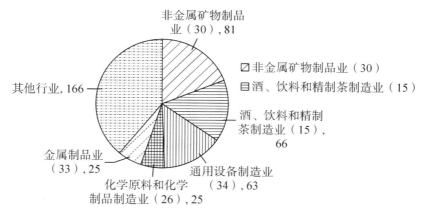

图25　龙马潭区各行业普查对象分布情况

泸县工业企业的行业分布情况

泸县工业企业的行业分布情况见图26。泸县工业源共涉及30个大类行业，121个小类行业，其中非金属矿物制品业（30）普查数量数量最多，共有166个，其次依次为酒、饮料和精制茶制造业（15）160个、农副食品加工业（13）45个、印刷和记录媒介复制业（23）30个、非金属矿采选业（10）25个，以上5个行业占了泸县工业源数量的65.43%。

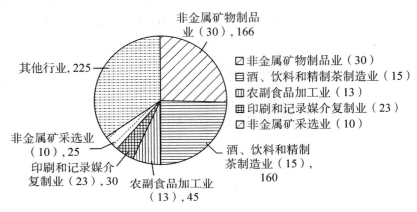

图26　泸县各行业普查对象分布情况

合江县工业企业的行业分布情况

合江县工业企业的行业分布情况见图27。合江县工业源共涉及30个大类行业，97个小类行业，其中酒、饮料和精制茶制造业（15）普查数量数量最多，共有100个，其次依次为木材加工和木、竹、藤、棕、草制品业（20）87个、非金属矿物制品业（30）83个、农副食品加工业（13）56个、水的生产和供应业（46）32个，以上5个行业占了合江县工业源数量的68.58%。

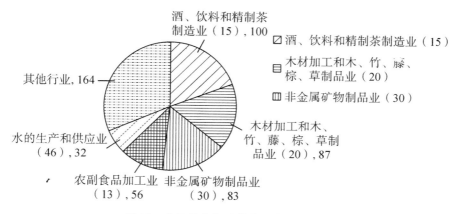

图27　合江县各行业普查对象分布情况

叙永县工业企业的行业分布情况

叙永县工业企业的行业分布情况见图28。叙永县工业源共涉及21个大类行业，73个小类行业，其中非金属矿物制品业（30）普查对象数量最多，共有144个，其次依次为酒、饮料和精制茶制造业（15）74个，木材加工和木、竹、藤、棕、草制品业（20）44个，农副食品加工业（13）32个，非金属矿采选业（10）31个，以上5个行业占了叙永县工业源数量的76.29%。

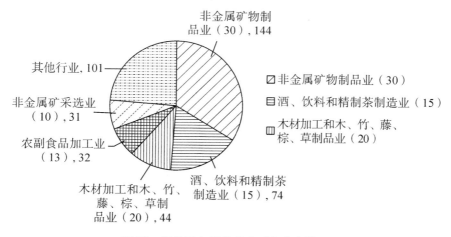

图28　叙永县各行业普查对象分布情况

古蔺县工业企业的行业分布情况

古蔺县工业企业的行业分布情况见图29。古蔺县工业源共涉及30个大类行业，40 个小类行业，其中酒、饮料和精制茶制造业（15）普查数量数量最多，共有 220 个，其次依次为非金属矿物制品业（30）87 个、石油、煤炭及其他燃料加工业（25）62 个、木材加工和木、竹、藤、棕、草制品业（20）33 个、水的生产和供应业（46）28 个，以上 5 个行业占了古蔺县工业源数量的 83.17%。

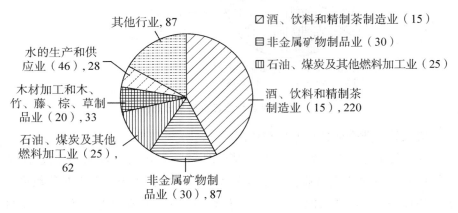

图29　古蔺县各行业普查对象分布情况

大气污染物排放情况

根据《泸州市第二次全国污染源普查公报》结果显示，全市 2017 年工业废气排放总量为 49 215 475 万立方米，大气主要污染物二氧化硫（SO_2）产生量 97 211.83 吨，排放量 9 972.02 吨；氮氧化物（NOx）产生量 41 115.5 吨，排放量 28 806.14 吨；颗粒物产生量 1 023 582.15 吨，排放量 24 320.96 吨；挥发性有机物（VOCs）产生量 15 994.93 吨，排放量 15 059.92 吨。

大气主要污染物排放量空间分布情况

泸州市大气主要污染物排放量总体上呈现北多南少的格局。其有两方面原因，一是北部企业基数大且重点排污行业企业数量较多；二是北部人口密集，经济水平发达，人均消费更高，各个源的污染物产排水平较高。

二氧化硫（SO_2）在龙马潭区部分地区排放量最大的主要原因是高坝集中分布有市属多个重点企业；江阳区其次，原因是发电厂所在区域；再次是合江县，为工业园区所在地。

氮氧化物（NOx）在江阳区、叙永县排放量较大，原因是江阳区有发电厂，叙永县非金属矿物制品业（30）发达。

颗粒物在叙永县最浓，原因是该县非金属矿物制品业（30）达144家，占全市比重16.69%，且规模较大；另外，在叙永县境内有1家大型水泥企业和大量的石材加工企业。

挥发性有机物（VOCs）在纳溪区部分地区排放量最大；泸县其次，原因是印刷和记录媒介复制业（23）30家，占全市比重24.17%。

不同污染源大气主要污染物产排情况

产生大气污染物的源有工业污染源、生活污染源和移动源，大气污染物具体排放情况见表11。

大气污染物中二氧化硫（SO_2）的排放主要来源于工业污染源和生活污染源，其中工业污染源二氧化硫（SO_2）排放量占比74.93%，生活源占比25.07%。氮氧化物（NOx）的排放主要来源于移动源，占总排放量的63.60%；其次为工业源，占30.42%，两源合计占总排放量的94.02%。颗粒物的排放主要来源于工业源，占总排放量的59.60%；其次为生活源，占37.28%，两源合计占排放总量的96.88%。挥发性有机物（VOCs）的排放以生活源为主，占挥发性有机物（VOCs）排放总量的44.66%；工业污染源居第二位，占挥发性有机物（VOCs）排放总量的28.51%；其次为移动源，占挥发性有机物（VOCs）排放总量的26.83%（见图30~图33）。

表11 不同污染源大气主要污染物排放情况

污染物	工业源		生活源		集中式		移动源	
	产生量	排放量	产生量	排放量	产生量	排放量	产生量	排放量
二氧化硫（SO_2）/吨	94 711.45	7 472.02	2 500.38	2 499.76	—	0.24	0	0
氮氧化物（NOx）/吨	21 073.52	8 763.86	1 721.97	1 721.97	—	0.30	18 320.01	18 320.01
颗粒物/吨	1 013 740.25	14 495.81	9 085.27	9 067.63	—	0.89	756.63	756.63
挥发性有机物（VOCs）/吨	5 229.21	4 294.20	6 725.02	6 725.02	—	0	4 040.70	4 040.70

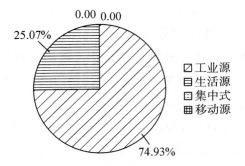

图 30　不同源二氧化硫（SO₂）占比

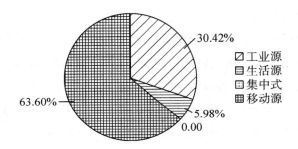

图 31　不同源氮氧化物（NOx）占比

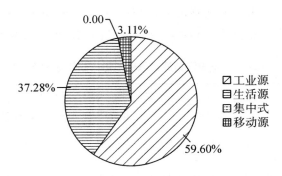

图 32　不同源颗粒物占比

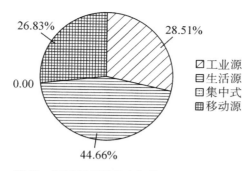

26.83%

28.51%

0.00

44.66%

□ 工业源
目 生活源
目 集中式
Ⅲ 移动源

图 33　不同源挥发性有机物（VOCs）占比

重点区域大气主要污染物排放情况

泸州市大气污染重点防治区域为江阳区、龙马潭区、纳溪区、泸县全域，故本书以江阳区、龙马潭区、纳溪区和泸县作为大气污染重点研究区域。各重点区域大气污染物产排情况见图34。

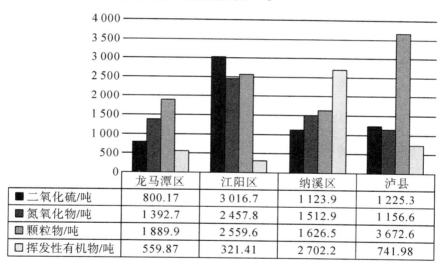

	龙马潭区	江阳区	纳溪区	泸县
■ 二氧化硫/吨	800.17	3 016.7	1 123.9	1 225.3
■ 氮氧化物/吨	1 392.7	2 457.8	1 512.9	1 156.6
▨ 颗粒物/吨	1 889.9	2 559.6	1 626.5	3 672.6
□ 挥发性有机物/吨	559.87	321.41	2 702.2	741.98

图 34　挥发性有机物（VOCs）占比

全市4个重点区域中，江阳区二氧化硫（SO_2）的排放量最大，其次为泸县，两区县合计占重点区域二氧化硫（SO_2）排放量的68.79%。江阳区氮氧化物（NOx）的排放量最大，其次为纳溪区，两区合计占重点区域氮氧化物（NOx）排放量的60.90%。泸县颗粒物的排放量最大，其次为江阳区，两区县合计占重点区域颗粒物排放量的63.92%。纳溪区挥发性有机物（VOCs）的排放量最大，其次为泸县，两区县合计占重点区域挥发性有机物（VOCs）排放量的 79.62%。

重点行业大气主要污染物产排情况

根据《泸州市第二次全国污染源普查公报》，二氧化硫（SO_2）排放量位居前 3 位的行业：非金属矿物制品业（30）2 970.21 吨，电力、热力生产和供应业（44）2 633.54 吨，化学原料和化学制品制造业（26）740.84 吨。上述 3 个行业合计占工业二氧化硫（SO_2）排放量的 84.91%。

氮氧化物（NOx）排放量位居前 3 位的行业：非金属矿物制品业（30）4 464.02 吨，电力、热力生产和供应业（44）1 896.93 吨，化学原料和化学制品制造业（26）1 378.74 吨。上述 3 个行业合计占工业氮氧化物（NOx）排放量的 88.31%。

颗粒物排放量位居前 3 位的行业：非金属矿物制品业（30）4 956.51 吨、煤炭开采和洗选业（06）3 174.09 吨、非金属矿采选业（10）1 582.77 吨。上述 3 个行业合计占工业颗粒物排放量的 67.01%。

挥发性有机物（VOCs）排放量位居前 3 位的行业：化学原料和化学制品制造业（26）2 561.46 吨、印刷和记录媒介复制业（23）707.60 吨、造纸和纸制品业（22）339.05 吨。上述 3 个行业合计占工业挥发性有机物（VOCs）排放量的 84.02%。

工业企业的大气污染物来源及产污环节

工业企业原辅材料

2017 年全市工业污染源共涉及 22 种能源，其中包括 2 种气体能源（天然气和煤层气），以天然气为主要能源，使用量为 117 765.19 万立方米；其余 20 种固/液态燃料中使用量排名前 5 的能源分别为无烟煤 2 323 375.94 吨、煤矸石（用作燃料）747 234.36 吨、一般烟煤使用量 534 412.86 吨、原油使用量 510 039 吨、城市生活垃圾（用作燃料）使用量 288 524.08 吨标准煤；其中无烟煤使用量比另外 4 种固体燃料的总量都大。

从能源消耗情况来看，天然气用作原辅材料量的比例为 53.54%，用作燃料量比例为 46.46%。天然气作为清洁能源，燃料燃烧几乎无污染物排放；其余使用量排名前 5 的能源中，除原油全部用作原辅材料外，其余四种用作燃料量的比例分别为 86.92%、99.18%、98.25%、100%，即废气污染物主要来自能源燃料燃烧，特别是含煤能源（见表 12）。

表 12 工业企业能源消费情况

能源种类	消费总量	其中：用作原辅料量
无烟煤/吨	2 323 375.94	303 949.71
一般烟煤/吨	534 412.86	9 365.5
焦炭/吨	12 053.24	12 002.24
其他焦化产品/吨	729	0
煤炭/吨	2 600	0
天然气/万立方米	117 765.20	63 050.41
液化天然气/万立方米	3.8	0
煤层气/万立方米	2 322.39	0
原油/吨	510 039	510 039
汽油/吨	0.66	0.11
煤油/吨	7.06	7.06
柴油/吨	9 387.05	243.09
燃料油/吨	224.97	0
液化石油气/万立方米	0.8	0
润滑油/吨	44.80	1.47
石油焦/吨	648.44	0
煤矸石（用作燃料）/吨	747 234.36	6 125
城市生活垃圾（用作燃料）/吨	288 524.08	0
生物燃料/吨标准煤	27 947.52	0
工业废料（用于燃料）/吨	210	0
其他燃料/吨标准煤	4 897.89	0

工业企业设备设施及废气治理设施

2017 年全市工业企业电站锅炉 43 个、工业锅炉 1 049 个、工业炉窑 632 个、钢铁重点工序 9 个、熟料生产 4 个、石化重点工序 9 个、储罐装载 257 个、固体物料堆存 1 518 个。

全市工业企业脱硫设施 230 套，脱硝设施 60 套，除尘设施 1 680 套，脱硝设施主要属于锅炉和炉窑设施/设备/装置，除尘设施主要属于其他废气设施/设备/装置，占全市除尘设施总套数的 76.79%（见表 13）。

根据表14县废气治理设施地区分布情况来看，叙永县、泸县、古蔺县工业废气处理设施数量多，分别为389套、338套、307套，分别占全市处理设施套数的19.74%、17.15%、15.58%。叙永县、古蔺县、泸县工业废气除尘设施数较多，分别占全市工业废气除尘设施总数的20.65%、17.02%、14.40%。

泸县、叙永县、合江县工业废气脱硫设施数较多，分别占全市工业废气脱硫设施总数的33.47%、16.95%、14.34%。泸县、纳溪区、龙马潭区工业废气脱硝设施数较多，分别占全市工业废气脱硝设施总数的31.66%、18.33%、16.67%。

表13　工业污染源废气治理设施情况

项目	全市合计	电站锅炉	工业锅炉	工业炉窑	钢铁重点工序	熟料生产	石化重点工序	储罐装载	固体物料堆存	其他废气
设施/设备/装置数/个	—	43	1 049	632	9	4	9	257	1 518	—
脱硫设施/套	230	9	79	129	1	0	0	0	0	12
脱硝设施/套	60	9	10	27	0	4	1	0	0	9
除尘设施/套	1 680	9	206	159	8	8	0	0	0	1 290

表14　各区县废气治理设施情况

地区	脱硫治理设施/套	占比/%	脱硝治理设施/套	占比/%	除尘治理设施/套	占比/%
全市	230	100.00	60	100.00	1 680	100.00
江阳区	22	9.57	10	16.67	195	11.61
纳溪区	17	7.39	11	18.33	181	10.77
龙马潭区	24	10.43	10	16.67	196	11.67
泸县	77	33.47	19	31.66	242	14.40
合江县	33	14.34	4	6.67	233	13.87
叙永县	39	16.95	3	5.00	347	20.65
古蔺县	18	7.83	3	5.00	286	17.02

工业企业设备及设施废气污染物排放情况

2017年全市工业企业设备及设施废气排放量为49 103 748.50万立方米，二氧化硫（SO_2）排放量为7 472.02吨，氮氧化物（NO_x）排放量为8 763.86吨，颗粒物排放量为14 495.81吨，挥发性有机物（VOCs）排放量为 4 294.20 吨。

二氧化硫（SO_2）：电站锅炉、工业锅炉、工业炉窑占绝大多数，排放量排序为电站锅炉（2 834.24 吨）>工业炉窑（2 747.72 吨）>工业锅炉（1 469.02 吨），削减率分别为 95.97%、67.38%、90.27%。

氮氧化物（NOx）：排放量排序为工业炉窑（3 459.06 吨）>电站锅炉（2 166.99 吨）>熟料生产（1 528.24 吨）>其他废气（890.7 吨）>工业锅炉（583.37 吨）>钢铁重点工序（114.22 吨）>石化重点工序（21.28 吨），削减率分别为 54.82%、73.78%、42.76%、29.72%、46%、0、0。

颗粒物：排放量排序为其他废气（9 397.31 吨）>固体物料堆存（1 878.33 吨）>工业炉窑（1 018.52 吨）>工业锅炉（999.38 吨）>钢铁重点工序（750.23 吨）>电站锅炉（292.48 吨）>熟料生产（157.53 吨）>石化重点工序（2.03 吨），削减率分别为 90.69%、96.76%、64.76%、98.12%、92.97%、99.94%、99.95、0。

挥发性有机物（$VOCs$）：排放量排序为其他废气（3 675.52 吨）>储罐装载（400.67 吨）>熟料生产（82.98 吨）>工业炉窑（65.23 吨）>石化重点工序（41.15 吨）>电站锅炉（14.34 吨）>工业锅炉（9.35 吨）>钢铁重点工序（4.80 吨）>固体物料堆存（0.15 吨），削减率普遍为 0 或偏低（其他废气 20.2%，储罐装载 1.21%）（见表 15）。

不同行业二氧化硫（SO_2）排放量及削减率

不同行业二氧化硫（SO_2）排放量及削减率见表 16。由表 16 可知，二氧化硫（SO_2）产生量最大的行业为电力、热力生产和供应业（44），产生量为 63 523.21 吨，占全市二氧化硫（SO_2）产生总量的 67.07%；其次主要产生于化学原料和化学制品制造业（26），非金属矿物制品业（30），造纸和纸制品业（22），酒、饮料和精制茶制造业（15），产生量分别占全市二氧化硫（SO2）产生总量的 16.30%、9.27%、4.80%、1.68%，这 5 个大类行业合计占全市二氧化硫（SO_2）产生总量的 99.14%。

二氧化硫（SO_2）排放量主要来自非金属矿物制品业（30），电力、热力生产和供应业（44），排放量分别为 2 970.21 吨、2 633.54 吨，分别占全市二氧化硫（SO2）排放总量的 39.75%、35.24%。排放占比较大的行业还有化学原料和化学制品制造业（26），酒、饮料和精制茶制造业（15），造纸和纸制品业（22），分别占全市排放总量的 9.91%、5.53%、2.84%。

表 15　工业企业设备及设施废气污染物排放情况

设备及设施	二氧化硫（SO₂）			氮氧化物（NOₓ）			颗粒物			挥发性有机物（VOCs）		
	产生量/吨	排放量/吨	削减率/%	产生量/吨	排放量/吨	削减率/%	产生量/吨	排放量/吨	削减率/%	产生量/吨	排放量/吨	削减率/%
电站锅炉	70 400.36	2 834.24	95.97	8 264.7	2 166.99	73.78	471 827.9	292.48	99.94	14.34	14.34	0
工业锅炉	15 091.89	1 469.02	90.27	1 080.24	583.37	46	53 087.98	999.38	98.12	9.35	9.35	0
工业炉窑	8 422.72	2 747.72	67.38	7 655.74	3 459.06	54.82	2 890.03	1 018.52	64.76	65.23	65.23	0
钢铁重点工序	161.50	24.22	85	114.22	114.22	0	10 668.96	750.23	92.97	4.80	4.80	0
熟料生产	402.72	221.49	45	2 670.05	1 528.24	42.76	316 451.36	157.53	99.95	82.98	82.98	0
石化重点工序	2.45	2.45	0	21.28	21.28	0	2.03	2.03	0	41.15	41.15	0
储罐装载	0	0	0	0	0	0	0	0	0	405.57	400.67	1.21
固体物料堆存	0	0	0	0	0	0	57 916.75	1 878.33	96.76	0.15	0.15	0
其他废气	229.81	172.88	24.77	1 267.29	890.7	29.72	100 895.24	9 397.31	90.69	4 605.63	3 675.52	20.2

上述 5 个行业的二氧化硫（SO_2）削减率中，非金属矿物制品业（30）、酒、饮料和精制茶制造业（15）相对较低，分别为 66.20%、74.09%；其余 3 个行业都达到了 95%。农副食品加工业（13），石油和天然气开采业（7）二氧化硫（SO_2）削减率极低，分别为 4.56%、0.55%。

电力、热力生产和供应业（44），化学原料和化学制品制造业，二氧化硫（SO_2）削减率均在 95% 以上；而非金属矿物制品业（30）二氧化硫（SO_2）削减率为 66.20%。据调查发现，全市非金属矿物制品业（30）共计企业数为 683 家，其中产生二氧化硫（SO_2）的企业数为 161 家，11 家不具备脱硫设施。具有脱硫设施的企业中有 11 家因为污染治理设施未进行满负荷运行而导致污染物削减率降低。

表 16　不同行业二氧化硫（SO_2）排放量及削减率

国民经济行业分类（大类代码）	产生量/吨	占比/%	排放量/吨	占比/%	削减率/%
全市	94 711.45	100.00	7 472.02	100.00	92.11
非金属矿物制品业（30）	8 788.25	9.27	2 970.21	39.75	66.20
电力、热力生产和供应业（44）	63 523.21	67.07	2 633.54	35.24	95.85
化学原料和化学制品制造业（26）	15 446.77	16.30	740.84	9.91	95.20
酒、饮料和精制茶制造业（15）	1 596.22	1.68	413.62	5.53	74.09
造纸和纸制品业（22）	4 551.47	4.80	212.26	2.84	95.34
农副食品加工业（13）	118.97	0.13	113.54	1.52	4.56
石油和天然气开采业（7）	90.49	0.10	90.00	1.20	0.55
医药制造业（27）	67.59	0.07	67.59	0.90	0
橡胶和塑料制品业（29）	56.24	0.06	56.24	0.75	0
木材加工和木、竹、藤、棕、草制品业（20）	53.38	0.06	53.38	0.71	0
黑色金属冶炼和压延加工业（31）	174.04	0.18	36.77	0.49	78.87
纺织业（17）	24.52	0.03	24.52	0.33	0
食品制造业（14）	21.59	0.02	21.59	0.29	0
烟草制品业（16）	61.42	0.06	11.36	0.15	81.50
废弃资源综合利用业（42）	15.55	0.02	6.16	0.08	60.37
皮革、毛皮、羽毛及其制品和制鞋业（19）	66.09	0.07	4.96	0.07	92.50

表16(续)

国民经济行业分类(大类代码)	产生量/吨	占比/%	排放量/吨	占比/%	削减率/%
非金属矿采选业(10)	44.68	0.05	4.50	0.06	89.93
纺织服装、服饰业(18)	4.15	…	4.15	0.06	0
石油、煤炭及其他燃料加工业(25)	3.94	…	3.94	0.05	0
金属制品业(33)	1.36	…	1.36	0.02	0
煤炭开采和洗选业(06)	1.24	…	1.24	0.02	0
农、林、牧、渔专业及辅助性活动(05)	0.088	…	0.088	…	0
专用设备制造业(35)	0.072	…	0.072	…	0
印刷和记录媒介复制业(23)	0.039	…	0.039	…	0
家具制造业(21)	0.031	…	0.031	…	0
有色金属冶炼和压延加工业(32)	0.017	…	0.017	…	0
通用设备制造业(34)	0.013	…	0.013	…	0
汽车制造业(36)	0.012	…	0.012	…	0

备注:"…"表示由于数字太小,修约后小于保留的最小位数无法显示。

不同行业氮氧化物(NOx)排放量及削减率

不同行业氮氧化物(NOx)排放量及削减率见表17。由表17可知,氮氧化物(NOx)产排量主要行业为非金属矿物制品业(30),产生量为9 888.30吨,占全市氮氧化物(NOx)产生总量的46.92%;排放量为4 464.02吨,占全市氮氧化物(NOx)排放总量的50.93%。产排量较大的行业还有电力、热力生产和供应业(44),化学原料和化学制品制造业(26),产生量分别占全市氮氧化物(NOx)产生总量的35.13%、11.89%,排放量分别占全市氮氧化物(NOx)排放总量的21.64%、15.73%。上述3个行业产生量合计占全市氮氧化物(NOx)产生总量的93.95%、排放量合计占全市氮氧化物(NOx)排放总量的88.31%。

从削减率来看,仅有6个行业对氮氧化物(NOx)有削减,分别为金属矿物制品业(30)54.86%,电力、热力生产和供应业(44)74.38%,化学原料和化学制品制造业(26)45.00%,造纸和纸制品业(22)27.27%,酒、饮料和精制茶制造业(15)45.83%,石油、煤炭及其他燃料加工(25)0.1%,削减率均不高。另据普查结果统计,全市共有各行业 1 387 个氮氧化物（NOx）产生环节，其中 95.82% 的产生环节无治理设施，并且已有的部分治理设施去除效率低，治理工艺落后。

表 17　不同行业氮氧化物（NOx）排放量及削减率

国民经济行业分类（大类代码）	产生量/吨	占比/%	排放量/吨	占比/%	削减率/%
全市	21 073.52	100.00	8 763.86	100.00	58.41
非金属矿物制品业（30）	9 888.30	46.92	4 464.02	50.94	54.86
电力、热力生产和供应业（44）	7 404.38	35.13	1 896.93	21.64	74.38
化学原料和化学制品制造业（26）	2 506.58	11.89	1 378.74	15.73	45.00
造纸和纸制品业（22）	404.55	1.92	294.25	3.36	27.27
酒、饮料和精制茶制造业（15）	304.94	1.45	165.20	1.88	45.83
黑色金属冶炼和压延加工业（31）	157.66	0.75	157.66	1.80	0
非金属矿采选业（10）	126.89	0.60	126.89	1.45	0
煤炭开采和洗选业（06）	111.55	0.53	111.55	1.27	0
石油、煤炭及其他燃料加工业（25）	52.21	0.25	52.16	0.60	0.1
木材加工和木、竹、藤、棕、草制品业（20）	39.77	0.19	39.77	0.45	0
废弃资源综合利用业（42）	18.18	0.09	18.18	0.21	0
农副食品加工业（13）	10.08	0.05	10.08	0.12	0
橡胶和塑料制品业（29）	9.66	0.05	9.66	0.11	0
医药制造业（27）	7.11	0.03	7.11	0.08	0
皮革、毛皮、羽毛及其制品和制鞋业（19）	6.32	0.03	6.32	0.07	0
烟草制品业（16）	5.71	0.03	5.71	0.07	0
印刷和记录媒介复制业（23）	5.50	0.03	5.50	0.06	0
纺织业（17）	2.58	0.01	2.58	0.03	0
食品制造业（14）	2.56	0.01	2.56	0.03	0
农、林、牧、渔专业及辅助性活动（5）	2.32	0.01	2.32	0.03	0
通用设备制造业（34）	2.26	0.01	2.26	0.03	0
家具制造业（21）	1.24	0.01	1.24	0.01	0
金属制品业（33）	1.00	…	1.00	0.01	0
汽车制造业（36）	0.60	…	0.60	0.01	0
专用设备制造业（35）	0.54	…	0.54	0.01	0

国民经济行业分类（大类代码）	产生量 /吨	占比 /%	排放量 /吨	占比 /%	削减率 /%
纺织服装、服饰业（18）	0.42	…	0.42	…	0
计算机、通信和其他电子设备制造业（39）	0.24	…	0.24	…	0
金属制品、机械和设备修理业（43）	0.24	…	0.24	…	0
铁路、船舶、航空航天和其他运输 设备制造业（37）	0.12	…	0.12	…	0
有色金属冶炼和压延加工业（32）	0.003 3	…	0.003 3	…	0

备注："…"表示由于数字太小，修约后小于保留的最小位数无法显示

不同行业颗粒物排放量及削减率

不同行业颗粒物排放量及削减率见表18。由表18可知，颗粒物产生量最大的行业为电力、热力生产和供应业（44），产生量为432 506.35吨，占全市颗粒物产生总量的42.66%；其次为非金属矿物制品业（30），产生量为405 760.62吨，占产生总量的40.03%。上述2个行业颗粒物产生量，合计占全市颗粒物产生发总量的82.69%，是最主要的颗粒物产生来源。其余产生量>10 000吨的还有6个行业，分别为化学原料和化学制品制造业（26），酒、饮料和精制茶制造业（15），煤炭开采和洗选业（06），造纸和纸制品业（22），非金属矿采选业（10），黑色金属冶炼和压延加工业（31），合计占全市颗粒物产生总量的16.83%。

颗粒物排放量最大的行业为非金属矿物制品业（30），排放量为4 956.51吨，占颗粒物排放总量的34.19%；其次为煤炭开采和洗选业（06），排放量占颗粒物排放总量的21.89%。排放量>1 000吨的还有非金属矿采选业（10）和化学原料和化学制品制造业（26），排放量分别占全市颗粒物排放总量的10.91%、8.88%。

从削减率来看，颗粒物产生量>1 000吨的有9个行业，各行业削减率在85.76%~99.94%；其中产生量最大的电力、热力生产和供应业（44），非金属矿物制品业（30）削减率高，分别为99.94%、98.78%；煤炭开采和洗选业（06），非金属矿采选业（10），废弃资源综合利用业（42）削减率低于90%。产生量<1 000吨行业，削减率普遍较低，除医药制造业（27）92.04%外，其余行业在4.17%~84.46%。

据调查发现，全市非金属矿采选业（10）共计企业数为90家，其中产生颗粒物的企业数为57家，露天开采工艺均不具备除尘设施；破碎筛分工艺21家不具备除尘设施，34家具有除尘设施，其中采用布袋除尘（去除率99.7%）工艺的企业数为14家、采用袋式除尘（去除率99%）工艺的企业数为19家、采用湿式除尘（去除率90%）工艺的企业数为3家、采用其他除尘（去除率80%）工艺的企业数为2家。

表18 不同行业颗粒物排放量及削减率

国民经济行业分类（大类代码）	产生量/吨	占比/%	排放量/吨	占比/%	削减率/%
全市	1 013 740.25	100.00	14 495.81	100.00	98.57
非金属矿物制品业（30）	405 760.62	40.03	4 956.51	34.19	98.78
煤炭开采和洗选业（06）	26 664.88	2.63	3 174.09	21.89	88.10
非金属矿采选业（10）	14 598.03	1.44	1 582.77	10.91	89.16
化学原料和化学制品制造业（26）	74 272.44	7.33	1 288.01	8.88	98.27
黑色金属冶炼和压延加工业（31）	11 189.35	1.10	754.45	5.20	93.26
造纸和纸制品业（22）	16 726.10	1.65	585.15	4.04	96.50
废弃资源综合利用业（42）	2 447.69	0.24	348.46	2.40	85.76
酒、饮料和精制茶制造业（15）	27 166.69	2.68	330.07	2.28	98.79
木材加工和木、竹、藤、棕、草制品业（20）	433.23	0.04	313.67	2.16	27.60
烟草制品业（16）	340.81	0.03	282.23	1.95	17.19
电力、热力生产和供应业（44）	432 506.35	42.66	271.57	1.87	99.94
家具制造业（21）	197.87	0.02	113.39	0.78	42.70
金属制品业（33）	90.99	0.01	87.20	0.60	4.17
通用设备制造业（34）	164.34	0.02	71.44	0.49	56.53
石油、煤炭及其他燃料加工业（25）	409.70	0.04	70.65	0.49	82.76
农副食品加工业（13）	217.23	0.02	67.62	0.47	68.87
汽车制造业（36）	71.86	0.01	57.48	0.40	20.01
橡胶和塑料制品业（29）	177.79	0.02	38.50	0.27	78.34
皮革、毛皮、羽毛及其制品和制鞋业（19）	90.81	0.01	27.55	0.19	69.66
食品制造业（14）	63.52	0.01	26.67	0.18	58.02

国民经济行业分类（大类代码）	产生量/吨	占比/%	排放量/吨	占比/%	削减率/%
纺织业（17）	27.53	…	18.54	0.13	32.66
专用设备制造业（35）	18.63	…	12.37	0.09	33.61
医药制造业（27）	90.55	0.01	7.21	0.05	92.04
纺织服装、服饰业（18）	5.19	…	4.15	0.03	20.14
铁路、船舶、航空航天和其他运输设备制造业（37）	3.94	…	3.94	0.03	0
其他制造业（41）	0.88	…	0.88	0.01	0
金属制品、机械和设备修理业（43）	0.58	…	0.58	…	0
印刷和记录媒介复制业（23）	0.16	…	0.16	…	0
电气机械和器材制造业（38）	0.14	…	0.14	…	0
农、林、牧、渔专业及辅助性活动（05）	0.11	…	0.11	…	0
计算机、通信和其他电子设备制造业（39）	0.62	…	0.096	…	84.46
文教、工美、体育和娱乐用品制造业（24）	0.063	…	0.063	…	0
有色金属冶炼和压延加工业（32）	0.060	…	0.060	…	0
水的生产和供应业（46）	0.055	…	0.022	…	60.00
仪器仪表制造业（40）	0.000 008	…	0.000 008	…	0

备注："…"表示由于数字太小，修约后小于保留的最小位数无法显示。

不同行业挥发性有机物（VOCs）排放量及削减率

不同行业挥发性有机物（VOCs）排放量及削减率见表19。由表19可知，化学原料和化学制品制造业（26）挥发性有机物（VOCs）产生量最大，为3 394.17吨，占全市工业源挥发性有机物（VOCs）产生量的64.90%，其次是印刷和记录媒介复制业（23）761.39吨，造纸和纸制品业（22）342.65吨，非金属矿物制品业（30）272.17吨，石油、煤炭及其他燃料加工业（25）162.17吨，分别占全市工业源挥发性有机物（VOCs）产生量的14.56%、6.55%、5.20%和3.10%。上述5个行业挥发性有机物（VOCs）产生量占全市工业源挥发性有机物（VOCs）产生量的94.32%。

挥发性有机物（VOCs）排放量大的行业为化学原料和化学制品制造业（26），排放量为2 561.46吨，占全市工业源挥发性有机物（VOCs）排放量的 59.64%。其次为印刷和记录媒介复制业（23）排放量 707.60 吨，造纸和纸制品业（22）排放量 339.05 吨，非金属矿物制品业（30）排放量 255.25 吨，石油、煤炭及其他燃料加工业（25）排放量 158.94 吨，分别占全市工业源挥发性有机物（VOCs）排放量的 16.47%、7.89%、5.94% 和 3.70%。上述 5 个行业挥发性有机物（VOCs）排放量占全市工业源挥发性有机物（VOCs）排放量的 93.66%。

各行业挥发性有机物（VOCs）削减率均较低，除医药制造业（27）为 44.13% 外，其余均在 0～24.53%。

调查发现，化学原料和化学制品制造业（26）产生的挥发性有机物（VOCs），不仅涉及有机液体储罐/装载、生产工艺过程，还涉及含挥发性原辅材料的使用。全市化学原料和化学制品制造业（26）共计企业数为 93 家，其中产生挥发性有机物（VOCs）的企业数为 62 家，其中 23 家企业具有锅炉，大部分企业无挥发性有机物（VOCs）治理设施，而在企业生产工艺过程中产生挥发性有机物（VOCs）的企业数为 43 家。生产工艺过程中产生挥发性有机物（VOCs）具有治理设施的企业数为 9 家，2017 年均正常运行。

印刷和记录媒介复制业（23）的挥发性有机物（VOCs）主要来自于含挥发性原辅料的使用，全市造纸和纸制品业（22）共计企业数为 79 家，其中产生挥发性有机物（VOCs）的企业数为 62 家，其中 11 家企业有锅炉、1 家企业有碱回收炉，均无挥发性有机物（VOCs）治理设施；而在企业生产工艺过程中产生挥发性有机物（VOCs）的企业数为 50 家。印刷和记录媒介复制业（23）中几乎所有的挥发性有机物（VOCs）均来自包装装潢及其他印刷（2319），产生量和排放量占比均在 99% 以上。根据普查结果，全市印刷和记录媒介复制业（23）较多普查对象使用油墨为油性油墨，产污系数大。全市印刷和记录媒介复制业（23）共有 264 个挥发性有机物（VOCs）产生环节，虽然其中 58.7% 的产污环节具有挥发性有机物（VOCs）的治理设施，但去除效率普遍很低，最高的仅能达到 37%，大部分位于 0～20%，该行业挥发性有机物（VOCs）总体削减率仅为 7.07%。

表 19　不同行业挥发性有机物（VOCs）排放量及削减率

国民经济行业分类（大类代码）	产生量/吨	占比/%	排放量/吨	占比/%	削减率/%
全市	5 229.21	100	4 294.20	100	17.88
化学原料和化学制品制造业（26）	3 394.17	64.90	2 561.46	59.64	24.53
印刷和记录媒介复制业（23）	761.39	14.56	707.60	16.47	7.07
造纸和纸制品业（22）	342.65	6.55	339.05	7.89	1.05
非金属矿物制品业（30）	272.17	5.20	255.25	5.94	6.22
石油、煤炭及其他燃料加工业（25）	162.17	3.10	158.94	3.70	1.99
橡胶和塑料制品业（29）	98.75	1.89	88.47	2.06	10.42
家具制造业（21）	43.08	0.82	41.20	0.96	4.37
金属制品业（33）	28.32	0.54	26.22	0.61	7.42
汽车制造业（36）	18.54	0.35	16.11	0.38	13.08
专用设备制造业（35）	17.31	0.33	15.58	0.36	9.99
石油和天然气开采业（7）	13.32	0.25	13.32	0.31	0
皮革、毛皮、羽毛及其制品和制鞋业（19）	10.87	0.21	10.87	0.25	0
木材加工和木、竹、藤、棕、草制品业（20）	10.21	0.2	10.09	0.23	1.24
非金属矿采选业（10）	10.05	0.19	10.05	0.23	0
医药制造业（27）	13.82	0.26	7.72	0.18	44.13
铁路、船舶、航空航天和其他运输设备制造业（37）	6.95	0.13	6.95	0.16	0
黑色金属冶炼和压延加工业（31）	5.73	0.11	5.73	0.13	0
电力、热力生产和供应业（44）	4.79	0.09	4.79	0.11	0
酒、饮料和精制茶制造业（15）	3.84	0.07	3.84	0.09	0
煤炭开采和洗选业（6）	3.31	0.06	3.31	0.08	0
通用设备制造业（34）	3.13	0.06	3.05	0.07	2.81
废弃资源综合利用业（42）	1.74	0.03	1.74	0.04	0
农副食品加工业（13）	1.32	0.03	1.32	0.03	0
其他制造业（41）	0.51	0.01	0.51	0.01	0
电气机械和器材制造业（38）	0.39	0.01	0.39	0.01	0

国民经济行业分类（大类代码）	产生量/吨	占比/%	排放量/吨	占比/%	削减率/%
农、林、牧、渔专业及辅助性活动（5）	0.19	…	0.19	…	0
纺织业（17）	0.11	…	0.11	…	0
水的生产和供应业（46）	0.10	…	0.10	…	0
烟草制品业（16）	0.086	…	0.086	…	0
食品制造业（14）	0.085	…	0.085	…	0
文教、工美、体育和娱乐用品制造业（24）	0.027	…	0.027	…	0
金属制品、机械和设备修理业（43）	0.026	…	0.026	…	0
计算机、通信和其他电子设备制造业（39）	0.025	…	0.025	…	6.90
纺织服装、服饰业（18）	0.008 9	…	0.008 9	…	0
仪器仪表制造业（40）	0.000 12	…	0.000 12	…	0
有色金属冶炼和压延加工业（32）	0.000 013	…	0.000 013	…	0

备注："…"表示由于数字太小，修约后小于保留的最小位数无法显示。

农业种植业

基本情况

根据《泸州市第二次全国污染源普查公报》的结果显示，2017 年全市农户总数为 1 092 879 户，农村劳动力人口数为 2 701 190 人。粮食作物播种面积为 5 098 793 亩，经济作物播种面积为 799 371.78 亩，蔬菜播种面积为 1 042 734.30 亩，瓜果播种面积为 10 555.4 亩，果园播种面积为 789 841.51 亩。作物产量为 2 265 974.82 吨，其中中稻和一季晚稻 1 230 249.00 吨、小麦 42 983.20 吨、玉米 391 066.00 吨、薯类 334 181.00 吨、油菜 60 889.91 吨、大豆 18 856.00 吨、甘蔗 72 866.77 吨、花生 7 654.71 吨。

2017 年全市共施用化肥 354 334.30 吨，施用氮肥折存量 52 613.75 吨，施用含氮复合肥折存量 18 702.54 吨，用于种植业的农药使用量 2 570.61 吨。全市共有规模种植主体 331 个，规模种植总面积达 329 068.1 亩，其中粮食作物面积 17 852.5 亩，经济作物面积 122 242.0 亩，蔬菜瓜果面积 45 048.6 亩，园地面积 143 565.0 亩。

2017 年全市不同坡度耕地和园地总面积 7 260 779.55 亩，其中平地面积（坡度≤5°）1 180 812.13 亩，缓坡地面积（坡度5~15°）3 911 835.23亩，陡坡地面积（坡度>15°）2 168 132.19 亩；耕地面积共计 6 033 914.93亩，其中旱地面积 3 156 173.64 亩，水田面积 2 877 741.29 亩；菜地面积1 042 734 亩，其中露地面积 869 501 亩，保护地面积 173 233 亩；园地面积 1 197 098.62 亩，其中果园面积 789 841.51 亩，茶园面积 285 175.89亩，桑园面积 1 914.30 亩，其他面积 120 166.92 亩。2017 年全市种植业共使用地膜 3 437.08 吨，年回收地膜 1 899.55 吨，地膜累计残留量 192.17吨。地膜覆盖面积 391 954.80 亩，其中粮食作物覆膜面积 113 739.30 亩、经济作物覆膜面积 100 105.00 亩、蔬菜覆膜面积 163 563.50 亩、瓜果覆膜面积 2 860.00 亩、果园覆膜面积 11 687.00 亩。

2017 年全市种植业秸秆理论资源量 165.40 万吨，其中中稻和一季晚稻 103.34 万吨，小麦 4.90 万吨，玉米 39.11 万吨，薯类 3.52 万吨，花生0.91 万吨，油菜籽 11.26 万吨，大豆 1.92 万吨，甘蔗 0.44 万吨；秸秆可收集资源量 135.469 万吨，其中中稻和一季晚稻 79.53 万吨，小麦 4.18 万吨，玉米 35.65 万吨，薯类 3.45 万吨，花生 0.89 万吨，油菜籽 9.54 万吨，大豆 1.79 万吨，甘蔗 0.44 万吨；秸秆利用量 87.824 9 万吨，全市秸秆利用率 64.83%。全市各地区秸秆可收集资源化和利用量最大的是泸县，2017 年秸秆利用量为 24.94 吨。秸秆利用率最高的是江阳区，利用率达98.13%，远超全市平均水平（71.95%）。其次为龙马潭区和纳溪区，秸秆利用率分别为 88.36% 和 86.02%。秸秆利用率低于全市平均水平的有合江县、叙永县和古蔺县，其中秸秆利用率最低的是合江县，仅 39.16%；叙永县和古蔺县秸秆利用率分别为 53.13%、64.56%（见表 20）。

表20　2017 年泸州市各区县秸秆情况

区县	秸秆理论资源量/万吨	秸秆可收集/万吨	秸秆利用量/万吨	利用率/%
江阳区	15.76	12.58	12.34	98.13
纳溪区	15.24	12.16	10.46	86.02
龙马潭区	3.63	2.81	2.49	88.36
泸县	42.22	33.57	24.94	74.31
合江县	37.98	30.65	12.00	39.16
叙永县	26.49	22.95	12.19	53.13
古蔺县	24.08	20.75	13.40	64.56

种植业农药使用量及挥发性有机物（VOCs）排放情况

2017 年全市种植业施用农药 2 570.61 吨，种植业施用农药产生的挥发性有机物（VOCs）共计 570.36 吨（见表 21）。种植业挥发性有机物（VOCs）排放量最大的区县为古蔺县，排放量为 125.84 吨；其次为叙永县，排放量为 121.81 吨。古蔺县和叙永县种植业农药使用量占全市种植业农药使用量的 25.99%，排放量却占了全市的 43.42%。泸县种植业施用农药 848.51 吨，占全市种植业农药使用量的 33.01%，挥发性有机物（VOCs）排放量为 111.06 吨，占全市种植业挥发性有机物（VOCs）排放量的 19.47%。龙马潭区农药使用量和排放量均最少，农药使用量 176 吨，占 6.85%；挥发性有机物（VOCs）排放量 10.98 吨，占 1.93%。

表 21　2017 年泸州市各区县农药施用及挥发性有机物（VOCs）排放情况

区县	农药使用量/吨	占比/%	挥发性有机物（VOCs）排放量/吨	占比/%
古蔺县	389.2	15.14	125.84	22.06
叙永县	279.0	10.85	121.81	21.36
泸县	848.51	33.01	111.06	19.47
合江县	371.6	14.46	81.83	14.35
纳溪区	229.0	8.91	67.10	11.76
江阳区	277.3	10.79	51.74	9.07
龙马潭区	176.0	6.85	10.98	1.93

生活污染源

基本情况

根据《泸州市第二次全国污染源普查公报》（以下简称《公报》）普查对象 1 411 个。其中：行政村 1 125 个，非工业企业单位锅炉 56 台，储油库 1 个，加油站 229 个。城镇居民生活源以城市市区、县城（含建成镇）为基本调查单元。

生活源大气污染物排放量：二氧化硫（SO_2）2 499.76 吨，氮氧化物（NOx）1 721.97 吨，颗粒物 9 067.63 吨，挥发性有机 6 725.02 吨。

居民生活

《公报》结果显示，泸州市城镇建成区外共有 1 145 个行政村，农村常住户数有 816 034 户，常住人口有 254.61 万人。冬季家庭取暖能源已完成煤改气的家庭户数有 0 户，冬季家庭取暖能源已完成煤改电的家庭户数有 211 户，冬季家庭取暖能源使用燃煤取暖的家庭户数有 156 197 户。冬季家庭取暖能源安装独立土暖气（即带散热片的水暖锅炉）的家庭户数有 0 户，冬季家庭取暖能源使用取暖炉（不带暖气片）的家庭户数有 575 户，冬季家庭取暖能源使用火炕的家庭户数有 2 137 户。

城镇建成区内共有 195 个行政村，农村常住户数有 163 807 户，常住人口有 50.99 万人。冬季家庭取暖能源已完成煤改气的家庭户数有 0 户，冬季家庭取暖能源已完成煤改电的家庭户数有 96 户，冬季家庭取暖能源使用燃煤取暖的家庭户数有 19 020 户。冬季家庭取暖能源安装独立土暖气（即带散热片的水暖锅炉）的家庭户数有 0 户，冬季家庭取暖能源使用取暖炉（不带暖气片）的家庭户数有 25 户，冬季家庭取暖能源使用火炕的家庭户数有 216 户。

全市行政村由于较分散，大部分处于偏远山区，经济条件、基础设施等较为落后，加之传统生活习惯，使之成为了生活污染物排放大户。绝大部分行政村未建设污染治理设施，仅有部分新农村聚居点配建了简易的污水治理设施，大部分生活污水直接排入农田和水体。大部分行政村垃圾未进行处理，部分转移到乡镇进行简易处理，垃圾均未得到较好的无害化处理，这从全市垃圾填埋场普查结果可以得到印证。全市行政村绝大部分冬季取暖采用燃煤，基本无用气的居民区，用电取暖的农户也少，造成农村煤烟污染严重。

非工业企业锅炉

全市 33 家单位共拥有非工业企业锅炉 56 台（见图 35），其中江阳区数量最多，为 15 台，占全市非工业锅炉总数的 26.78%；其次为叙永县和泸县，分别占 21.42% 和 19.64%。非工业锅炉数量最少的是合江县，仅 1 台且处于停用状态。56 台非工业锅炉中，燃煤锅炉有 12 台，占 21.43%；燃气锅炉有 42 台，占 75%；燃生物质锅炉有 2 台，占 3.57%（见图 36）。全市 56 台非工业企业锅炉均无在线监测设施。

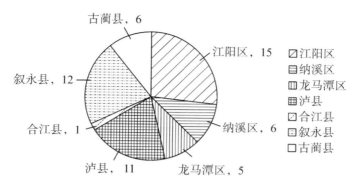

图35 全市各区县非工业企业锅炉分布情况

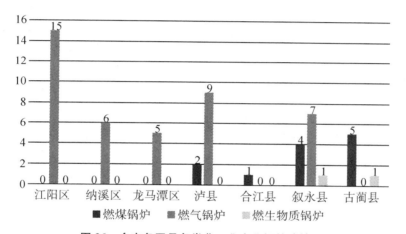

图36 全市各区县各类非工业企业锅炉清情况

从锅炉的类型来看，全市燃煤锅炉全部集中在四县，三区的锅炉类型全为燃气锅炉。合江县仅有的一台燃煤锅炉处于停用状态，叙永县和古蔺县的燃煤锅炉数量较多，合计为9台，占全市燃煤锅炉的75%。泸县和叙永县有燃气锅炉，且在本区县非工业企业锅炉中占比较大，分别为81.82%和58.33%。燃煤锅炉与生物质燃料锅炉主要分布在四县，三区中燃煤锅炉与生物质燃料锅炉分布较少，四县的非工业企业锅炉污染物排放量远大于三区。燃煤锅炉与生物质燃料锅炉的污染物排放量远大于天然气锅炉。

全市非工业企业锅炉用途包括供水、供暖、洗浴、烘干和高温消毒。供水和洗浴是最主要的用途，用于供水的锅炉有24台，占总数的42.85%；用于洗浴的锅炉有14台，占总数的25%（见表22）。

表 22　各区县非工业锅炉用途　　　　　　　　　　　　　单位：台

类别	合计	江阳区	纳溪区	龙马潭区	泸县	合江县	叙永县	古蔺县
供水	24	4	1	—	11	1	5	2
供暖	5	3	—	—	—	—	2	—
洗浴	14	3	4	—	—	—	3	4
烘干	8	5	—	2	—	—	1	—
高温消毒	5	—	1	3	—	—	1	—

2017 年全市非工业企业锅炉燃料煤消耗量 1 059 吨，天然气燃料气消耗量 386.3 万立方米，生物质燃料消耗量 117.5 吨。全市非工业锅炉共计拥有除尘设施 9 套（其中过滤式除尘 2 套，静电除尘 1 套，湿法除尘 4 套，旋风除尘 2 套），脱硫设施 2 套（烟气脱硫设施），脱硝设施 2 套（烟气脱硝设施）。全市 12 台燃煤锅炉中，有 9 台安装了废气处理设施，其中 2 台除尘、脱硫、脱硝设施齐全，剩下的 7 台仅安装了除尘设施；2 台燃生物质锅炉均安装了除尘设施，未配备脱硫脱硝设施。

全市非工业企业锅炉共有排气筒 56 个，其中 15 米以下排气筒 42 个，15（含）米~45 米排气筒 14 个。根据相关规范要求，燃煤锅炉排气筒高度不得低于 15 米，燃气锅炉排气筒高度不得低于 8 米。燃煤锅炉中，排气筒高度低于 15 米的锅炉有 29 个，占比 75%；燃气锅炉中，排气筒高度低于 8 米的锅炉有 14 个，占比 33.33%（见表 23）。

表 23　2017 年全市非工业锅炉情况

区县	非工业锅炉总数/台	除尘设施数/套	脱硫设施数/套	脱硝设施数/套	排气筒高度不达标数/个
江阳区	15	0	0	0	3
龙马潭区	5	0	0	0	3
纳溪区	6	0	0	0	6
合江县	1	0	0	0	1
泸县	11	0	0	0	1
叙永县	12	3	2	2	5
古蔺县	6	6	0	0	3

加油站

《公报》结果显示，全市共有加油站 229 个，其中江阳区 22 个、纳溪区 29 个、龙马潭区 25 个、泸县 36 个、合江县 33 个、叙永县 46 个、古蔺县 38 个，叙永县在各区县中占比最多（见图 37）。

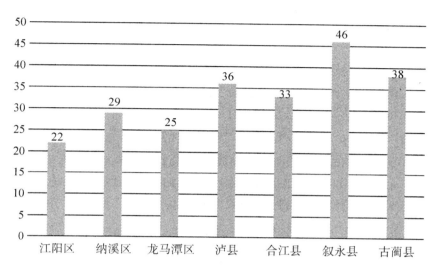

图 37　全市各地区集油站数量分布情况

2017 年，全市加油站总罐容 21 090.7 立方米，其中汽油总罐容 12 100.7 立方米、柴油总罐容 8 990 立方米。全市销售油品 476 460.63 吨，其中汽油销售量 267 527.43 吨、柴油销售量 208 933.2 吨。全市 229 个加油站中，有 2 个加油站没有销售柴油；只有 1 个加油站无油气回收系统，其余加油站均具有二阶段油气回收装置。从油气回收装置改造完成的时间来看，大多数加油站在 2015 年完成的油气回收装置改造（见图 38）。

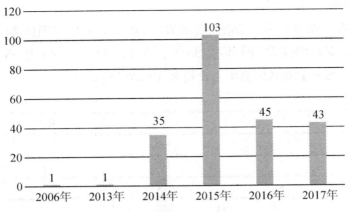

图38　各年份油气回收装置改造完成情况

全市加油站中 104 个有汽油排放处理设备，125 个无汽油处理设备。江阳区、纳溪区和古蔺县的加油站均没有汽油排放处理设备，泸县的加油站均配备了汽油排放处理设备（见表24）。

表24　2017 年全市区县加油站汽油排放处理设备配备情况

区县	无汽油排放处理设备/个	有汽油排放处理设备/个
江阳区	22	—
纳溪区	29	—
龙马潭区	13	12
泸县	—	36
合江	15	18
叙永县	8	38
古蔺	38	—

储油库

根据《公报》结果显示，全市共有储油库 1 个，为中国石化销售有限公司四川泸州石油分公司，位于纳溪区。该储油库拥有储罐 10 个，其中柴油储罐 6 个，汽油储罐 4 个；储罐容积共计 30 000 立方米，其中汽油储罐 12 000 立方米，柴油储罐 18 000 立方米。4 个汽油储罐均为 3 000 立方米的内浮顶灌，装油方式采用底部装油，使用吸附法对油气进行处理。2017 年油品年周转量 564 013.86 吨，其中汽油年周转量 220 681.19 吨，柴油年周转量 343 332.67 吨。储油库挥发性有机物（VOCs）排放量为 120.64 吨。

生活源大气主要污染物排放情况

根据《公报》结果显示，2017 年泸州市城镇居民使用天然气 16 423.46 万立方米，使用液化石油气 2 302.10 吨，无集中供热和人工煤气使用。城乡居民能源消费排放的二氧化硫（SO_2）为 0.17 吨、氮氧化物（NOx）414.91 吨、颗粒物 37.63 吨、挥发性有机物（VOCs）47.56 吨（见表 25）。

表 25　2017 年泸州市城乡居民能源消费产生的污染物排放情况

区县	二氧化硫（SO_2）/吨		氮氧化物（NOx）/吨		颗粒物/吨		挥发性有机物（VOCs）/吨	
	天然气	液化石油气	天然气	液化石油气	天然气	液化石油气	天然气	液化石油气
龙马潭区江阳区纳溪区	0.14	0.003 9	359.92	4.20	32.88	0.15	26.53	14.66
泸县	0.005 7	0.000 5	14.34	0.50	1.31	0.018	1.06	1.73
合江县	0.008 5	0.000 1	21.20	0.078	1.94	0.002 8	1.56	0.27
叙永县	0.003 5	0.000 1	8.74	0.092	0.80	0.003 3	0.64	0.32
古蔺县	0.002 3	0.000 1	5.73	0.11	0.52	0.003 8	0.42	0.37

二氧化硫（SO_2）

生活源二氧化硫（SO_2）主要来源于城镇居民生活能源使用、农村居民生活能源使用和非工业企业锅炉。根据《公报》结果显示，2017 年生活源二氧化硫（SO_2）产生量为 2 500.38 吨，排放量为 2 499.76 吨。其中城镇居民生活能源使用二氧化硫（SO_2）产生量为 196.01 吨，排放量为 196.01 吨；农村居民生活能源使用二氧化硫（SO_2）产生量为 2 286.66 吨，排放量为 2 286.66 吨；非工业企业锅炉二氧化硫（SO_2）产生量为 17.71 吨，排放量为 17.09 吨。泸州市生活源二氧化硫（SO_2）产排情况见图 39。

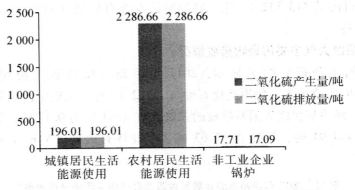

图 39 泸州市 2017 年生活源二氧化硫（SO₂）产排情况

氮氧化物（NOx）

生活源氮氧化物（NOx）主要来源于城镇居民生活能源使用、农村居民生活能源使用、非工业企业锅炉。根据《公报》结果显示，2017 年生活源氮氧化物（NOx）产生量为 1 721.97 吨，排放量为 1 721.97 吨。其中城镇居民生活能源使用氮氧化物（NOx）产生量为 226.2 吨，排放量为 226.2 吨；农村居民生活能源使用氮氧化物（NOx）产生量为 1 485.66 吨，排放量为 1 485.66 吨；非工业企业锅炉氮氧化物（NOx）产生量为 10.11 吨，排放量为 10.11 吨。泸州市生活源氮氧化物（NOx）产排情况见图 40。

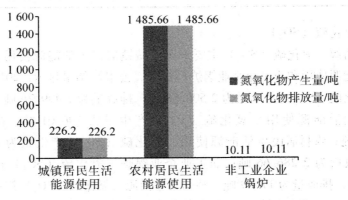

图 40 泸州市 2017 年生活源氮氧化物（NOx）产排情况

颗粒物

生活源颗粒物主要来源于城镇居民生活能源使用、农村居民生活能源使用、非工业企业锅炉。根据《公报》结果显示，2017 年生活源颗粒物产生量为 9 085.27 吨，排放量为 9 067.63 吨。其中城镇居民生活能源使用颗粒物产生量为 170.96 吨，排放量为 170.96 吨；农村居民生活能源使用颗粒物产生量为 8 841.13 吨，排放量为 8 841.13 吨；非工业企业锅炉颗粒物产生量为 73.18 吨，排放量为 55.54 吨。泸州市生活源颗粒物产排情况见图 41。

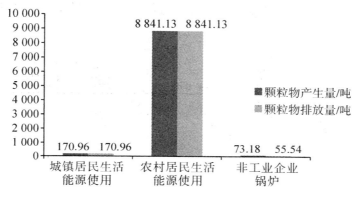

图 41 泸州市 2017 年生活源颗粒物产排情况

挥发性有机物（VOCs）

生活源挥发性有机物（VOCs）主要来源于城镇居民生活能源使用、农村居民生活能源使用、非工业企业锅炉、其他城乡居民生活和第三产业挥发性有机物（VOCs）。根据《公报》结果显示，2017 年生活源挥发性有机物（VOCs）产生量为 6 725.02 吨，排放量为 6 725.02 吨。其中城镇居民生活能源使用挥发性有机物（VOCs）产生量为 67.12 吨，排放量为 67.12 吨；农村居民生活能源使用挥发性有机物（VOCs）产生量为 2 467.66 吨，排放量为 2 467.66 吨；非工业企业锅炉挥发性有机物（VOCs）产生量为 0.68 吨，排放量为 0.68 吨；加油站挥发性有机物（VOCs）产生量为 393.91 吨，排放量为 393.91 吨；储油库挥发性有机物（VOCs）产生量为 180.31 吨，排放量为 180.31 吨；其他城乡居民生活和第三产业挥发性有机物（VOCs）产生量为 3 615.34 吨，排放量为 3 615.34 吨。泸州市生活源挥发性有机物（VOCs）产排情况见图 42。

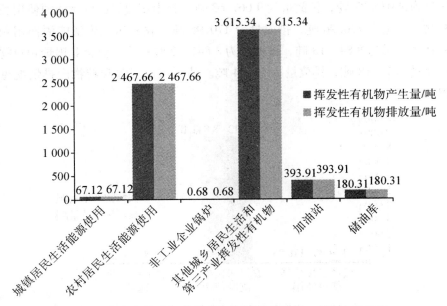

图 42　泸州市 2017 年生活源挥发性有机物（VOCs）产排情况

其他生活源挥发性有机物（VOCs）排放情况

《公报》结果显示（见表 26），2017 年全市房屋竣工面积 505 万平方米，人均住房建筑面积 40.5 平方米，改建沥青公路 63 千米，2016 年年末城市道路长度 1 063.98 千米，2017 年年末城市道路长度 1 123.22 千米。全市其他生活源挥发性有机物（VOCs）排放量为 4 404.05 吨，其中建筑涂料与胶粘剂使用挥发性有机物（VOCs）排放量为 1 121.36 吨，沥青道路铺装挥发性有机物（VOCs）排放量为 1 124.61 吨，餐饮油烟挥发性有机物（VOCs）排放量为 1 299.48 吨，干洗挥发性有机物（VOCs）排放量为 46.97 吨，日用品使用挥发性有机物（VOCs）排放量为 811.63 吨。

其他生活源污染如城镇人类活动污染、住房建筑污染、道路沥青污染等也是生活源污染的重要组成部分。随着城市发展和人类进步，城镇化加快，城镇人口大幅增加，住建、建筑、道路等随之增加，道路沥青大量使用，造成挥发性有机物（VOCs）显著增加。

表 26 2017 年全市其他生活源及挥发性有机物（VOCs）排放情况

房屋竣工面积/万平方米	人均住房(住宅)建筑面积/平方米	新建沥青公路长度/千米	改建变更沥青公路长度/千米	2017 年年末城市道路长度/千米	2016 年年末城市道路长度/千米
505	40.5	0	63	1 123.22	1 063.98

挥发性有机物（VOCs）排放量/吨	建筑涂料与胶粘剂使用挥发性有机物（VOCs）排放量/吨	沥青道路铺装挥发性有机物（VOCs）排放量/吨	餐饮油烟挥发性有机物（VOCs）排放量/吨	干洗挥发性有机物（VOCs）排放量/吨	日用品使用挥发性有机物（VOCs）排放量/吨
4 404.05	1 121.36	1 124.61	1 299.48	46.97	811.63

移动源

基本情况

移动源普查对象包括机动车和非道路移动源。统计汇总机动车保有量 630 520 辆，农业机械柴油总动力 1 222 274 千瓦，民航飞机起降 3 996 架次。移动源大气污染物排放量：氮氧化物（NOx）18 320.01 吨，颗粒物 756.63 吨，挥发性有机物（VOCs）4 040.70 吨。

机动车保有量

本次共普查机动车 630 520 辆，其中微型客车 1 373 辆，占 0.21%；小型客车 300 919 辆，占 47.72%；中型客车 918 辆，占 0.14%；大型客车 3 688 辆，占 0.58%；微型货车 2 辆；轻型货车 28 604 辆，占 4.54%；中型货车 3 317 辆，占 0.52%；大型货车 9 922 辆，占 1.57%；低速货车 284 辆，占 0.04%；普通摩托车 280 774 辆，占 44.53%；轻便摩托车 719 辆，占 0.11%（见图 43）。据统计，机动车保有量 2007—2017 年呈明显上升趋势（见表 27）。

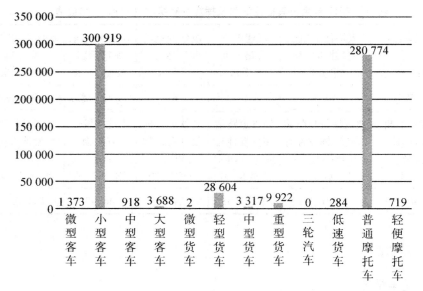

图 43　全市各类机动车情况

表 27　2007—2017 年机动车保有量变化情况

机动车类型/辆	2007年	2008年	2009年	2010年	2011年	2012年	2013年	2014年	2015年	2016年	2017年
微型客车	32	32	114	241	243	135	111	64	21	15	44
小型客车	3 740	5 593	12 286	16 114	17 665	23 949	28 830	34 851	40 958	55 777	54 215
中型客车	21	39	55	90	102	96	117	76	129	81	59
大型客车	77	124	139	272	379	476	557	325	375	359	477
微型货车	0	0	0	1	0	1	0	0	0	0	0
轻型货车	252	529	1 359	1 870	2 170	2 945	3 297	3 265	2 864	4 203	5 626
中型货车	79	296	513	672	440	382	269	147	106	170	216
重型货车	126	317	454	1 254	1 321	1 009	1 333	648	488	707	2 240
三轮汽车	0	0	0	0	0	0	0	0	0	0	0
低速货车	1	2	2	0	3	0	12	0	70	193	0
普通摩托车	1 255	3 214	9 587	15 395	20 952	29 992	35 736	34 787	37 496	42 191	49 674
轻便摩托车	4	9	24	52	28	72	170	54	135	84	81

农业机械

本次共普查农业机械 22.11 万台，其中大中型拖拉机 0.008 万台，小型拖拉机 0.000 8 万台，耕整地机械 4.43 万台，种植施肥机械 0.046 万台，农用排灌机械 15.28 万台，田间管理机械 0.88 万台，收获机械 0.19 万台，渔业机械 1.26 万台。总动力 227.08 万千瓦（柴油发动机总动力 122.23 万千瓦，汽油发动机总动力 13.69 万千瓦），其中大中型拖拉机 0.28 万千瓦，占全市农业机械总动力的 0.23%；小型拖拉机 0.008 6 万千瓦，占全市农业机械总动力的 0.007%；联合收割机 1.42 万千瓦，占全市农业机械总动力的 1.16%；柴油排灌机械 29.43 万千瓦，占全市农业机械总动力的 24.08%；渔业机械 4.04 万千瓦，占全市农业机械总动力的 3.31%；其他柴油机械 87.04 万千瓦，占全市农业机械总动力的 71.21%（见图 44）。

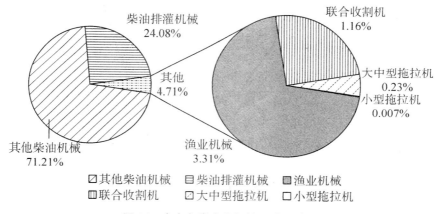

图44　全市各类农业机械总动力情况

移动源污染物排放情况

机动车污染物排放情况

本次普查的机动车尾气污染物排放量均通过机动车污染物排放系数得出，其中，颗粒物 124.34 吨，氮氧化物（NOx）8 925.57 吨，挥发性有机物（VOCs）2 955.95 吨。全市各类机动车各类污染物排放情况见图45~图47。机动车的颗粒物主要来自于货车，排放总量为 109.23 吨，占全市机动车颗粒物排放总量的 87.84%，其中小型货车和大型货车又为货车颗粒物排放的主要来源，分别为 41.14 吨和 47.49 吨，两者排放量占货车颗粒物排放量的 81.14%。机动车氮氧化物（NOx）排放量最多的是大型货车为 4 247.47 吨，占全市机动车氮氧化物（NOx）排放总量的 47.58%；其次为大型客车 2 530.55 吨，占排放总量的 28.35%；两者排放量占机动车氮氧化物（NOx）排放总量的 75.93%。机动车挥发性有机物（VOCs）主要来自于小型客车，排放总量为1 593.90吨，占全市机动车挥发性有机物（VOCs）排放总量的53.92%；其次为普通摩托车705.80吨，占排放总量的23.87%；两者排放量占机动车挥发性有机物（VOCs）排放总量的77.79%。

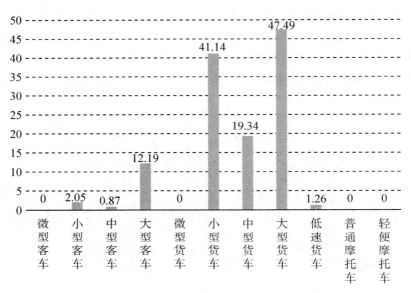

图45　全市各类机动车颗粒物排放情况

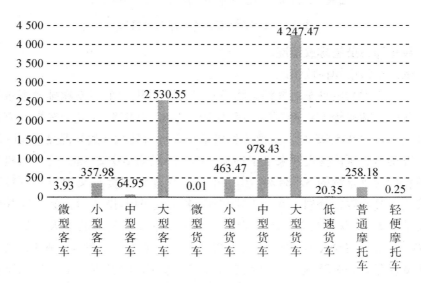

图46　全市各类机动车氮氧化物（NOx）排放情况

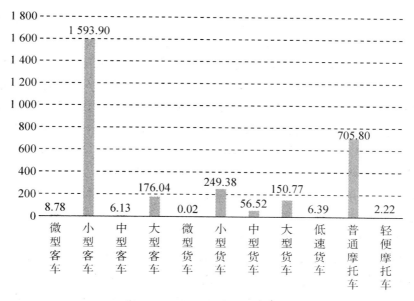

图 47   全市各类机动车挥发性有机物（VOCs）排放情况

机动车尾气污染物平均排放量见表 28。由表 28 可知，机动车颗粒物平均排放量最大的是中型货车为 0.005 8 吨/辆，机动车氮氧化物（NOx）平均排放量最大的是大型客车为 0.69 吨/辆，机动车挥发性有机物（VOCs）平均排放量最大的是大型客车为 0.048 吨/辆。

表 28   机动车尾气污染物平均排放量

机动车类型	颗粒物/吨/辆	氮氧化物（NOx）/吨/辆	挥发性有机物（VOCs）/吨/辆
微型客车	0	0.002 9	0.006 4
小型客车	0.000 006 8	0.001 2	0.005 3
中型客车	0.000 95	0.071	0.006 7
大型客车	0.003 3	0.69	0.048
微型货车	0	0.005	0.01
小型货车	0.001 4	0.016	0.008 7
中型货车	0.005 8	0.30	0.01
大型货车	0.004 8	0.43	0.015
低速货车	0.004 4	0.072	0.022
普通摩托车	0	0.000 9	0.002 5
轻便摩托车	0	0.000 35	0.003 1

全市机动车保有量占比较大的为小型客车和普通摩托车，两者保有量占全市机动车保有量的 92.26%。机动车颗粒物排放主要来源为小型货车和大型货车，两者颗粒物排放量占全市机动车颗粒物排放总量的 71.28%；氮氧化物（NOx）排放主要来源为大型客车和大型货车，两者氮氧化物（NOx）排放量占全市机动车氮氧化物（NOx）排放总量的 75.93%；挥发性有机物（VOCs）排放主要来源为小型客车和普通摩托车，两者挥发性有机物（VOCs）排放量占全市机动车挥发性有机物（VOCs）排放总量的 77.79%。机动车颗粒物平均排放量最大的是中型货车，机动车氮氧化物（NOx）平均排放量最大的是大型客车，机动车挥发性有机物（VOCs）平均排放量最大的是大型客车。

非道路移动源污染物排放情况

2017 年非道路移动源大气污染物排放量：氮氧化物（NOx）9 394.44 吨，颗粒物 632.29 吨，挥发性有机物（VOCs）1 084.75 吨。其中，工程机械：氮氧化物（NOx）6 870.06 吨，颗粒物 346.06 吨，挥发性有机物（VOCs）699.13 吨。农业机械：氮氧化物（NOx）2 505.16 吨，颗粒物 285.59 吨，挥发性有机物（VOCs）384.18 吨。民航飞机：氮氧化物（NOx）19.22 吨，颗粒物 0.64 吨，挥发性有机物（VOCs）1.44 吨。

农业机械各类污染物排放情况

2017 年全市农业生产燃油消耗 5.96 万吨，其中柴油 4.71 万吨。全市各类农业机械各类污染物排放情况见图 48~图 50。全市农业机械氮氧化物（NOx）、颗粒物、挥发性有机物（VOCs）排放量主要来自于其他柴油机械（氮氧化物（NOx）1 806.12 吨，占 72.1%；颗粒物 208.90 吨，占 73.14%；挥发性有机物（VOCs）吨 276.79，占 72.04%）和柴油排灌机械（氮氧化物（NOx）610.61 吨，占 24.37%；颗粒物 70.62 吨，占 24.72%；挥发性有机物（VOCs）93.58 吨，占 24.35%），两者氮氧化物（NOx）排放量占全市农业机械氮氧化物（NOx）排放量的 96.46%、颗粒物排放量占全市农业机械颗粒物排放量的 97.87%、挥发性有机物（VOCs）排放量占全市农业机械挥发性有机物（VOCs）排放量的 96.40%。

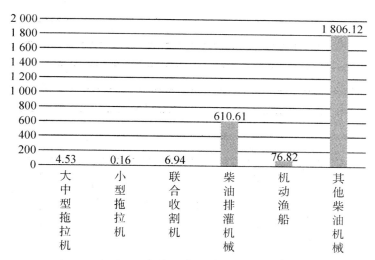

图 48 全市各类农业机械氮氧化物（NOx）排放情况

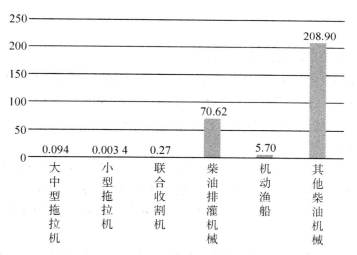

图 49 全市各类农业机械颗粒物排放情况

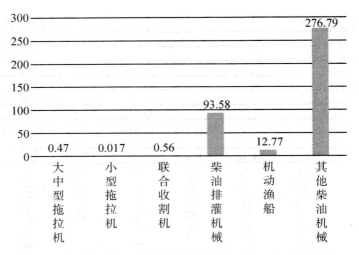

图50 全市各类农业机械挥发性有机物（VOCs）排放情况

小结

不同源主要污染物排放情况

工业源：二氧化硫（SO_2）排放量 7 472.02 吨，削减率 92.11%；氮氧化物（NOx）排放量 8 763.86 吨，削减率 58.41%；颗粒物排放量 14 495.81 吨，削减率 98.57%；挥发性有机物（VOCs）排放量 4 294.20 吨，削减率 17.88%。

生活源：二氧化硫（SO_2）排放量 2 499.76 吨，削减率 0.00%；氮氧化物（NOx）排放量 1 721.97 吨，削减率 0.00%；颗粒物排放量 9 067.63 吨，削减率 0.22%；挥发性有机物（VOCs）排放量 6 725.02 吨，削减率 0.00%。

农业源：挥发性有机物（VOCs）排放量 570.36 吨，氨排放量 20 081.69 吨。

移动源：氮氧化物（NOx）排放量 18 320.01 吨，颗粒物排放量 756.63 吨，挥发性有机物（VOCs）排放量 4 040.70 吨。

二氧化硫（SO_2）来源于工业源和生活源，工业占比高达 74.93%；氮氧化物（NOx）来源于工业源、生活源、移动源，移动源贡献最大，占比 63.60%；其次是工业源，占比 30.42%。颗粒物来源于工业源、生活源、移动源，工业源占比高达 59.60%；其次是生活源，占比 37.28%。挥发性有机物（VOCs）的排放以生活源为主，占比44.66%；工业污染源居第二位，占比28.51%；其次为移动源，占比26.83%。

重点区域主要污染物排放情况

江阳区：二氧化硫（SO_2）排放量为3 016.66吨，氮氧化物（NOx）排放量为2 457.82吨，颗粒物排放量为2 559.62吨，挥发性有机物（VOCs）排放量为321.41吨。

纳溪区：二氧化硫（SO_2）排放量为1 123.91吨，氮氧化物（NOx）排放量为1 512.90吨，颗粒物排放量为1 626.49吨，挥发性有机物（VOCs）排放量为2 702.23吨。

龙马潭区：二氧化硫（SO_2）排放量为800.17吨，氮氧化物（NOx）排放量为1 392.71吨，颗粒物排放量为1 889.86吨，挥发性有机物（VOCs）排放量为559.87吨。

泸县：二氧化硫（SO_2）排放量为1 225.29吨，氮氧化物（NOx）排放量为1 156.56吨，颗粒物排放量为3 672.55吨，挥发性有机物（VOCs）排放量为741.98吨。

全市4个重点区域中，江阳区二氧化硫（SO_2）的排放量最大，其次为泸县，两区县合计占重点区域二氧化硫（SO_2）排放量的68.80%。江阳区氮氧化物（NOx）的排放量最大，其次为纳溪区，两区合计占重点区域氮氧化物（NOx）排放量的60.90%。泸县颗粒物的排放量最大，其次为江阳区，两区县合计占重点区域颗粒物排放量的63.93%。纳溪区挥发性有机物（VOCs）的排放量最大，其次为泸县，两区县合计占重点区域挥发性有机物（VOCs）排放量的79.63%。

重点行业主要污染物排放情况

二氧化硫（SO_2）排放量位居前3位的行业：非金属矿物制品业（30）2 970.21吨，电力、热力生产和供应业（44）2 633.54吨，化学原料和化学制品制造业（26）740.84吨。上述3个行业合计占工业二氧化硫（SO_2）排放量的84.91%。

氮氧化物（NOx）排放量位居前3位的行业：非金属矿物制品业（30）4 464.02吨，电力、热力生产和供应业（44）1 896.93吨，化学原料和化学制品制造业（26）1 378.74吨。上述3个行业合计占工业氮氧化物（NOx）排放量的88.31%。

颗粒物排放量位居前3位的行业：非金属矿物制品业（30）4 956.51

吨、煤炭开采和洗选业 3 174.09 吨、非金属矿采选业（10）1 582.77 吨。上述 3 个行业合计占工业颗粒物排放量的 67.01%。

挥发性有机物（VOCs）排放量位居前 3 位的行业：化学原料和化学制品制造业（26）2 561.46 吨、印刷和记录媒介复制业（23）707.60 吨、造纸和纸制品业（22）339.05 吨。上述 3 个行业合计占工业挥发性有机物（VOCs）排放量的 84.02%。

泸州市大气污染防治典型调查

大气污染主要来源于人类的各项活动，各种人为活动信息可以通过统计调查、实地考察、在线监测、文献查阅等方式获得。本次现场调研重点在汽车喷漆管理、餐饮油烟治理、建筑工地扬尘管控、农业秸秆禁烧和综合利用等方面。

基于四川省大气污染源排放清单数字化平台、泸州市第二次污染源普查、泸州市统计年鉴、实地调研、文献查阅等，建立了泸州市人为源排放活动水平数据库，见表 29。从各污染物的排放贡献来看，二氧化硫（SO_2）排放来自化石燃料固定燃烧；氮氧化物（NO_x）排放来自工业源和移动源；一氧化碳（CO）排放主要来自工业源、民用燃煤的不充分燃烧及移动源；可吸入颗粒物（PM_{10}）（小于或等于 10 微米颗粒物）排放来自工业源、扬尘、露天秸秆焚烧；细颗粒物（$PM_{2.5}$）（小于或等于 2.5 微米颗粒物）排放主要来自工业源、扬尘、民用燃煤、移动源以及露天秸秆焚烧；挥发性有机物（VOCs）则主要来自工业源、移动源以及挥发性有机溶剂使用。

表 29 泸州市 2018 年大气主要污染物排放量

污染源分类	一级分类	污染物排放量/吨/年				
		可吸入颗粒物（PM_{10}）	细颗粒物（$PM_{2.5}$）	二氧化硫（SO_2）	二氧化氮（NO_x）	挥发性有机物（VOCs）
化石燃料固定燃烧源	电力供热					
	工业锅炉	939.40	626.27	4 514.52	3 918.09	500.48
	民用燃烧	1 385.53	923.69	1 312.00	547.50	200.90

表29(续)

污染源分类	一级分类	污染物排放量/吨/年				
工艺过程源	钢铁	2.07	1.38	12.52	44.25	0.14
	水泥	1 278.37	852.25	36.42	82.79	0.10
	玻璃	979.88	653.25	1 153.35	771.87	62.32
	焦化	0.00	0.00	0.00	0.00	0.00
	石油化工	0.00	0.00	0.28	111.54	5.50
	其他工业	4 349.40	2 899.59	1 371.00	1 793.54	8 132.59
移动源	道路移动源	84.11	84.11	0.00	9 113.53	4 538.00
	非道路移动源	300.00	315.00	125.00	7 060.00	1 174.93
	飞机	1.96	1.96	0.00	60.27	9.91
	船舶	239.07	249.55	0.00	3 117.80	405.44
溶剂使用源	工业涂装	0.00	0.00	0.00	0.00	903.30
	印刷印染	0.00	0.00	0.00	0.00	93.80
	农药使用	0.00	0.00	0.00	0.00	752.50
	建筑涂料	0.00	0.00	0.00	0.00	384.30
	其他溶剂使用	0.00	0.00	0.00	0.00	7 200.00
扬尘源	堆场扬尘	2 121.60	1 414.40	0.00	0.00	0.00
	道路扬尘	7 708.80	5 139.20	0.00	0.00	0.00
	施工扬尘	14 451.00	9 634.00	0.00	0.00	0.00
生物质燃烧源	生物质锅炉	33.48	28.40	20.92	83.42	33.79
	生物质开放燃烧	1 455.71	1 436.51	163.24	1 019.00	2 610.00
储存运输源	加油站	0.00	0.00	0.00	0.00	1 952.16
	油气储存	0.00	0.00	0.00	0.00	107.80
	油气运输	0.00	0.00	0.00	0.00	970.20
废弃物处理源	固废处理	0.00	0.00	0.00	0.00	370.00
	废水处理	0.00	0.00	0.00	0.00	306.00
	烟气脱硝	0.00	0.00	0.00	0.00	0.00
其他排放源	餐饮	0.00	667.05	0.00	0.00	259.40
总计		35 449.48	25 006.01	11 103.24	29 342.80	30 977.65

化石燃料

总体概况

泸州市 2017 年全社会消耗原煤量 494.42 万吨（除火力发电），其中工业消耗量占 60.58%，住宿、餐饮等第三产业消耗量占 11.64%，居民生活用煤占 20.23%，其他行业占 7.55%（见图 51）。

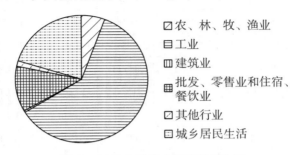

农、林、牧、渔业
工业
建筑业
批发、零售业和住宿、餐饮业
其他行业
城乡居民生活

图 51　2017 年泸州市原煤消耗比例

全市工业锅炉中，燃煤锅炉 645 台，占锅炉总量的 59.12%；其次为燃气锅炉 343 台，占 31.44%；煤气两用锅炉 2 台，占 0.18%。在所有的燃煤锅炉中，10 蒸吨/小时以下锅炉占绝对比例，达到 95.5%；10~20 蒸吨/小时的锅炉占 1.9%；20 蒸吨/小时以上的锅炉占 2.6%。

燃煤锅炉蒸吨规模以 20 蒸吨/小时以上为主，占燃煤锅炉总蒸吨量的 91.7%，10~20 蒸吨/小时及 10 蒸吨/小时以下的锅炉共占比 8.3%。燃气锅炉蒸吨规模以 10 蒸吨/小时以下为主，占燃气锅炉总蒸吨量的 96.9%，10~20 蒸吨/小时及 10 蒸吨/小时以下的锅炉共占比 3.1%。

行业用煤量显示，酒、饮料和精制茶制造业（15）（白酒）用煤量占 34%，非金属矿物制品业（30）（砖瓦）用煤量占 22%，化学原料及化学品制造业占 18%。泸州市绝大多数酒类企业多采用 10 蒸吨/小时以下的锅炉，燃烧效率不高，也没有配套高效脱硫、除尘设施。

泸州市火力发电燃煤消耗 138 万吨，电力燃煤是煤炭消耗的主要途径。2017 年，在污染治理方面，现有燃煤电厂安装的除尘设施采用的是除尘效率较高的双室四电场静电高效除尘器，脱硫方式采用石灰石—石膏湿法脱硫工艺，同时两台大型机组均安装有 SCR 脱硝设施。目前第二机组已经实施电力行业超低排放改造，实现了"提速扩围"。

泸州市居民生活用煤量 100 万吨，住宿、餐饮等第三产业用煤量

57.55万吨，两者合计占全市用煤量31.87%。居民生活和第三产业的生活炉灶大多数没有脱硫除尘设施，且点多面广。

重点区域民用燃煤调研

由于居民生活和第三产业大多数没有脱硫除尘设施，其使用每一单位燃煤排放的污染物相对较大。本次调研重点对国控点位周边的民用燃烧源进行摸底排查，并对龙马潭区小市街道居民生产生活情况进行实地走访。

龙马潭区小市街道前期共排查出95户使用非清洁能源的居民，以使用蜂窝煤为主，有1户直接使用煤炭，有36户贫困户以捡拾木材作为燃料（见图52）。截至10月25日，95户使用非清洁能源的居民中，有50户改用电能，有2户改用天然气，有3户改用液化气，还有40户因为各类原因尚未整改完成。暂时无法整改的有三类：第一类是市级企业离退休人员，居住的部分房屋产权属于市级企业，区上协调十分困难；第二类是城中村拆迁区域，不具备安装天然气的条件，电线裸露线路老化，清洁能源改造十分困难；第三类是独居孤寡老人，年龄过大不会使用电器，使用煤气罐有安全隐患，且抵触情绪重。

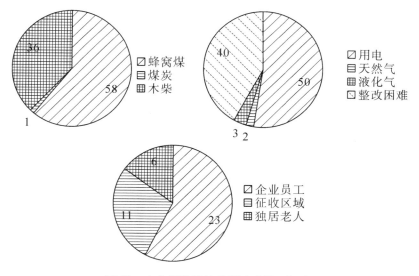

图52　小市街道清洁能源改造情况调查

建议

优化能源结构

2017年，泸州市能源消费总量约为1 143.77万吨标准煤，其中燃煤等非清洁能源消费总量为733.23万吨标准煤，占能源消费总量的64.1%。全市能源结构不合理，煤炭消费占比过高，化石燃料的固定燃烧是泸州市二氧化硫（SO_2）、氮氧化物（NOx）污染物的主要来源。

改变泸州市现有以煤为主的现状必须优化能源结构，加快天然气与可再生能源的利用，推进清洁能源供应和消费多元化。具体对策：一是优先发展城镇居民燃气。加快完善燃气管网、配气站、加气站、加液站等基础设施及其调峰设备，增大民用燃气比例，进一步提高乡镇居民生活用气普及率。积极调整工业燃料结构，工业天然气重点满足骨干企业发展需求。二是发展生物质燃气、液体燃料等多种形式的生物质能梯级综合利用。在农村地区尤其是乡镇饮用水源地周边率先增建沼气示范工程，鼓励秸秆固化成型加工厂建设，古蔺、叙永等地区推广冬季取暖高效低排生物质炉灶。三是控制煤炭使用，推进洁净煤技术。古叙煤田等大型煤炭基地推进包括洗选、型煤加工和水煤浆等先进洁净煤技术，加强煤矸石、粉煤灰、瓦斯、矿井用水等综合循环利用。

淘汰分散燃煤锅炉

泸州市目前尚有工业锅炉1 083台，其中燃煤锅炉645台（95%以上出力小于10蒸吨/小时），燃煤锅炉多而分散，燃烧效率偏低。必须严格控制煤炭增量，淘汰分散燃煤锅炉。具体对策：一是加大燃煤小锅炉淘汰力度。县级及以上城市建成区到2020年年前全部淘汰每小时10蒸吨及以下燃煤锅炉，原则上不再新建每小时35蒸吨以下的燃煤锅炉，新建燃气锅炉一律采用低氮燃烧技术。二是积极推行"一区一热源"。建设和完善各大园区的热网工程，发展热电联产和集中供热，新建工业园区要以热电联产企业为供热热源，优先发展以天然气为能源的热电联产。三是推进酒类企业集中供热。已入住泸州及各区县酒业集中发展区的酒类企业，自身燃煤锅炉全部限期拆除。

推广高效清洁炉具和洁净型煤

生活源中燃煤及薪柴燃烧贡献了主要的二氧化硫（SO_2）、氮氧化物（NO_X）及细颗粒物（$PM_{2.5}$），分布在国控点周边的居民散煤燃烧是影响大气环境质量的主要因素之一。从前期小市街道居民散煤控制经验来看，完全实现清洁能源的替代还存在诸多困难。对于无法实现清洁能源替代的，可采取如下对策：一是推广民用清洁燃烧炉具。坚持市场化运营，政府补贴引导，选择重点区域先行开展试点工作，引入燃烧效率高、节煤效果好、排放污染小的清洁燃烧炉具。二是大力推广洁净型煤。散烧煤以烟煤为主，大多质量差，而且是燃烧后直排，对烟尘和二氧化硫（SO_2）污染贡献率远高于洁净型煤。重点区域可通过政府补贴和政策扶持的形式大力推广、优先使用低硫低灰分并添加固硫剂的清洁型煤。

工艺过程（工业企业）

总体概况

本《报告》利用国家第二次污染源普查数据，结合泸州市实际情况，对泸州市涉及工艺过程排放的大气重点行业进行了分析。全市大气重点行业企业中，水泥、包装印刷、砖瓦窑企业数量排行业前三位，且占绝对比例（见图53）。

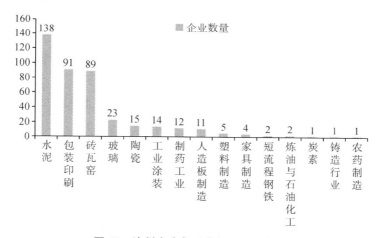

图53 泸州市大气重点行业企业数量

从各污染物空间分布特征来看，2017年泸州市大部分区域网格排放量较低，排放量较大的网格相对分散，但在泸州市主城区附近相对集中。随着城区不断扩展，部分重污染企业已位于建成区范围或紧邻城区，如川南发电公司、泸州北方化学工业公司、泸天化股份公司、泸州益鑫钢铁有限公司、四川武骏特种玻璃制品有限公司、泸州维维食品饮料有限公司、泸州华盛玻璃有限公司、四川中科玻璃有限公司、泸州宝晶玻璃有限责任公司等。加之泸州市几大工业园区大都布局在主城区周边15千米范围以内，集中的排放量与环境容量形成巨大反差，不利于污染物扩散稀释。

产业结构分析

随着城区面积不断扩展,部分重污染企业已位于建成区范围或紧邻城区,产业布局极不合理。

根据泸州市总体规划,泸州市城南组团将形成以对外交通、商贸、办公、居住、轻加工业等职能为主的专业型城市功能组团。城东组团将形成以化工、药业、电子、酿酒、仓储、物流、对外交通等工业职能为主的专业型城市功能组团。整合现有产业空间并向东发展新兴的城市产业区。沙湾—泰安组团依托城市外环路发展机械制造和配套工业及其他加工工业。纳溪组团在原有泸天化股份公司的基础上继续发展化工业,并利用码头和铁路资源发展临港工业,形成以化工、物流、对外交通等工业职能为主的专业型城市功能组团。

从大气环流特征分析,泸州市主要受北方大陆干冷季风与南方海洋暖湿季风交替活动的影响。冬半年主要受西伯利亚和蒙古到新疆一带东南下的大陆干冷大气团的控制,以西北风为主导风向,同时多为静风。夏半年主要受西太平洋副热带高压和青藏高原高压控制,以东风为主导风向。秋冬季节静风条件下周边污染源由于离城区近,易在主城区聚集,造成长时间、大面积的重污染天气过程。春夏季以东风为主,长开区、高新区和酒业园区的诸多污染源也容易飘至主城区,对大气环境质量造成影响。实时监测结果显示,有时候在晚上10点后或者凌晨2点左右出现污染物突然升高现象,经排查非过境大型货车原因,不排除是企业高空输送污染物的可能(据研究表明大气污染物的最大落地浓度距离厂界2千米以上)。

建议

优化组团结构

根据前述分析,以化工业为主的纳溪组团位于城市西南面,组团发展方向为沿长江向西是合宜的。但位于城市夏季上风向的城东组团需要逐步淡化化工职能,重点发展药业、电子、酿酒、仓储、物流、对外交通等工业为主。

加快调整产业布局,结合化解过剩产能、节能减排和企业兼并重组等工作,研究确定退城入园或异地迁建重污染企业名单,减少城区污染物排放。对城区环境、安全影响大,群众反应强烈,自身又有搬迁拓展空间意愿的重污染企业,实施异地迁建;对依赖于所处区域资源禀赋,无法实施搬迁的重污染企业,实施就地改造,加快淘汰落后产能和落后工艺设备,提升企业工艺设备技术水平；对工艺落后，环保设施不到位、又无治理和搬迁意愿或能力的重污染企业实施关停。

实施特别限值

按照国务院和省政府关于有效化解产能过剩矛盾的要求，坚决遏制产能过剩行业盲目扩张，推动产业转型升级。实施最严格的节能环保准入标准，江阳区、龙马潭区、纳溪区禁止新建、扩建燃油火电机组、燃煤火电机组、热电联供外的燃气火电机组、炼钢炼铁、水泥熟料、平板玻璃、电解铝等大气污染物排放量大的项目。泸县、合江县除热电联产外，禁止新建、扩建燃煤发电项目，严格控制钢铁、建材、平板玻璃、石化、化工、有色冶炼等高污染、高耗能项目。

同步实施最严格的环保准入标准，江阳区、龙马潭区、纳溪区、泸县严禁新增钢铁、电力、水泥、玻璃、砖瓦、陶瓷、焦化、电解铝、有色等重点行业大气污染物排放。以总量定项目，对于重点控制区内新建项目实行同一区域内现役源 1.5 倍削减量替代。新建排放二氧化硫（SO_2）、氮氧化物（NOx）、工业烟粉尘、挥发性有机物（$VOCs$）的项目，实行污染物排放减量替代，实现增产减污。

餐饮油烟

总体概况

在城市的环境投诉中，餐饮娱乐业的油烟和噪声扰民所占比重很大，餐饮油烟也是影响环境大气质量的重要因素。2017 年，调研组对城区餐饮行业油烟净化器情况作了详细调查，泸州市建成区共有 3 154 家餐饮服务单位，已完成油烟净化器安装的有 2 458 家，完成率为 78%。按区域分：泸县 581 家，已安装 581 家，完成率为 100%；纳溪区 404 家，已安装 400 家，完成率为 99%；龙马潭区 611 家，已安装 376 家，完成率为 62%；江阳区 1 558 家，已安装 1 101 家，完成率为 71%（见图 54）。

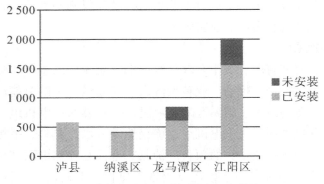

图54　泸州市重点区域餐饮油烟安装情况

重点区域油烟治理情况

本《报告》重点对国控点位周边的餐饮油烟进行了摸底排查，并针对居民、企事业食堂（兆和学校）、中小型餐馆和大型商业综合体（步步高）油烟治理进行了实地走访。

居民油烟治理

2017年，龙马潭区针对重点区域周边的56户居民，采取政府补贴的形式安装了油烟净化器，每户成本约4 800元。从实地调查来看，新安装的油烟净化器对油烟有一定的去除效果。因为安装时间不到1周，无法通过相应站点的监测数据来具体分析其环境污染效果（见图55）。

图55　居民油烟治理

企事业食堂油烟治理

2017年，龙马潭区针对重点区域周边的兆和学校食堂，采取政府补贴的形式安装了三级油烟净化器，该食堂日就餐人数1 000人以上，根据泸州市环境监测中心站监测结果，改造后的油烟排放浓度为0.1毫克/立方米左右，低于国家标准二十倍，效果非常明显（见图56）。

图56　企事业单位食堂油烟治理

中小型餐馆油烟治理

根据2017年9月底的统计数据，龙马潭区共有611家餐馆，油烟净化器安装率达64%。调研组为了解油烟净化器安装后的维护清洗、使用情况，在小市街道实地走访了两家中小型餐馆。据介绍，小市街道共有大大小小餐馆200余家，除面馆、早餐店外的120家餐馆均已安装了油烟净化器。

两家中小型餐馆油烟治理见图57，左边这家属于中型餐馆，2016年已经安装了1套油烟净化装置，每3个月清洗1次，但无清洗记录，店主提供了和清洗人员的转账记录证明。调研组实地查看发现，店主因生意红火，新增了一个灶头，收集罩无法完全覆盖灶头，导致油烟收集效果变差。右边这家是刚刚开业的小型食品作坊，新安装了油烟净化器，尚未开展过清洗，据反映油烟收集效果不佳。

图57　中小型餐馆油烟治理

大型综合体油烟治理

2017 年，调研组为了解油烟净化器安装后的维护清洗、使用情况，实地走访了步步高商业综合体。据介绍，步步高商业综合体内共有餐馆 20 余家，采取的是餐馆一级净化+综合体二级净化的模式。

调研组实地抽查了 3 家餐馆的自行清洗记录，均能做到每周对收集罩清洗，每月对自身净化器清洗；步步高综合体每半年邀请专业清洗公司对所有管道进行清洗维护，确保油烟净化效果（见图 58、图 59）。

图 58　综合体油烟治理

图 59　综合体油烟清洗前后照片（企业提供）

建议

重视油烟净化器选型安装

油烟净化器的选型十分重要。一是要与实际风量匹配；二是根据风机参数选择正确的风量；三是露天烧烤由于场所敞开，油烟机需选 2 倍风量的设备。从实地调研来看，部分油烟净化器的选型严重不合格，甚至油烟收集罩不能覆盖全部灶头。油烟净化器设备安装水平与净化效果有很大关系，系统阻力大、不均风、设备振动等不良安装都严重影响设备的净化效果。

重视油烟净化器清洗维护

从实地调研情况来看，餐饮油烟治理尚处于起步阶段，全市还有 696 家餐馆未安装油烟净化器，已经安装了油烟净化器的餐馆也存在清洗维护困难、擅自停用净化器等现象。目前泸州市乃至四川省尚无餐饮业油烟净化装置的行业标准，后期的清洗维护也没有具体的检查标准。建议组织泸州市环保产业协会抓紧研究，形成一套餐饮业油烟净化装置行业检查和记录规范。

交通运输

总体概况

2019 年，全市机动车保有量已达 70 余万辆，且近几年均以 10% 以上的速度快速增长，机动车尾气污染已成为影响城市空气质量的重要污染源。因机动车保有量猛增导致上下班高峰期城区交通拥堵严重，加之泸州市属山地丘陵地形，弯多路窄，车辆怠速造成汽车尾气污染严重（见图 60）。

图 60　上下班高峰期间拥堵情况

分析 2019 年全市细颗粒物（PM$_{2.5}$）升高的原因，与汽车尾气排放、交通拥堵有重要关系。2017 年、2018 年和 2019 年上半年全市机动车保有量分别为 67.82 万辆、72.04 万辆和 78 万辆，2019 年上半年增加量 5.96 万辆已经超过 2018 年全年增加量 5.74 万辆。泸州市环境监测中心站点位（国控点）距主要干道连江路仅 70 米，日均车流量在 5 万辆以上，且该路段为爬坡路段、上下班高峰时间段路面拥堵，汽车怠速行驶过程中车辆尾气和道路扬尘均对监测数据造成影响。小市上码头站点附近转角店至回龙湾路段道路老旧、狭窄，车辆怠速尾气排放严重。加之实施截污管道工程，更加拥堵，上下班高峰期10分钟内仅能通行几辆车。另外，小市上码头点位（国控点）附近道路夜间依然存在大货车违规通过的情况。10月1日，交警三大队在回龙湾的大气污染检查点共查获大货车26起，其中大型黄牌货车12起（其中一起严重违法），中型蓝牌货车6起，轻型蓝牌货车8起。在兰田宪桥点位附近蓝安路属于货车绕城通道，货车通行排放的尾气对监测数据也有影响。

重点区域汽车喷漆管理情况

2019年江阳区蓝田宪桥国控自动站附近的汽车喷涂是影响环境空气质量的重要污染源之一。2019年夏秋季，泸州市臭氧（O_3）污染突出，超标25天，超标天数同比增加12天。汽车喷涂行业排放的挥发性有机物（VOCs）是生成臭氧（O_3）的重要前体物，因此整顿蓝田宪桥"小散乱"汽修露天喷涂显得尤为重要。2019年7月起，江阳区对蓝田宪桥附近8家汽车露天喷涂企业开展整顿，督促安装挥发性有机物（VOCs）治理设施5家，关闭3家。2019年8月，经泸州市环境监测中心站监测，5家企业挥发性有机物（VOCs）均达标排放。现场走访帅杰汽车修理厂、峰胜汽车修理厂、车行天下、杰耀汽车修理厂和滨城汽修厂5家企业，除帅杰汽车修理厂治理设施运行记录完善，危险废物堆存规范以外，其余几家均存在运行记录不完善（车行天下和峰胜汽修）或者无治理设施运行记录（杰耀和滨城），危险废物堆存不符合相关要求等问题。针对问题，现场环保、交通、运管等部门均对企业实施了一对一指导，要求确保喷涂时开启收集治理设施，完善相关记录，规范危废的堆存（见图61、图62）。

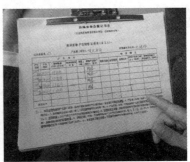

图61 帅杰汽修厂记录相对规范

图62　车行天下危废堆存不规范

存在的问题

一是全市机动车保有量大，城市道路狭窄，机动车尾气污染严重。

二是柴油货车管控难度大，"环保取证、公安处罚"的执法模式仅处于起步阶段，成效不明显。

三是货车入城、"冒黑烟"车辆上路、非道路移动机械污染、汽车露天喷涂等问题还比较突出。

四是小型汽车维修点管理难，虽然强制配套建设了喷漆烤漆房和挥发性有机物（VOCs）治理设施，但是否规范运行还难说。

建议

一是大力发展城市公交系统，实施公交优先战略，鼓励绿色出行方式。据调查，2019年，全市共拥有公交线路58条，其中普通公交线路51条，快速公交线路7条。市区停车场有7处，停车面积111亩，修理厂4处。居民出行公交方式占35.7%，整体偏低。建议增加公交线路，同时改善居民步行、自行车出行条件，鼓励通勤距离短的市民选择绿色出行。

二是优化交通组织，加快推进2座长江大桥的建设进度，着力改造城区交通堵点。随着近年来忠山隧道、国窖长江大桥、沱二桥加宽工程、沱江六桥等一系列交通工程的建成投入使用，泸州市区交通运行环境逐步得到改善，但部分交通堵点依然存在。实地勘察发现，交通拥堵路段主要集中在江阳区的沱江二桥桥头、连江路、忠山路四段与刺园路交叉口、大山坪路口、环监站路口、南城X弯道处、水井沟路段及长江大桥桥头，国窖长江大桥等，需要进一步优化交通组织，着力改造城区交通堵点。针对城区交通堵点，要科学组织改造交通信号灯，优化路口、路段，合理调配交通流；完善道路交通语言，对城区道路上的交通标线、标示、标志和交通信号进行全面清理规范；优化静态交通管理，合理设置临时停车场点，解决车辆乱停乱放，无处停放的问题。

三是加强车辆尾气检测站和汽车喷涂行业的管理。提高尾气检测站监测数据的质量控制水平，强化检测技术监管与数据审核。针对小型汽车喷涂和修理行业建议整体搬迁和重新规划，对挥发性有机物（VOCs）进行集中治理，取消国控自动站附近的汽车喷涂"小散乱"。

四是强化机动车尾气激光遥感监测。筛选出排放污染物水平较高的机动车类型，加强对这部分车辆的治理并积累机动车动态排放数据，为研究制定防治机动车污染提供依据。

工程施工

总体概况

建筑施工扬尘具有污染源点多面广、污染过程复杂、排放随机性大、起尘量难以量化、扩散范围广、管理难度大等特点，其排放量以及在空间的扩散范围与工程规模、施工工艺、施工强度、管理水平、机械化程度、所采取抑尘措施等人为因素及其气象条件、地质条件、季节等自然因素有关，是一个很难定量的问题。通过对我国多个城市环境空气颗粒物源解析发现，建筑、拆迁、道路施工及堆料，运输遗漏等施工过程产生的建筑扬尘是颗粒物污染的重要原因之一，有效控制建筑施工扬尘污染已成为解决城市大气污染问题之一。研究表明，2019 年，建筑扬尘对可吸入颗粒物（PM_{10}）的贡献达到 35%，对细颗粒物（$PM_{2.5}$）的贡献影响比较低，约为10% 左右。其中 30 mm 颗粒物在大气中停留的时间约 1 小时，可吸入颗粒物（PM_{10}）在大气中停留的时间约 100 小时，细颗粒物（$PM_{2.5}$）在大气中停留的时间约 1 000 小时。

2019 年 1—9 月，市环监站、小市上码头、兰田宪桥国控自动站细颗粒物（$PM_{2.5}$）浓度较去年同期分别升高 30.2%、18.9%、12.5%。其中市环监站上升最为明显，特别是 6—9 月，同比分别升高 57.4%、54.3%、70.6%、104.3%。经查明，污染物上升因素主要受该站点周边两个施工工地的影响。一是站点西南侧 250 米的市精神病医院康复楼建设项目，二是西侧 110 米的西南梅奥医院外装饰工程项目，开工时间分别为 1 月和 3 月，与污染物同比升高时间基本一致。另外，在其他点位可吸入颗粒物

（PM₁₀）显著下降的情况下，市环监站点位可吸入颗粒物（PM₁₀）浓度1—9月同比却升高9.5%。现场检查时发现，市精神病医院康复楼建设工地现场未实施湿法作业，门口无洗车装置，现场进行砂浆拌合十分突出；西南梅奥医院场地砂石堆放未进行覆盖、露天打磨石材扬尘污染问题突出。

2019年泸州市江阳区、龙马潭区和纳溪区在建工地共有192个，点多面广。因此如何有效管理建筑施工工地，控制施工扬尘是改善环境空气质量的重要内容之一。

工地扬尘管控情况

现场查看纳溪区"绿地城"项目。该项目在国庆期间被市生态环境委员会大气巡查组通报存在大量裸土未覆盖，车辆进出未淋洗，路面积土较重的问题（见图63）。经整改，该项目裸土已覆盖，路面积土已冲洗，土石方运输车辆遮盖规范（见图64、图65）。

图63　裸土未覆盖工地

图64　已覆盖工地

图65　纳溪区"绿地城"在建工地通报前和通报后整改照片

存在的问题

一是项目责任主体对扬尘污染重视不够、扬尘治理资金投入不足、扬尘治理设施设备配备不齐、现场扬尘治理措施不到位。其核心是没有投入资金进行道路硬化、除尘设施（如喷淋设备）添置、施工工地绿化、裸土覆盖等。

二是各部门齐抓共管局面尚未形成。住建部门管建筑工地内，城管部门管工地以外的道路扬尘，交通部门管违法运输车辆带泥上路。在各自的管辖范围内信息沟通不畅，监管未形成合力，成效不显著。

三是巡查手段单一，效率低下。当前，大部分在建工地均建设有颗粒物在线监控系统，但发挥的作用有限。日常巡查还是通过监管人员到现场检查的方式开展，由于工地点多面广，导致效率不高。

四是工地管理权属不清。该地块原属江阳区和纳溪区接合部，现划归两江新城管委会，这样就出现了市管和区管的属地管理问题，一旦出现工地扬尘，就会造成协调困难、推诿扯皮、监管不力的情况出现。

建议

一是加强城市扬尘污染综合管理和执法。将扬尘控制作为城市环境综合整治的重要内容，建立由住房城乡建设、环保、市政、园林、城管、交通运输等部门组成的协调机构，开展城市扬尘综合整治，加强监督管理。住建部门切实履行牵头单位职责，针对工地扬尘防治存在的突出问题、薄弱环节，系统研究和部署实施工地扬尘污染防治工作，持续开展施工工地扬尘专项治理行动。城管部门加大对抛洒滴漏、带泥行驶、道路乱开乱挖以及工程渣土运输车辆不加盖等行为的查处力度。针对建筑工地较多的城西、城南设置扬尘控制区，控制施工扬尘和渣土遗撒，开展裸露地面治理，提高绿化覆盖率，加强道路清扫保洁。

二是严控施工工地扬尘污染。完善施工工地动态管理清单，督促各类工地做到周边围挡、物料堆放覆盖、土方开挖湿法作业、路面硬化、出入车辆清洗、渣土车辆密闭运输"六个百分之百"；加强建设工地监督检查，督促责任单位落实降尘、压尘和抑尘措施，推进建筑施工扬尘在线监测和视频监控工作。管控长距离施工扬尘。各类长距离的市政、公路、水利等线性工程，严格实施分段施工，落实建筑材料和渣土的覆盖等防尘措施，减少扬尘污染。

三是建立完善渣土运输管理制度。严格审批发放建筑垃圾运输许可证，对运输渣土的车辆进行登记注册，实行一车一证，确保使用达标车辆规范运输。严格渣土、环卫垃圾运输车辆全密闭。严格查处抛洒滴漏、带泥行驶以及擅自清运工程渣土等行为。加强脏车入城和在城市道路上行驶管理。建立道路设点检查、联合夜查等常规检查及应急处置机制，开展专项执法工作。

四是强化城市道路扬尘污染管理。环卫作业单位要采取道路机械化清扫冲洗等低尘作业方式，加强道路清扫保洁，对主、次干道和重要支路，加密"吸、扫、冲、收"作业力度；加强城市（县城）道路路政养护管理，减少路面破损；对建筑垃圾全面实行密闭运输，对抛洒滴漏、带泥行驶、道路乱开乱挖以及擅自清运工程渣土等行为，严格依法查处。

农业秸秆

总体概况

2017 年，全市秸秆理论资源量 212.69 万吨，可收集量 170.04 万吨。从品种结构上看，秸秆资源以水稻、玉米、高粱、薯类、小麦和油菜等作物秸秆为主。其中，水稻秸秆可收集量 95.23 万吨，占全市秸秆可收集量的 56%；玉米秸秆可收集量 31.83 万吨，总量占比 18.72%；薯类秸秆可收集量 13.10 万吨，总量占比 7.7%；小麦秸秆可收集量 6.18 万吨，总量占比 3.63%；高粱秸秆可收集量 12.39 万吨，总量占比 7.29%；油菜秸秆可收集量 7.20 万吨，总量占比 4.23%；豆类、花生等其他秸秆资源可收集量 4.12 万吨，总量占比 2.42%。

从利用方式上看，肥料化利用 90.61 万吨，占 53.3%；饲料化利用

20.44 万吨，占 12.0%；能源化利用 26.64 万吨，占 15.67%；基料化利用 4.93 万吨，占 2.90%；原料化利用 1.15 万吨，占 0.68%。全市农作物秸秆年度综合利用率 84.55%。

农业秸秆禁烧和综合利用情况

农业秸秆焚烧和综合利用的调研地点选择在泸县牛滩镇和嘉明镇。泸县牛滩镇在秸秆管控方面主要采取的是"堵"。因地理位置较高，加之泸州夏蓉和蓉遵两条高速均贯穿牛滩镇，位置敏感，一旦有秸秆焚烧，很容易被发现，所以牛滩镇管控秸秆在"堵"上花了更多功夫，即禁烧。采取镇—村—社三级联防，层层监督，发现一个火点处罚干部一次，每次 100～400 元不等。据介绍，该镇已开始落实网格化管理，人力和财力投入非常大。全镇巡查的力量达每天 300 人，宣传和巡查车的租用费达每天 1 800 元。初步统计，4 月至 9 月牛滩镇巡查天数 83 天，投入宣传巡查车辆 498 辆次，租车宣传巡查费用达 15 万元。

泸县嘉明镇探索秸秆综合利用——"疏"。秸秆综合利用项目主要是利用高粱杆和玉米杆粉碎后加入营养菌包堆肥 30 天左右发酵生产有机肥。据介绍，堆肥生产有机肥成本在每吨 1 500 元左右，但 2017 年市面上销售的有机肥大约在每吨 1 200 元左右，成本每吨倒挂 300 元，因此还需进一步研究如何降成本和推广价值。图 66 中的堆肥量为 70 吨，已经发酵了半个月。经监测，秸秆堆肥的有机肥肥力在 25% 左右，虽然肥力一般，但重金属元素符合标准，还田作为肥料可行。

图 66　泸县嘉明镇秸秆综合利用项目

存在的问题

一是秸秆管控不到位。集中季节焚烧、多处冒烟严重影响环境空气质量。监测数据显示，2019 年 9 月 22—24 日因秸秆焚烧导致城区细颗粒物（$PM_{2.5}$）累计浓度均值至少升高 0.2 个微克。9 月 27 日后，因连续出现晴好天气，各区县出现大面积秸秆焚烧，泸县、龙马潭区、江阳区、纳溪区连续出现细颗粒物（$PM_{2.5}$）日均值浓度超标，导致城区细颗粒物（$PM_{2.5}$）累计浓度均值至少升高 0.7 个微克。

二是农作物秸秆利用问题。首先高粱、玉米和油菜等旱地作物秸秆，既不便于就地还田，也没有其他有效的利用方式，部分过剩的秸秆就地焚烧普遍。其次中稻收获后，因需保持高桩以蓄留再生稻，大量再生稻秸秆露天焚烧。再次杂草焚烧占比大。

三是秸秆收储运体系不完善。农作物秸秆分散，收集成本高、储运难度较大，缺乏配套的收集设备和运输机械。同时，收储的秸秆无利用渠道，秸秆收储运体系不完善，阻碍了秸秆综合利用。

四是扶持政策不健全，产业化发展程度低。未制定针对性的扶持政策，秸秆综合利用产业链条短，产品附加值低，无法抵消成本，尚未真正实现商品化。

建议

一是以秸秆还田为重点，要求联合收割机全部开展水稻秸秆粉碎直接还田。

二是找到秸秆利用出路，加快农业废弃物处理中心利用秸秆进行有机肥生产，探索秸秆换肥、食用菌栽培及饲料化利用等新模式。旱地秸秆可推广"微秸宝农作物秸秆资源化利用智能堆肥系统"与秸秆粉碎机，可以实现秸秆分散型小规模集中处理、就近消纳，能够适应泸州市地形地貌复杂、秸秆收储条件差的现状，有效解决目前秸秆肥料化利用的技术难题和操作困难，开展秸秆肥料化利用。

三是继续优化种植结构，减少秸秆产生量。发展优质青饲青贮玉米。青饲青贮玉米的秸秆营养丰富，糖分、胡萝卜素、维生素 B1 和维生素 B2 含量高，是较为理想的食草动物饲料。减少玉米种植，增加豆类作物种植面积。在玉米种植基地进行套种等。

四是加大资金投入。秸秆综合利用对项目、资金的依赖程度较高，需加大项目支持力度，加大资金投入。

五是继续加强宣传，加大禁烧执法力度，让群众知晓秸秆不能烧更不敢烧。2019 年江阳区共查处 27 起，共处罚金 4 200 元。龙马潭区共查处

18 起，其中 9 起处于立案调查阶段，其余 9 起共处罚金 1 350 元。执法力度较强，"堵"方面取得较好的效果。

六是各级各部门加强配合。发改、农业农村部门加快推进秸秆综合利用，解决好"疏"的问题；城管执法部门加强对城市建成区露天焚烧秸秆污染大气行为的查处；住建园林部门负责加大对园林工人焚烧枯枝落叶的监管；各区县政府切实落实主体责任，领导要亲自安排部署、亲自督促检查、亲自协调解决，务必把禁烧的要求传达到位、把禁烧的措施落实到位、把焚烧的行为制止到位，切实担负起秸秆禁烧工作第一责任人的责任。

泸州市大气环境质量改善对策与建议

近期

落实源头管理

牢固树立习近平生态文明思想，持续推进生态环境质量改善，落实"一岗双责"、管发展管环保、管行业管环保、管生产管环保，营造出各级行政职能部门和经营主体齐抓共管的良好局面。实行生态环境部门一票否决制，严格控制新建高耗能、高污染、资源性项目，遏制盲目重复建设，严把新建项目环境准入关。在各大工业园区派驻环保监督员，提高企业准入园区的环境门槛，建立产业转移环境监管机制。

改变能源结构

积极调整工业燃料结构和乡镇居民生活用气普及率，加快完善燃气管网、配气站、加气站、加液站等基础设施及其调峰设施。大力发展生物质燃气、液体燃料等多种形式的生物质能梯级综合利用。发展热电联产和集中供热，优先发展以天然气为能源的热电联产，将工业企业纳入集中供热范围。在农村地区尤其是乡镇饮用水源地周边增建沼气示范工程，推广高效低排生物质炉灶，严格控制煤炭使用。

制定燃煤非工业锅炉淘汰时间表，燃煤非工业锅炉可改为燃气或电锅炉；针对现有燃煤锅炉安装脱硫脱硝除尘设施，提高去除效率。逐步改变农村燃煤取暖现状，将传统燃煤取暖逐步转变为燃气取暖或电取暖。居民生活燃煤和其他小型燃煤设施鼓励优先使用低硫低灰分并添加固硫剂的型煤，靠近禁燃区的城市郊区不得使用硫份超过 1.0% 的煤炭。

实施联防联控

大气污染受到城市间传输的相互影响，外来源贡献率达 20% 以上。要治理泸州市大气污染必须创新市（区、县）多级联动的区域管理，实施区域联防联控工作机制。增强与气象部门合作，建立环境气象监测信息共享平台，做到及时响应，精准施策。加强极端不利气象条件下大气污染预警体系建设和区域大气环境质量预报，建立城市重污染天气应急预案。广泛动员全社会参与大气环境保护，通过采取有奖举报等措施鼓励公众监督车辆"冒黑烟"、渣土运输车辆遗撒、秸秆杂草露天焚烧等环保违法行为。

划定禁燃区

划定高污染燃料禁燃区，禁燃区内禁止燃烧原（散）煤、洗选煤、蜂窝煤、焦炭、木炭、煤矸石、煤泥、煤焦油、重油、渣油等燃料，禁止燃烧各种可燃废物和直接燃用生物质燃料，以及污染物含量超过国家规定限值的柴油、煤油、人工煤气等高污染燃料。

严控烟粉尘

火力发电、热电联产的燃煤机组必须配套高效除尘设施。水泥窑及窑磨一体机除尘设施应全部改造为袋式除尘器，不再采用静电除尘器。水泥企业使用的破碎机、磨机、包装机、烘干机、烘干磨、煤磨机、冷却机、水泥仓及其他通风设备采用高效静电除尘器。商品混凝土必须密闭贮存、输送，并采取有效措施防止起尘。

推进餐饮业油烟污染综合治理，"堵""疏"结合。据调查发现，主城区一些繁华地段夜间烧烤繁荣，城管执法困难，默许的"躲猫猫"现象普遍。经济民生与污染防治协同推进，错峰经营和碳改气或电。只有做到执法必严、违法必究，才能守住城市的蓝天白云。

禁止农作物秸秆、城市清扫废物、园林废物、建筑废弃物等生物质的违规露天焚烧。全面推广秸秆还田、秸秆制肥、秸秆饲料化、秸秆能源化等综合利用措施，建立秸秆综合利用示范工程，促进秸秆资源化利用，加强秸秆焚烧监管。

加强挥发性有机物（VOCs）防治

全面落实加油站、储油库和油罐车油气回收治理。严格控制储存、运输环节的呼吸损耗，原料、中间产品、成品储存设施应全部采用高效密封的浮顶罐，或安装顶空联通置换油气回收装置，将原油加工损失率控制在

6‰以内。针对园区内的有机化工，要提升企业装备水平，严格控制跑冒滴漏；针对中药提取工艺中的有机液体储罐，其原料、中间产品与成品应密闭储存，采用高效密封方式的浮顶罐或安装密闭排气系统进行净化处理；针对塑料制品企业工艺过程中产生的含挥发性有机物（VOCs）废气需进行多级活性炭净化处理，使其净化效率不低于90%。

积极推进汽车维修等行业表面涂装工艺挥发性有机物（VOCs）的污染控制。全面提高水性、高固份、粉末、紫外光固化涂料等挥发性有机物（VOCs）含量较低的涂料的使用比例。汽车维修喷漆烤漆作业环境必须密闭，禁止在露天或者不具备密闭排气系统的车间进行作业；喷漆烤漆车间密闭排出的漆雾必须去除，有机废气要经过活性炭或者水帘洗浴，活性炭要定期更换，并有更换记录。

城市干洗行业使用的干洗机必须是具有净化回收干洗溶剂功能的全封闭式干洗机，不允许使用开启式干洗机；不得使用不符合国家有关规定的干洗溶剂，干洗溶剂储存、使用、回收场所应具备防渗漏条件。干洗剂必须密闭储存；定期进行干洗机及干洗剂输送管道、阀门的检查，防止干洗剂泄漏；四氯乙烯干洗溶剂经蒸馏后的废弃物残渣、废溶剂残渣，必须密封存放，并由有资质的废溶剂处理商统一回收处理。

采用凹印、丝印的花纸印刷车间及印制酒盒的车间应具有有机气体收集装置，车间挥发的有机废气需经抽风系统集中抽排，车间应配备良好的通风设备，做到厂区内、车间外的空间无明显异味。采用吸附法处理的要定期更换活性炭等吸附剂；油墨、黏合剂和润版液等含有有机溶剂的原料要密闭储存，废弃的容器也要密闭储存；清洗用溶剂应进行回收，重新用于清洗系统。

强化机动车尾气污染监督

发展城市公交系统，实施公交优先战略，鼓励市民绿色出行。通过错峰上下班、调整停车费等手段，提高机动车通行效率。据调查，目前主城区停车设施严重不足，老旧小区几乎没有配套停车位，部分建筑物未按标准配备停车位，且泊位挪作他用现象严重。主城区划定的路边停车带，虽然缓解了停车难问题，但影响了通行效率，增加了单位时间、单位面积汽车尾气的排放量、聚集量。必须坚持"扩大供给为主、抑制需求为辅"的停车泊位供应策略；鼓励多样化停车设施建设；合理制定停车设施收费标准，减少私家车出行等。

市场监督管理局应加强油品质量的监督检查，严厉打击非法销售不符合国家和地方标准要求车用油品的行为。机动车尾气监控部门应加强车辆尾气的抽检力度，配备机动车尾气激光遥感监测车。

严格扬尘管控

建立由住房城乡建设、环保、市政、园林、城管、交通运输等部门组成的协调机构，开展城市扬尘综合整治，加强监督管理。控制施工扬尘和渣土遗撒，开展裸露地面治理，提高绿化覆盖率，加强道路清扫保洁。渣土运输车辆实施资质管理与备案制度，安装 GPS 定位系统，对重点地区、重点路段的渣土运输车辆实施全面监控。加强现场执法检查，强化土方作业时段监督管理，增加检查频次，加大处罚力度。

建设工程施工现场必须全封闭设置围挡墙，严禁敞开式作业；施工现场道路、作业区、生活区必须进行地面硬化；市区施工工地全部使用预拌混凝土和预拌砂浆，杜绝现场搅拌混凝土和砂浆；对因堆放、装卸、运输、搅拌等易产生扬尘的污染源，应采取遮盖、洒水、封闭等控制措施；施工现场的垃圾、渣土、沙石等要及时清运，建筑施工场地出口设置冲洗平台。在市区内主要施工工地出口、堆料场等位置逐步安装视频监控设施，并纳入泸州数字化城市管理系统，实现精细化管理。

煤粉、粉煤灰、石灰、除尘灰、脱硫灰等粉状物料应密闭或封闭储存，采用密闭皮带、封闭通廊、管状带式输送机或密闭车厢、真空罐车、气力输送等方式输送。大型煤堆、料堆场应建立密闭料仓与传送装置，生产企业中小型堆场和废渣堆场应搭建顶篷并修筑防风墙；临时露天堆放的应覆盖或建设自动喷淋装置。粒状、块状物料应采用入棚入仓或建设防风抑尘网等方式进行储存。对长期堆放的废弃物，应采取覆绿、铺装、硬化、定期喷洒抑尘剂或稳定剂等措施。积极推进粉煤灰、炉渣、矿渣的综合利用，减少堆放量。

生产工艺产尘点（装置）应采取密闭、封闭或设置集气罩等措施。严格控制工业炉窑生产工艺过程及相关物料储存、输送等无组织排放，在保障生产安全的前提下，采取密闭、封闭等有效措施，有效提高废气收集率，产尘点及车间不得有可见烟粉尘外逸。

中期

严格环境准入

按照分区管理原则，根据环境管理需求划分重点控制单元，明确重点控制单元内禁止（限制）发展高污染高排放产业，提出控制单元内燃煤限制要求（包括燃煤量、煤质），从大气环境保护角度引导区域产业合理布局和能源消费。

加大退城入园力度，在单位面积排放强度大的地区加强产业结构调整，遏制高耗能、高污染产业过快发展。在酒业集中发展区域，实现统一供热，禁止企业单独新建10吨/小时以下的燃煤、重油、渣油锅炉及直接燃用生物质锅炉。

各级生态环境部门把污染物排放总量作为环评审批的前置条件，以总量定项目。对于重点控制区内新建项目实行同一区域内现役源1.5倍削减量替代。新建排放二氧化硫（SO_2）、氮氧化物（NOx）、工业烟粉尘、挥发性有机物（VOCs）的项目，实行污染物排放减量替代，实现增产减污。

重点控制区新建火电、钢铁、石化、水泥、有色、化工等重污染项目与燃煤锅炉必须执行大气污染物排放标准中特别排放限值要求。新建的工业项目必须配套建设先进的污染治理设施。新建火电项目应同步安装高效除尘、脱硫、脱硝设施；新建水泥生产线必须采取低氮燃烧工艺，安装袋式除尘设施及烟气脱硝装置；新建燃煤锅炉或玻璃窑炉必须安装高效除尘、脱硫设施，采用低氮燃烧或脱硝技术。

统筹考虑泸州市环境承载能力、大气环流特征、资源禀赋，结合主体功能区划要求，加快产业布局调整。位于城市夏季上风向的城东组团重点发展药业、电子、酿酒、仓储、物流、对外交通等产业。

加大淘汰落后产能力度

严格按照国家发布的工业行业淘汰落后生产工艺装备和产品指导目录及产业结构调整指导目录，加快落后产能淘汰步伐。完善淘汰落后产能公告制度，对未按期完成淘汰任务的地区，严格控制环保投资项目，暂停对敏感地区火电、钢铁、有色、石化、水泥、化工等重点行业建设项目办理核准、审批和备案手续；对未按期淘汰的企业，依法吊销排污许可证、生产许可证等。淘汰火电、钢铁、建材等重污染行业落后产能，淘汰挥发性有机物（VOCs）排放类行业落后产能。

推进重点行业污染深度治理

加快推进钢铁行业超低排放改造，积极推进电解铝、平板玻璃、水泥等行业污染治理升级改造。重点区域内平板玻璃、建筑陶瓷企业应逐步取消脱硫脱硝烟气旁路或设置备用脱硫脱硝等设施，鼓励水泥企业实施全流程污染深度治理。氮肥等行业采用固定床间歇式煤气化炉的，加快推进煤气冷却由直接水洗改为间接冷却；其他区域采用直接水洗冷却方式的，造气循环水集输、储存、处理系统应封闭，收集的废气送至三废炉处理。

加强重点污染源自动监控体系建设

纳入重点排污单位名录的企业，强制企业安装烟气排放自动监控设施。钢铁、焦化、水泥、平板玻璃、陶瓷、氮肥、有色金属冶炼、再生有色金属等行业，严格按照排污许可管理规定安装和运行自动监控设施。加快其他行业及工业炉窑大气污染物排放自动监控设施建设，重点区域内冲天炉、玻璃熔窑、以煤和煤矸石为燃料的砖瓦烧结窑、耐火材料焙烧窑（电窑除外）、炭素焙（煅）烧炉（窑）、石灰窑、铬盐焙烧窑、磷化工焙烧窑、铁合金矿热炉和精炼炉等纳入重点排污单位名录，安装自动监控设施。

提升环境监测和科研能力

完善大气环境质量监测能力体系建设，包括固定监测点和移动监测点，自动监测和手工监测，走航车和便携式监测，形成全方位多层次的监测网络，提升泸州市大气污染联防联控能力。尽快提升对挥发性有机物（VOCs）的监测能力。

全面加强国控、省控重点污染源在线监测能力建设，依托已有网络设施，完善市、区县两级自动监控体系，提升大气污染源数据的收集处理、分析评估与应用能力。强化重点污染源自动监测系统数据有效性审核，将自动监控设施的稳定运行情况及其监测数据的有效性水平，纳入企业环保信用等级。

成立大气环境质量调查、技术研究部门，鼓励技术人员积极开展以污染气象条件分析、动态源清单技术、污染物的迁移与转化研究为重点，设立大气污染研究专项，为实现区域大气环境质量达标提供科学技术支撑。

强化城市绿化土地复绿

泸州市作为国家森林城市，城市园林绿化工作取得较大进步，城市园林绿化工作达到全省较好水平，各项指标有较大增长。泸州市结合"江、山、酒、港"的特点，加强城市生态建设保护，重点开展了两江四岸滨江公园、道路绿化、居住区绿化等园林景观建设工程。

加大泸州海洋馆、长江湿地新城、泸州水上世界公园等周边重点地区绿化建设力度；推进城市干道、特色园林和单位、居住区绿化建设；加强绿化养护，加大执法力度，加快城区绿化建设，加强长江、沱江赤水河沿岸，方山、玉蟾山等自然山体的森林抚育和植树造林，实施天然林保护、退耕还林等工程，开展森林防火及有害生物防控体系建设。

远期

关注产业发展方向

改革开放以来，我国在产业结构的调整之中，依次解决了历史遗留下来的农业、第三产业和能源、交通、通信基础设施供给不足的矛盾。原先制约国民经济发展的能源、交通、通信等"瓶颈"产业对经济发展的约束明显缓解。而在消费品买方市场初步形成的情况下，对于一些市场需求较大的产品，特别是技术含量较高的产品，我国的生产能力还远远不能满足市场的需要，在很大程度上还有赖于进口。因此应着重于整体结构的升级，提高产业技术水平，增强对技术含量高的产品的生产能力，以使产业结构的演变格局与整个工业化、现代化进程相协调。

通过城乡统筹，以实现城乡一体化为总的奋斗目标，提高公共设施和基础设施服务水平，推动土地向规模经营集中、工业向园区集中、农民向社区集中，改善生态环境。强化城乡发展规划，建立城乡一体化的规划管理体制，促进城乡空间布局优化调整，逐步建立布局合理、功能明确、开放互通的城乡空间布局，形成以中心城市为龙头，县城、乡镇、中心村、产业园区为结点，人口和经济适度集中的网络化新农村发展格局，切实加快城镇化进程。根据不同产业发展需求特点，利用城乡的各自优势，集聚发展、集约经营。以城市高水平制造业和服务业的发展成果反哺农村，推进高效现代农业的发展，鼓励乡村传统手工业的发展，引导乡村旅游业的发展，促进城乡产业互补与融合。

推动产业结构转型

彻底改革产权。对于工业产业内部的优化应该首先对影响力系数和感应度系数都较大的关键部门（包括电力、热力及水的生产和供应业、化学工业、金属产品制造业和机器设备制造业）加大改革力度，使这些敏感型的产品部门在工业经济发展中充分发挥其影响和带动作用，在促进自身发展的同时也让其有效的促进那些影响力和感应度系数都低的部门，以工业聚集、三产扩张、产业结构升级为核心，提升工业化。通过整合提升各类工业、科技园区，用园区的发展带动工业的发展，工业的发展带动城市的发展，不断提高园区的经济密度和产业水平，带动地区特色经济和产业群的发展壮大。

充分发挥市场作用。促进产业结构内部调整，实现各产业结构的优化升级。走新型工业化道路，以工业化带动信息化，以信息化促进工业化，走出一条科技含量高，经济效益好，资源消耗低，环境污染少，人力资源优势得到充分发挥的工业化道路。调整优化产品结构、行业结构和产业布局，提升产业整体技术水平和综合竞争力，推动工业内部结构的优化升级。进一步拓宽发展思路，创新体制机制，优化政策环境，以旅游业为龙头，以现代物流业为重点，改造提升传统服务业，大力发展现代服务业和新兴服务业，实现服务业跨越式发展，从而进行产业结构优化和升级。

以市场为导向。在市场经济的环境下，产品的供应由市场需求来决定。在我国过去的产业结构调整之中，采取了重点加强薄弱产业发展的措施，使资源配置向"瓶颈"部门倾斜，在调整产业结构上取得了很大的进展，产业比例严重失调的状况已经得到了基本解决，"瓶颈"产业制约国民经济发展的矛盾已得到较大的缓解。在不远的将来，以解决产业供给能力不足，平衡产业比例关系为目标的结构调整，将顺利完成。产业结构调整是以经济内涵增长为目标的调整。特别需要着眼于依靠技术进步、改善环境、调整布局、合理配置资源和增长方式的转变等，以此来促进经济良性循环，实现结构升级和经济效率的提升。

优化产业布局

统筹考虑区域环境承载能力、大气环流特征、资源禀赋，结合主体功能区划要求，加快产业布局调整。加强区域规划环境影响评价，依据区域资源环境承载能力，合理确定重点产业发展的布局、结构与规模。对环境敏感地区及市区内已建重污染企业要结合产业布局调整实施搬迁改造，明确重点污染企业搬迁改造时间表。提升现有各级各类工业园区的环境管理水平，提高企业准入的环境门槛，建立产业转移环境监管机制，加强产业转入地承接产业转移过程的环境监管。继续推动工业项目向园区集中，利用集中供热推进小企业节能减排。

建立新型政府管理方式

市场主导调整与政府引导调整相结合。随着我国市场体系逐渐完善，市场开始在产业结构调整中发挥基础性作用，哪些产业的比重上升或下降，哪些企业规模扩张或被淘汰，哪些产品上架或下架，主要取决于市场供求关系的转换和市场竞争力的强弱较量，政府的行政干预作用开始弱化，产品结构调整由政府主导调整开始向市场主导调整过渡。当然，在充分发挥市场主导作用的同时，也不能放弃政府的指导作用，要通过加强和改进政府的宏观调控，弥补市场调整缺陷，实现产业结构调整中既有市场竞争，又有政府引导，最终促进产业结构调整顺利进行。

长江流域（泸州段）环境风险识别和防范

长江是中华民族的母亲河，全流域涉及 19 个省（自治区、直辖市），流域面积 180 万平方千米，蕴藏着全国三分之一的水资源、五分之三的水能资源，是中国重要的战略水源地、生态宝库和重要的黄金水道①。此外，长江拥有约占全国 20% 的湿地面积、35% 的水资源总量和 40% 的淡水鱼类种类，覆盖 204 个国家级水产种质资源保护区，亦是我国经济重心所在、活力所在，经济社会地位和生态环境价值突出②。

党中央、国务院高度重视长江生态环境保护，相继印发了《国务院关于依托黄金水道推动长江经济带发展的指导意见》《长江经济带发展规划纲要》《长江经济带生态环境保护规划》《关于加强长江水生生物保护工作的意见》《长江保护修复攻坚战行动计划》等重要文件，明确了以改善长江生态环境质量为核心，以长江干流、主要支流及重点湖库为突破口，统筹山水林田湖草系统治理，坚持污染防治和生态保护"两手发力"，推进水污染治理、水生态修复、水资源保护"三水共治"，突出工业、农业、生活、航运污染"四源齐控"，深化和谐长江、健康长江、清洁长江、安全长江、优美长江"五江共建"，创新体制机制，强化监督执法，落实各方责任，着力解决突出生态环境问题，确保长江生态功能逐步恢复，环境质量持续改善。

泸州市地处四川盆地东南部，位于长江、沱江的交汇处，地理坐标介

---

① 高虎城. 关于《中华人民共和国长江保护法（草案）》的说明——2019 年 12 月 23 日在第十三届全国人民代表大会常务委员会第十五次会议上［J］. 中华人民共和国全国人民代表大会常务委员会公报，2021（1）：113-117.

② 刘录三，黄国鲜，王璠，等. 长江流域水生态环境安全主要问题、形势与对策［J］. 环境科学研究，2020，33（5）：1081-1090.

于北纬 27°39′~29°20′，东经 105°08′~106°28′之间，南北跨度 185 千米，东西跨度 113 千米，辖区面积 12 246.87 平方千米。泸州市现辖"三区四县"，即江阳区、龙马潭区、纳溪区、泸县、合江县、叙永县、古蔺县。

泸州市位于长江上游，市内河流属长江水系，以长江为主干，成树枝状分布，由南向北和由北向南汇入长江。境内河流众多，集雨面积 50 平方千米以上的河流有 61 条。市内主要河流有长江干流、沱江、赤水河、古蔺河、永宁河、塘河、濑溪河、东门河等。河道大都具有山区性河道的特征，河岸坡度陡，多呈"V"形或"U"形谷。同时，宽谷与窄谷交互交替，河床较大，急流险滩众多。

长江（泸州段）由江安县经纳溪区大渡口处入境，由西向东流经纳溪区、江阳区、龙马潭区、泸县、合江五区县，在合江县望龙镇出口流入江津县，全长 136 千米，区间流域控制流域面积 1.87 万平方千米，出川河口处多年平均流量 8 510 立方米/秒①。

泸州市是长江上游的重要化工基地，中华人民共和国成立以来，一系列环境风险源企业（特别是化工、石化企业）沿江布置，导致泸州市先天布局性和结构性环境风险十分突出，水环境突发事件防范压力巨大。2020年，开展了调研范围以流域面积在 500 平方千米以上的长江干流流域、沱江干流流域、永宁河流域、赤水河流域、濑溪河流域、龙溪河流域等 6 个流域为主，覆盖全市 7 个区县的调研工作，立足长江流域（泸州段）整体性、系统性、代表性进行科学认识，围绕水生态环境质量状况及风险特征，对存在的问题把脉问诊、系统梳理，解析环境风险成因，提出进一步加强长江流域水生态环境安全保障的对策建议，切实筑牢长江上游重要生态屏障，提高长江生态环境保护工作的前瞻性、系统性和主动性。

长江流域（泸州段）水环境现状

长江干流及其主要支流水环境质量状况

泸州市在长江干流及沱江、赤水河、永宁河、濑溪河等主要支流上共设置了 27 个监测断面，2019 年，Ⅰ~Ⅲ类水质断面比例为 63.0%（其中水

---

① 泸州市委宣传部. 长江 [EB/OL]. 泸州市人民政府，（2023-06-26）[2024-03-06].
https://www.luzhou.gov.cn/cq/lylz/stmk/j2/content_986842.

质为优的断面占 44.44%，水质为良好的断面占 18.52%），Ⅳ类水质断面占 25.9%，Ⅴ类水质断面占 7.4%，劣Ⅴ类水质断面占 3.7%（见图 1）。受污染河流有濑溪河、九曲河、马溪河、大陆溪河和龙溪河，主要污染指标为化学需氧量（COD）、高锰酸盐指数（I_{MN}）和总磷（TP）。

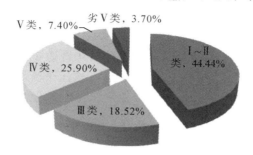

图 1　2019 年泸州市地表水断面水质类别比例图

长江干流水质优。3 个断面中，纳溪大渡口、手爬岩和沙溪口断面水质类别均为Ⅱ类，断面水质月达标率分别为 100%，91.7% 和 100%。

沱江水质良好。2 个断面中，大磨子和沱江大桥断面水质类别均为Ⅲ类，断面水质月达标率分别为 100% 和 91.7%。

濑溪河水质轻度污染。4 个断面中，天竺寺大桥和官渡大桥断面水质类别均为Ⅲ类，断面水质月达标率分别为 41.7% 和 75.0%；鹅项井和胡市大桥断面水质类别均为Ⅳ类，断面水质月达标率分别为 25.0% 和 50.0%。

永宁河水质优。5 个断面中，上桥、海蚌槽大桥、观音桥、乐道子和泸天化大桥断面水质类别均为Ⅱ类（Ⅰ~Ⅲ类水质比例为 100%），除观音桥断面水质月达标率为 91.7%，其余各断面水质月达标率均为 100%。

赤水河水质优。2 个断面中，鲢鱼溪和醒觉溪断面水质类别均为Ⅱ类，断面水质月达标率均为 100%。

九曲河水质轻度污染。2 个断面中，双胜堰断面水质类别为Ⅳ类，南大桥断面水质类别为Ⅴ类，断面水质月达标率分别为 8.3% 和 0。

马溪河水质轻度污染。大巫滩断面水质类别为Ⅳ类，水质月达标率为 16.7%。

龙溪河水质轻度污染。4 个断面中，蒋洞子断面水质类别为Ⅴ类，断面水质月达标率为 0；滩子口断面水质类别为劣Ⅴ类，断面水质月达标率为 0；笛水滩和龙溪坎 2 个断面水质类别为Ⅳ类，断面水质月达标率分别为 0 和 8.3%。

大陆溪河水质轻度污染。石牛栏水电站断面水质类别为Ⅳ类，水质月达标率为41.7%。

长江流域（泸州段）工业废水处理现状

工业污染源的流域分布

泸州市工业源主要分布在长江干流及其支流沱江、永宁河、赤水河、濑溪河、龙溪河流域，有废水外排的工业污染源数量达728个。其中，长江干流数量最多，为280个，占38.46%；沱江干流数量最少，为28个（见表1）。

表1　泸州市各流域工业污染源分布情况　　　　　　单位：个

流域名称	工业污染源数量						
	江阳区	龙马潭区	纳溪区	泸县	合江县	叙永县	古蔺县
长江干流流域	125	51	40	8	56	0	0
沱江干流流域	13	9	0	6	0	0	0
永宁河流域	0	0	51	0	0	41	0
赤水河流域	4	0	0	0	45	12	55
濑溪河流域	0	7	0	157	0	0	0
龙溪河流域	0	38	0	10	0	0	0
合计	142	105	91	181	101	53	55

长江干流、沱江干流以及永宁河、赤水河、濑溪河、龙溪河流域共728个工业污染源，涉及18个行业，其中酒、饮料和精制茶制造业（15）企业数量最多，达286家，占比39.3%；其次食品制造业和农副食品加工业（13），数量共计197家，占比27.1%；化工、石化、医药、造纸等行业主要集中在长江干流流域，数量达59家。

工业废水产生、处理、排放情况

2017年，长江干流、沱江干流以及永宁河、赤水河、濑溪河、龙溪河流域728个污染源企业共外排2 860.13万立方米废水，其中283个污染源企业未自建废水治理设施，占比38.87%；有445个污染源企业自建有废水治理设施，共计建设489套废水治理设施，总设计处理能力243 105立方米/日。

由表2可知，废水排入环境的工业污染源主要涉及22个行业，其中酒、饮料和精制茶制造业（15）最多，有286个；其次为农副食品加工业

（13）122 个，水的生产和供应业（46）111 个；未建设废水治理设施的工业污染源主要涉及 14 个行业，占比最高为水的生产和供应业（46）即 92.79%，木材加工和木、竹、藤、棕、草制品业（20）87.50%；废水治理设施的总设计处理能力排名前 5 都超过 10 000 立方米/日，最高为造纸和纸制品业（22）84 650 立方米/日，占全市废水治理设施总设计处理能力的 29.24%；其余行业在 3～5 669 立方米/日范围内，最低为木材加工和木、竹、藤、棕、草制品业（20）3 立方米/日。

从废水治理设施的平均设计处理能力来看，有 6 个行业高于全市平均水平 497 立方米/日/套，其中非金属矿物制品业（30）、煤炭开采和洗选业（06）分别约为全市平均水平的 9 倍、4 倍；16 个行业低于全市平均水平，在 3～340 立方米/日/套范围内。

表 2　全市各行业（废水外排）废水治理设施情况

国民经济行业分类（大类代码）	废水外排调查对象数量/个	其中:无废水治理设施		其中:有自建废水治理设施			
		调查数量/个	占比/%	调查对象数量/个	设施数量/套	总设计处理能力/立方米/日	平均设计处理能力/立方米/日/套
全市	728	283	38.87	445	489	243 105	497
造纸和纸制品业（22）	29	1	3.45	28	44	84 650	1 924
非金属矿物制品业（30）	10	3	30.00	7	14	61 217	4 373
化学原料和化学制品制造业（26）	26	1	3.85	25	33	36 777	1 114
煤炭开采和洗选业（06）	11	0	0	11	13	26 870	2 067
酒、饮料和精制茶制造业（15）	286	91	31.82	195	196	19 336	99
农副食品加工业（13）	122	25	20.49	97	97	5 669	58
水的生产和供应业（46）	111	103	92.79	8	8	1 441	180
石油、煤炭及其他燃料加工业（25）	3	0	0	3	4	1 360	340
皮革、毛皮、羽毛及其制品和制鞋业（19）	1	0	0	1	2	1 025	513
医药制造业（27）	9	0	0	9	10	835	84
金属制品业（33）	11	2	18.18	9	12	801	67
废弃资源综合利用业（42）	5	2	40.00	3	3	613	204
汽车制造业（36）	1	0	0	1	1	600	600
专用设备制造业（35）	3	1	33.33	2	4	566	142

表2(续)

国民经济行业分类 （大类代码）	废水外排 调查对象 数量 /个	其中：无废水 治理设施		其中：有自建废水治理设施			
		调查 数量 /个	占比 /%	调查对象 数量 /个	设施 数量 /套	总设计 处理能力 /立方米 /日	平均设计处理 能力/立方米/ 日/套
食品制造业（14）	74	42	56.76	32	33	506	15
通用设备制造业（34）	4	1	25.00	3	4	331	83
纺织业（17）	3	0	0	3	3	330	110
石油和天然气开采业（7）	2	1	50.00	1	1	100	100
电气机械和器材制造业（38）	1	0	0	1	1	50	50
印刷和记录媒介复制业（23）	7	3	42.86	4	4	15	4
其他制造业（41）	1	0	0	1	1	10	10
木材加工和木、竹、藤、棕、草制品业（20）	8	7	87.50	1	1	3	3

区县废水处理与排放情况

2017 年，长江干流及其支流沱江、永宁河、赤水河、濑溪河、龙溪河流域工业污染源共处理废水 2 572.37 万立方米，废水排放量 2 860.13 万立方米，其中各区县废水治理、排放情况见表3。

表3　全市工业污染源各地区废水治理、排放情况

地区	年实际处理水量 /万立方米	处理水量占比 /%	废水排放总量 /万立方米	排放量占比 /%
全市	2 572.37	100	2 860.13	100
江阳区	116.54	4.53	285.56	9.98
纳溪区	627.25	24.38	875.45	30.61
龙马潭区	462.71	17.99	614.17	21.47
泸县	445.63	17.32	133.819	4.68
合江县	413.69	16.08	641.14	22.42
叙永县	201.86	7.85	138.01	4.83
古蔺县	304.69	11.84	171.99	6.01

备注：年实际处理水量<废水排放总量原因：（1）部分企业无自建废水治理设施，废水直接排放或排入其他污水处理厂/单位进行处理后排放，无年实际处理水量统计；（2）总排放口设置有流量计，但未规范排放口，雨水、清净下水等未经过废水治理设施直接混入总排放口（合计495.80 万立方米，其中江阳区 0.04 万立方米，纳溪区 317.91 万立方米，龙马潭区 0.06 万立方米，合江县 177.78 万立方米）。

各区县中，纳溪区废水年实际处理水量最大，占全市废水处理总量的24.38%；最低为江阳区和叙永县，分别占4.53%和7.85%。废水排放量最大的同样为纳溪区，排放量占全市废水排放总量的30.61%；其次为合江县和龙马潭区，分别为22.42%和21.47%。

行业废水治理、排放情况

2017年，长江干流及其支流沱江、永宁河、赤水河、濑溪河、龙溪河流域工业污染源各行业废水治理、排放情况见表4。

表4　全市工业污染源各行业废水治理、排放情况

国民经济行业分类(大类代码)	年实际处理水量/万立方米	废水排放总量/万立方米	其中:有自建治理设施并废水外排		
			年实际处理水量/万立方米	废水排放量/万立方米	回用率/%
全市	2 572.37	2 860.13	1 960.14	2 245.78	10.72
化学原料和化学制品制造业(26)	651.21	1 104.69	637.25	1 104.55	4.46
造纸和纸制品业(22)	741.10	661.62	741.06	661.41	10.75
煤炭开采和洗选业(06)	428.38	220.24	304.66	220.24	27.71
酒、饮料和精制茶制造业(15)	118.42	112.63	116.49	107.02	8.13
农副食品加工业(13)	51.62	51.59	51.55	50.83	1.41
非金属矿物制品业(30)	155.35	41.41	43.71	41.35	5.40
水的生产和供应业(46)	18.94	609.65	18.94	18.94	0
通用设备制造业(34)	10.96	8.05	8.05	8.05	0.01
医药制造业(27)	8.38	7.78	7.79	7.78	0.10
石油、煤炭及其他燃料加工业(25)	66.00	7.41	11.47	7.41	35.42
金属制品业(33)	4.88	4.57	4.87	4.56	6.38
皮革、毛皮、羽毛及其制品和制鞋业(19)	6.50	4.47	5.06	4.47	11.67
食品制造业(14)	2.23	18.03	2.18	2.12	2.88
纺织业(17)	1.95	1.95	1.95	1.95	0
电气机械和器材制造业(38)	1.59	1.53	1.53	1.53	0
汽车制造业(36)	3.04	1.18	1.18	1.18	0
专用设备制造业(35)	1.69	1.01	1.01	1.01	0.02
石油和天然气开采业(7)	6.16	1.77	0.97	0.97	0

表4(续)

国民经济行业分类(大类代码)	年实际处理水量/万立方米	废水排放总量/万立方米	其中:有自建治理设施并废水外排		
			年实际处理水量/万立方米	废水排放量/万立方米	回用率/%
印刷和记录媒介复制业(23)	5.93	0.37	0.36	0.36	0.06
其他制造业(41)	0.03	0.026	0.03	0.026	15.03
木材加工和木、竹、藤、棕、草制品业(20)	0.13	0.034	0.02	0.016	20.00
废弃资源综合利用业(42)	0.98	0.10	0.012	0.009	25.00
电力、热力生产和供应业(44)	16.38	0	0	0	0
非金属矿采选业(10)	11.12	0	0	0	0
黑色金属冶炼和压延加工业(31)	253.90	0	0	0	0
家具制造业(21)	0.075	0	0	0	0
橡胶和塑料制品业(29)	5.50	0	0	0	0

备注：年实际处理水量<废水排放总量原因：（1）部分企业无自建废水治理设施，废水直接排放或排入其他污水处理厂/单位进行处理后排放，无年实际处理水量统计；（2）总排放口设置有流量计，但未规范排放口，雨水、清净下水等直接混入总排放口（合计495.80万立方米，其中化学原料和化学制品制造业（26）495.70万立方米，酒、饮料和精制茶制造业（15）0.1万立方米），故废水排放量中包括了雨水的量，计算回用率时自动扣除汇入的雨水、清净下水等。

各行业中，废水处理量最大的是造纸和纸制品业（22），废水处理量为741.10万立方米，占全市工业污染源废水处理量的28.81%。其次为化学原料和化学制品制造业（26）废水处理量为651.21万立方米，占25.32%；煤炭开采和洗选业（06）废水处理量为428.38万立方米，占16.65%。

化学原料和化学制品制造业（26）废水排放总量最大，为1104.69万立方米，占全市工业污染源废水排放总量的38.62%。其次为造纸和纸制品业（22）废水排放总量为661.62万立方米，占23.13%；水的生产和供应业（46）废水排放总量为609.65万立方米，占21.32%。

在厂区有自建治理设施的废水外排调查对象中，全市平均回用率10.72%；排放量最大的化学原料和化学制品制造业（26）回用率较低，仅4.46%。

废水排放去向

2017年，工业污染源废水经排放口排出厂区后去向有8种，分别为直接进入江河湖、库等水环境；进入城市下水道（再入江河、湖、库）；进入城市污水处理厂；直接进入污灌农田；进入地渗或蒸发地；进入其他单位（集中式污水处理厂）；工业废水集中处理厂和其他。

全市工业污染源废水经排放口直接排放入环境的废水量合计 2 619.68 万立方米，占全市废水排放总量的 91.59%；废水经排放口排放后间接进入环境的废水量合计 240.45 万立方米，合计占废水排放总量的 8.41%；其中进入城市污水处理厂、工业废水集中处理厂的废水量仅占全市废水排放总量的 4.31%，废水集中处理程度低。

水环境污染物排放情况

化学需氧量（COD）

2017 年，长江干流及其支流沱江、永宁河、赤水河、濑溪河、龙溪河流域工业污染源化学需氧量（COD）产排流域分布情况见表 5。

表 5　工业污染源化学需氧量（COD）产排流域分布情况

流域名称	产生量/吨	排放量/吨	削减率/%
全市	41 352.80	1 163.06	97.19
长江干流流域	26 514.78	696.11	97.37
永宁河流域	8 869.06	177.61	98.00
赤水河流域	1 721.47	140.02	91.87
濑溪河流域	2 465.98	94.83	96.15
龙溪河流域	1 604.44	31.92	98.01
沱江干流流域	177.06	22.56	87.26

由表 5 可知，化学需氧量（COD）的产排主要在长江干流流域，其产生量为 26 514.78 吨，占全市产生总量的 64.12%，排放量占全市排放总量的 59.85%；其余各流域化学需氧量（COD）排放量在 22.56~177.61 吨范围内，排放量较大的为永宁河流域、赤水河流域。

长江干流及其支流沱江、永宁河、赤水河、濑溪河、龙溪河流域工业污染源化学需氧量（COD）产排行业分布情况见表 6。

表6 各流域工业污染源化学需氧量（COD）产排行业分布情况

流域名称	国民经济行业分类（大类代码）	产生量/吨	排放量/吨	削减率/%
长江干流流域	化学原料和化学制品制造业（26）	2 777.57	329.22	88.15
	造纸和纸制品业（22）	20 077.28	117.94	99.41
	水的生产和供应业（46）	120.06	115.58	3.73
	酒、饮料和精制茶制造业（15）	3 250.84	74.39	97.71
	农副食品加工业（13）	155.18	50.00	67.78
	食品制造业（14）	15.57	3.37	78.34
	石油、煤炭及其他燃料加工业（25）	99.65	2.65	97.34
	医药制造业（27）	7.53	1.16	84.53
	汽车制造业（36）	4.46	0.77	82.78
	非金属矿物制品业（30）	4.66	0.65	86.10
	通用设备制造业（34）	0.86	0.10	88.45
	金属制品业（33）	0.21	0.09	57.04
	专用设备制造业（35）	0.10	0.07	30.00
	印刷和记录媒介复制业（23）	0.06	0.05	8.85
	木材加工和木、竹、藤、棕、草制品业（20）	0.05	0.05	0
	电气机械和器材制造业（38）	0.18	0.03	82.56
	废弃资源综合利用业（42）	0.01	0.01	0
永宁河流域	造纸和纸制品业（22）	8 515.63	140.90	98.35
	农副食品加工业（13）	104.25	22.46	78.45
	煤炭开采和洗选业（06）	159.26	6.34	96.02
	水的生产和供应业（46）	4.20	3.04	27.67
	酒、饮料和精制茶制造业（15）	63.41	2.52	96.03
	纺织业（17）	18.10	1.30	92.83
	食品制造业（14）	3.48	1.01	70.90
	印刷和记录媒介复制业（23）	0.02	0.02	0
	通用设备制造业（34）	0.01	0.01	0
	专用设备制造业（35）	0.01	0.01	0
	非金属矿物制品业（30）	0.01	0.004 6	65.00
	非金属矿采选业（10）	0.69	…	100.00

流域名称	国民经济行业分类（大类代码）	产生量/吨	排放量/吨	削减率/%
赤水河流域	农副食品加工业（13）	199.58	73.72	63.06
	酒、饮料和精制茶制造业（15）	1 213.59	28.55	97.65
	煤炭开采和洗选业（06）	74.79	19.32	74.17
	水的生产和供应业（46）	11.38	11.38	0
	食品制造业（14）	4.28	4.11	4.18
	皮革、毛皮、羽毛及其制品和制鞋业（19）	140.07	1.94	98.61
	造纸和纸制品业（22）	69.95	0.67	99.04
	木材加工和木、竹、藤、棕、草制品业（20）	0.34	0.28	19.27
	废弃资源综合利用业（42）	6.35	0.05	99.23
	非金属矿物制品业（30）	0.002 8	0.001 6	42.86
	石油和天然气开采业（7）	1.14	…	100.00
濑溪河流域	农副食品加工业（13）	263.91	66.27	74.89
	酒、饮料和精制茶制造业（15）	2 114.75	8.39	99.60
	食品制造业（14）	13.01	8.38	35.61
	医药制造业（27）	43.65	3.86	91.17
	煤炭开采和洗选业（06）	22.36	3.35	85.00
	水的生产和供应业（46）	1.78	1.78	0
	非金属矿物制品业（30）	1.07	0.75	30.00
	金属制品业（33）	1.15	0.62	46.23
	造纸和纸制品业（22）	0.83	0.58	30.17
	专用设备制造业（35）	0.93	0.56	40.00
	纺织业（17）	1.92	0.25	86.79
	化学原料和化学制品制造业（26）	0.55	0.03	95.00
	印刷和记录媒介复制业（23）	0.05	0.02	62.48
	其他制造业（41）	0.03	0.003 6	87.58

流域名称	国民经济行业分类（大类代码）	产生量/吨	排放量/吨	削减率/%
龙溪河流域	农副食品加工业（13）	205.77	14.38	93.01
	酒、饮料和精制茶制造业（15）	1 388.53	11.92	99.14
	金属制品业（33）	8.18	3.67	55.19
	食品制造业（14）	1.87	1.87	0
	非金属矿物制品业（30）	0.07	0.07	0
	化学原料和化学制品制造业（26）	0.01	0.001 2	80.01
沱江干流流域	酒、饮料和精制茶制造业（15）	140.23	10.10	92.80
	农副食品加工业（13）	32.01	8.03	74.93
	食品制造业（14）	3.65	3.57	2.10
	水的生产和供应业（46）	0.86	0.86	0
	石油、煤炭及其他燃料加工业（25）	0.31	0.000 43	99.86

备注："…"表示由于数字太小，修约后小于保留的最小位数无法显示。

长江干流流域：化学需氧量（COD）排放量主要涉及化学原料和化学制品制造业（26），造纸和纸制品业（22），水的生产和供应业（46），酒、饮料和精制茶制造业（15），农副食品加工业（13）5个大类行业，排放量分别占长江干流流域排放总量的47.29%、16.94%、16.60%、10.69%、7.18%。上述5类行业中，水的生产和供应业（46）削减率非常低，为3.73%，其次为农副食品加工业（13）67.78%，食品制造业（14）78.34%。化学原料和化学制品制造业（26）因排放量最多，削减率为88.15%还应提高。

永宁河流域：化学需氧量（COD）排放以造纸和纸制品业（22）行业为主，排放量占排放总量的79.33%；其次为农副食品加工业（13）排放量占排放总量的12.65%。削减率相较于其他行业，水的生产和供应业（46），农副食品加工业（13），食品制造业（14）处于较低水平。

赤水河流域：化学需氧量（COD）排放量最大的行业为农副食品加工业（13），排放量占排放总量的52.65%；其次为酒、饮料和精制茶制造业（15）和煤炭开采和洗选业（06），排放量占排放总量的20.39%、13.80%。削减率相较于其他行业，农副食品加工业（13），煤炭开采和洗选业（06），水的生产和供应业（46），食品制造业（14）处于较低水平。

濑溪河流域：化学需氧量（COD）排放量最大的行业为农副食品加工业（13），排放量占排放总量的 69.88%；其次为酒、饮料和精制茶制造业（15），食品制造业（14），排放量分别占排放总量的 8.84%、8.83%。削减率相较于其他行业，农副食品加工业（13），水的生产和供应业（46），食品制造业（14）处于较低水平。

龙溪河流域：行业分布较少，化学需氧量（COD）排放量最大的行业为农副食品加工业（13），排放量占龙溪河流域排放总量的 45.07%；其次为酒、饮料和精制茶制造业（15）和金属制品业（33），排放量分别占龙溪河流域排放总量的 37.34% 和 11.48%。金属制品业（33）削减率55.19%较低。

沱江干流流域：化学需氧量（COD）排放量最大的行业为酒、饮料和精制茶制造业（15），排放量占沱江干流流域排放总量的 44.78%；其次为农副食品加工业（13）和食品制造业（14），排放量分别占沱江干流流域排放总量的 35.58% 和 15.84%。农副食品加工业（13）和食品制造业（14）的削减率相对较低，酒、饮料和精制茶制造业（15）和食品制造业（14）的削减率低于其他流域同行业的削减率。

氨氮（NH_3-N）

2017 年，长江干流流域及其支流沱江、永宁河、赤水河、濑溪河、龙溪河流域工业污染源氨氮（NH_3-N）排产排流域分布情况见表7。

表7　工业污染源氨氮（NH_3-N）产排流域分布情况

流域名称	产生量/吨	排放量/吨	削减率/%
全市	48 052.80	94.15	99.80
长江干流流域	47 940.63	76.76	99.84
永宁河流域	37.05	8.56	76.89
赤水河流域	34.43	3.89	88.71
濑溪河流域	24.12	3.28	86.42
龙溪河流域	14.61	1.19	91.86
沱江干流流域	1.96	0.47	76.00

各流域氨氮（NH_3-N）排放量在 0.47~76.76 吨范围内，主要来自长江干流流域，占全市氨氮（NH_3-N）排放总量 81.53%。

2017 年，长江干流及其支流沱江、永宁河、赤水河、濑溪河、龙溪河流域工业污染源氨氮（NH_3-N）产排行业分布情况见表8。

表8 各流域工业污染源氨氮（NH₃-N）产排行业分布

流域名称	国民经济行业分类（大类代码）	产生量/吨	排放量/吨	削减率/%
长江干流流域	化学原料和化学制品制造业（26）	47 842.61	66.83	99.86
	水的生产和供应业（46）	3.09	3.01	2.42
	酒、饮料和精制茶制造业（15）	34.04	2.93	91.40
	造纸和纸制品业（22）	6.13	1.90	68.98
	农副食品加工业（13）	5.13	1.82	64.40
	食品制造业（14）	0.34	0.12	64.76
	医药制造业（27）	0.65	0.06	91.07
	非金属矿物制品业（30）	0.24	0.05	77.98
	通用设备制造业（34）	1.15	0.016	98.59
	印刷和记录媒介复制业（23）	0.005 9	0.004 7	20.56
	石油、煤炭及其他燃料加工业（25）	47.06	0.004 6	99.99
	专用设备制造业（35）	0.17	0.002 5	98.56
	金属制品业（33）	0.001 1	0.000 8	25.80
	废弃资源综合利用业（42）	0.000 7	0.000 7	0.00
	电气机械和器材制造业（38）	0.001 3	0.000 091	92.99
永宁河流域	造纸和纸制品业（22）	33.21	7.57	77.20
	农副食品加工业（13）	3.21	0.86	73.31
	水的生产和供应业（46）	0.11	0.08	27.54
	酒、饮料和精制茶制造业（15）	0.40	0.03	93.59
	食品制造业（14）	0.05	0.02	54.68
	纺织业（17）	0.068	0.006 5	90.51
	印刷和记录媒介复制业（23）	0.002 4	0.002 4	0.00
赤水河流域	农副食品加工业（13）	6.02	2.36	60.80
	酒、饮料和精制茶制造业（15）	18.35	0.71	96.13
	皮革、毛皮、羽毛及其制品和制鞋业（19）	9.54	0.46	95.18
	水的生产和供应业（46）	0.29	0.29	0.00
	食品制造业（14）	0.08	0.057	24.65
	废弃资源综合利用业（42）	0.007 0	0.003 6	48.78
	造纸和纸制品业（22）	0.15	0.003 3	97.79

流域名称	国民经济行业分类（大类代码）	产生量/吨	排放量/吨	削减率/%
濑溪河流域	农副食品加工业（13）	8.38	2.48	70.43
	食品制造业（14）	0.77	0.31	59.27
	医药制造业（27）	2.34	0.21	90.89
	酒、饮料和精制茶制造业（15）	12.32	0.21	98.32
	水的生产和供应业（46）	0.05	0.05	0.00
	纺织业（17）	0.17	0.01	94.23
	造纸和纸制品业（22）	0.067	0.002 0	97.00
	印刷和记录媒介复制业（23）	0.005 8	0.001 0	83.07
	其他制造业（41）	0.002 9	0.000 7	74.51
	化学原料和化学制品制造业（26）	0.002 1	0.000 7	68.00
	专用设备制造业（35）	0.008 6	0.000 3	97.00
龙溪河流域	农副食品加工业（13）	6.56	0.92	86.04
	酒、饮料和精制茶制造业（15）	8.02	0.24	97.01
	食品制造业（14）	0.03	0.03	0.00
	化学原料和化学制品制造业（26）	0.000 046	0.000 015	67.39
沱江干流流域	农副食品加工业（13）	0.99	0.30	69.87
	酒、饮料和精制茶制造业（15）	0.87	0.09	90.07
	食品制造业（14）	0.07	0.06	12.89
	水的生产和供应业（46）	0.022	0.022	0.00
	石油、煤炭及其他燃料加工业（25）	0.005 2	0.000 018	99.65

长江干流流域：氨氮（NH_3-N）以化学原料和化学制品制造业（26）为主要排放行业，排放量占长江干流流域排放总量的87.07%。

永宁河流域：氨氮（NH_3-N）以造纸和纸制品业（22）为主要排放行业，排放量占排放总量的88.42%，削减率较低，仅77.20%。

其余各流域的氨氮（NH_3-N）排放总量均较低，主要涉及农副食品加工业（13）；氨氮（NH_3-N）削减率在60.80%~86.04%，削减率较低。

总氮（TN）

2017年长江干流及其支流沱江、永宁河、赤水河、濑溪河、龙溪河流域工业污染源总氮（TN）产排流域分布情况见表9。

表9 工业污染源总氮（TN）产排流域分布情况

流域名称	产生量/吨	排放量/吨	削减率/%
全市	52 781.53	1 248.76	97.63
长江干流流域	52 556.91	1 192.83	97.73
赤水河流域	61.98	17.18	72.29
永宁河流域	71.78	17.00	76.32
濑溪河流域	52.58	15.02	71.43
龙溪河流域	33.76	4.69	86.11
沱江干流流域	4.52	2.05	54.54

总氮（TN）产排量主要来自长江干流流域，产生量占全市产生总量的99.57%，排放量占全市排放总量的95.52%。

2017年，长江干流流域及其支流沱江、永宁河、赤水河、濑溪河、龙溪河流域工业污染源总氮（TN）产排行业分布情况见表10。

表10 各流域工业污染源总氮（TN）产排行业分布情况

流域名称	国民经济行业分类（大类代码）	产生量/吨	排放量/吨	削减率/%
长江干流流域	化学原料和化学制品制造业（26）	52 248.19	1 103.19	97.89
	水的生产和供应业（46）	40.80	40.65	0.37
	石油、煤炭及其他燃料加工业（25）	77.56	22.96	70.39
	酒、饮料和精制茶制造业（15）	58.15	11.13	80.85
	农副食品加工业（13）	11.44	6.99	38.92
	造纸和纸制品业（22）	116.86	6.37	94.55
	通用设备制造业（34）	1.58	0.66	58.29
	医药制造业（27）	1.05	0.37	64.73
	食品制造业（14）	0.76	0.33	56.03
	专用设备制造业（35）	0.24	0.10	56.69
	非金属矿物制品业（30）	0.24	0.05	80.09
	汽车制造业（36）	0.04	0.01	70.00
	废弃资源综合利用业（42）	0.001 1	0.001 1	0.00
	印刷和记录媒介复制业（23）	0.002 3	0.001 0	53.77
	金属制品业（33）	0.001 1	0.000 8	25.80
	电气机械和器材制造业（38）	0.004 1	0.000 3	93.00

流域名称	国民经济行业分类（大类代码）	产生量/吨	排放量/吨	削减率/%
永宁河流域	造纸和纸制品业（22）	61.96	12.68	79.54
	农副食品加工业（13）	7.19	3.07	57.34
	水的生产和供应业（46）	1.42	1.03	27.71
	酒、饮料和精制茶制造业（15）	0.77	0.13	82.87
	纺织业（17）	0.36	0.05	85.71
	食品制造业（14）	0.07	0.04	51.14
	印刷和记录媒介复制业（23）	0.002 4	0.002 4	0.00
赤水河流域	农副食品加工业（13）	13.02	8.11	37.70
	水的生产和供应业（46）	3.86	3.86	0.00
	酒、饮料和精制茶制造业（15）	28.66	3.74	86.97
	皮革、毛皮、羽毛及其制品和制鞋业（19）	15.85	1.33	91.62
	食品制造业（14）	0.31	0.13	56.90
	造纸和纸制品业（22）	0.28	0.006 1	97.79
	废弃资源综合利用业（42）	0.011 0	0.005 4	50.87
濑溪河流域	农副食品加工业（13）	17.35	10.23	41.03
	酒、饮料和精制茶制造业（15）	26.42	1.84	93.04
	医药制造业（27）	5.42	1.55	71.48
	水的生产和供应业（46）	0.59	0.59	0.00
	食品制造业（14）	2.08	0.58	72.29
	纺织业（17）	0.61	0.21	65.41
	专用设备制造业（35）	0.02	0.02	0.00
	其他制造业（41）	0.008 5	0.003 6	57.52
	造纸和纸制品业（22）	0.067	0.002	97.00
	金属制品业（33）	0.007 3	0.001 1	85.16
	印刷和记录媒介复制业（23）	0.005 8	0.001 0	83.07
	化学原料和化学制品制造业（26）	0.002 3	0.000 7	70.01
龙溪河流域	农副食品加工业（13）	13.37	3.24	75.79
	酒、饮料和精制茶制造业（15）	20.30	1.37	93.25
	食品制造业（14）	0.08	0.08	0.00
	化学原料和化学制品制造业（26）	0.000 2	0.000 1	69.89
	金属制品业（33）	…	…	88.10

流域名称	国民经济行业分类（大类代码）	产生量/吨	排放量/吨	削减率/%
沱江干流流域	农副食品加工业（13）	2.31	1.39	39.93
	水的生产和供应业（46）	0.29	0.29	0.00
	酒、饮料和精制茶制造业（15）	1.74	0.23	86.51
	食品制造业（14）	0.17	0.14	17.85
	石油、煤炭及其他燃料加工业（25）	0.005 2	…	99.65

长江干流流域：总氮（TN）产排量以化学原料和化学制品制造业（26）行业为主，排放量占长江干流流域排放总量的 87.07%。

永宁河流域：总氮（TN）排放量最大的行业为造纸和纸制品业（22），排放量占排放总量的 88.42%，削减率较低，仅 79.54%。

其余各流域的总氮（TN）排放总量均较低，主要涉及农副食品加工业（13）；总氮（TN）削减率在 37.70%~75.79%，削减率较低.

总磷（TP）

2017 年，长江干流及其支流沱江、永宁河、赤水河、濑溪河、龙溪河流域工业污染源总磷（TP）产排行业分布情况见表11。

表11　各流域工业污染源总磷（TP）产排行业分布情况

流域名称	国民经济行业分类（大类代码）	产生量/吨	排放量/吨	削减率/%
长江干流流域	水的生产和供应业（46）	2.48	2.33	5.93
	化学原料和化学制品制造业（26）	3.04	2.11	30.47
	农副食品加工业（13）	1.79	1.05	41.66
	造纸和纸制品业（22）	42.47	0.76	98.20
	酒、饮料和精制茶制造业（15）	24.82	0.76	96.93
	医药制造业（27）	0.30	0.039	86.69
	食品制造业（14）	0.093	0.037	59.97
	汽车制造业（36）	0.34	0.031	91.00
	通用设备制造业（34）	0.16	0.015	90.42
	专用设备制造业（35）	0.022	0.002 3	89.62
	废弃资源综合利用业（42）	0.000 033	0.000 033	0
	电气机械和器材制造业（38）	0.001 6	0.000 032	98.02

流域名称	国民经济行业分类（大类代码）	产生量/吨	排放量/吨	削减率/%
濑溪河流域	农副食品加工业（13）	2.50	1.47	41.11
	医药制造业（27）	1.85	0.23	87.37
	专用设备制造业（35）	0.16	0.15	8.50
	酒、饮料和精制茶制造业（15）	5.75	0.14	97.52
	食品制造业（14）	0.17	0.057	67.43
	水的生产和供应业（46）	0.036	0.036	0
	纺织业（17）	0.044	0.003 9	91.07
	金属制品业（33）	0.059	0.003 2	94.62
	其他制造业（41）	0.000 69	0.000 32	53.33
	化学原料和化学制品制造业（26）	0.000 24	0.000 031	86.92
赤水河流域	农副食品加工业（13）	1.78	1.09	38.68
	酒、饮料和精制茶制造业（15）	8.86	0.27	96.94
	水的生产和供应业（46）	0.23	0.23	0
	食品制造业（14）	0.056	0.036	36.56
	皮革、毛皮、羽毛及其制品和制鞋业（19）	0.087	0.015	82.62
	造纸和纸制品业（22）	0.009 1	0.000 20	97.80
	废弃资源综合利用业（42）	0.000 21	0.000 18	11.22
永宁河流域	农副食品加工业（13）	0.99	0.41	58.79
	造纸和纸制品业（22）	2.03	0.25	87.51
	水的生产和供应业（46）	0.084	0.061	27.67
	酒、饮料和精制茶制造业（15）	0.18	0.010	94.05
	食品制造业（14）	0.018	0.004	76.33
	纺织业（17）	0.039	0.002	95.76
龙溪河流域	农副食品加工业（13）	1.96	0.31	84.40
	酒、饮料和精制茶制造业（15）	3.62	0.20	94.47
	金属制品业（33）	0.057	0.057	0.01
	食品制造业（14）	0.014	0.014	0
	化学原料和化学制品制造业（26）	0.000 004	0.000 001	75.00

流域名称	国民经济行业分类（大类代码）	产生量/吨	排放量/吨	削减率/%
沱江干流流域	农副食品加工业（13）	0.32	0.19	39.93
	酒、饮料和精制茶制造业（15）	0.37	0.04	88.57
	水的生产和供应业（46）	0.017	0.017	0
	食品制造业（14）	0.015	0.013	11.12

长江干流流域：总磷（TP）产生量以造纸和纸制品业（22）和酒、饮料和精制茶制造业（15）为主，分别占全市产生总量的56.25%、32.87%；但总磷（TP）排放量前3的行业为水的生产和供应业（46），化学原料和化学制品制造业（26），农副食品加工业（13），排放量分别占长江干流流域排放总量的32.64%、29.59%、14.64%；此3个行业总磷（TP）削减率低，分别为5.93%、30.47%、41.66%。

其余各流域的总磷（TP）排放总量均较低，主要涉及农副食品加工业（13）；总磷（TP）削减率在38.68%~84.40%，削减率较低。

石油类、挥发酚、氰化物

2017年，泸州市各区县石油类、挥发酚、氰化物产排情况见表12。

表12 工业污染源石油类、挥发酚、氰化物产排地区分布情况

污染物	石油类			挥发酚			氰化物		
	产生量/吨	排放量/吨	削减率/%	产生量/千克	排放量/千克	削减率/%	产生量/千克	排放量/千克	削减率/%
全市	8.95	0.65	92.74	385.70	0.174	99.95	6.24	0.60	90.34
江阳区	1.28	0.01	99.22	0	0	0	0.039	0.039	0
纳溪区	0.01	0.01	0	0	0	0	0	0	0
龙马潭区	2.84	0.31	89.08	369.54	0.027	99.99	6.20	0.56	90.91
泸县	0.80	0.18	77.50	0	0	0	0	0	0
合江县	0.20	0.01	95.00	16.16	0.147	99.09	0	0	0
叙永县	1.70	0.07	95.88	0	0	0	0	0	0
古蔺县	2.13	0.06	97.18	0	0	0	0	0	0

从全市来看，全市工业污染源废水污染物石油类产生量为 8.95 吨，排放量 0.65 吨，削减率 92.74%；挥发酚产生量为 385.70 千克，排放量为 0.17 千克，削减率 99.95%；氰化物产生量为 6.24 千克，排放量为 0.60 千克，削减率 90.34%。

从各地区来看，石油类产生量在 0.01~2.84 吨范围内，排名前 3 的分别为龙马潭区、古蔺县、叙永县，产生量分别为 2.84 吨、2.13 吨、1.70 吨，分别占全市石油类产生总量的 31.73%、23.80%、18.99%。石油类削减率除纳溪区为 0，其余在 77.70%~99.22% 之间；江阳区石油类的削减率最高，泸县、龙马潭区石油类削减率低于 90%；泸县最低，仅 77.50%。

挥发酚仅涉及龙马潭区和合江县，其中龙马潭区挥发酚产生量占全市产生总量的 95.81%，排放量占全市排放总量的 15.52%；而合江县挥发酚产生量仅占全市产生总量的 4.19%，排放量却占全市排放总量的 84.48%。挥发酚主要产生来源于龙马潭区，主要排放来源于合江县。各区县挥发酚的削减率都很高，龙马潭区达到了 99.99%。

氰化物的产排量仅涉及龙马潭区和江阳区，主要来自于龙马潭区，产生量占全市产生总量的 99.36%，排放量占全市排放总量的 93.33%，削减率为 90.91%；江阳区无削减量。

2017 年，泸州市各行业石油类产排情况见表 13。

表 13　工业污染源石油类产排行业分布情况

国民经济行业分类（大类代码）	产生量/吨	排放量/吨	排放量占比/%	削减率/%
全市	8.95	0.65	100	92.74
金属制品业（33）	0.60	0.22	33.73	63.44
煤炭开采和洗选业（06）	4.20	0.19	29.45	95.42
非金属矿物制品业（30）	0.46	0.09	14.31	79.5
化学原料和化学制品制造业（26）	0.26	0.06	9.61	75.57
造纸和纸制品业（22）	1.11	0.03	4.15	97.55
汽车制造业（36）	0.25	0.02	3.76	90
食品制造业（14）	0.02	0.01	1.35	44.09
专用设备制造业（35）	0.01	0.01	1.23	33.52
废弃资源综合利用业（42）	0.01	0.01	0.86	37.4

国民经济行业分类（大类代码）	产生量/吨	排放量/吨	排放量占比/%	削减率/%
通用设备制造业（34）	0.02	0.004 2	0.65	74.23
印刷和记录媒介复制业（23）	0.01	0.004 2	0.64	38.01
石油、煤炭及其他燃料加工业（25）	1.74	0.001 4	0.22	99.92
石油和天然气开采业（7）	0.19	…	…	—
非金属矿采选业（10）	0.09	…	…	—

备注："…"表示由于数字太小，修约后小于保留的最小位数无法显示。

工业污染源石油类产排量涉及 14 个大类行业，石油类产生量主要来自煤炭开采和洗选业（06），石油、煤炭及其他燃料加工业（25），造纸和纸制品业（22），分别占全市石油类产生总量的 46.93%、19.44%、12.40%。

石油类的主要排放行业为金属制品业（33），煤炭开采和洗选业（06）和非金属矿物制品业（30），分别占全市石油类排放总量的 33.85%、29.23% 和 13.85%。其中金属制品业（33），非金属矿物制品业（30）的产生量分别仅占全市产生总量的 6.70%、5.14%，削减率分别为 63.44%、79.5%。

全市石油类削减率≥90% 的有 4 个行业，其余削减率在 33.52% ~ 79.5%。产生量前 3 的 3 个行业削减率较高，分别为 95.42%、99.92%、97.55%，产生量最大的煤炭开采和洗选业（06）的削减率低于其他 2 个行业。

2017 年，泸州市各行业挥发酚产排情况见表14。

表14　工业污染源挥发酚产排行业分布情况

国民经济行业分类（大类代码）	产生量/千克	排放量/千克	排放量占比/%	削减率/%
全市	385.70	0.174	100	99.95
化学原料和化学制品制造业（26）	16.16	0.147	84.55	99.09
石油、煤炭及其他燃料加工业（25）	369.54	0.027	15.45	99.99

全市挥发酚产排量只涉及 2 个大类行业，其中石油、煤炭及其他燃料加工业（25）是主要产生来源，占全市产生总量的 95.81%；化学原料和化学制品制造业（26）是主要排放来源，占全市排放总量的 84.48%。

泸州市各行业氰化物产排情况见表 15。

表 15　工业污染源氰化物产排行业分布情况

国民经济行业分类（大类代码）	产生量 /千克	排放量 /千克	排放量占比 /%	削减率 /%
全市	6.239	0.599	100.00	90.34
石油、煤炭及其他燃料加工业（25）	6.20	0.56	93.54	90.91
通用设备制造业（34）	0.039	0.039	6.46	0.00

全市氰化物产排量只有 2 个大类行业，主要产排量来自石油、煤炭及其他燃料加工业（25），分别占全市总产生量、排放量的 99.36%、93.48%。

重金属〔铅(Pb)、汞(Hg)、镉(Cd)、铬(Cr) 和类金属砷(As)〕

2017 年，泸州市各区县重金属（铅（Pb）、汞（Hg）、镉（Cd）、铬（Cr）和类金属砷（As））产排情况见表 16。

表 16　工业污染源重金属产排地区分布情况

地区	产生量 /千克	占比 /%	排放量 /千克	占比 /%	削减率 /%
全市	1 905.03	100	40.49	100	97.87
江阳区	0.07	…	0.04	0.10	42.86
纳溪区	0	0	0	0	0
龙马潭区	31.95	1.68	4.02	9.93	87.42
泸县	18.8	0.99	3.76	9.29	80.00
合江县	1 677.42	88.05	12.6	31.12	99.25
叙永县	133.28	7.00	15.93	39.34	88.05
古蔺县	43.51	2.28	4.14	10.22	90.48

备注："…"表示由于数字太小，修约后小于保留的最小位数无法显示。

从全市来看，工业污染源废水污染物重金属〔铅（Pb）、汞（Hg）、镉（Cd）、铬（Cr）和类金属砷（As）〕产生总量为 1 905.03 千克，排放总量为 40.49 千克，总体削减率 97.87%。

从各地区来看，重金属〔铅（Pb）、汞（Hg）、镉（Cd）、铬（Cr）和类金属砷（As）〕产生量主要来自合江县，排放量主要来自叙永县、合江县，纳溪区不涉及重金属〔铅（Pb）、汞（Hg）、镉（Cd）、铬（Cr）和类金属砷（As）〕产排。

合江县重金属〔铅（Pb）、汞（Hg）、镉（Cd）、铬（Cr）和类金属砷（As）〕产生量为 1 677.42 千克，占全市产生总量的 88.05%；其余地区产生量在 0.07~133.28 千克范围内。其中，叙永县、古蔺县产生量分别为 133.28 千克、43.51 千克，分别占全市产生总量的 7.00% 和 2.28%。

各地区重金属〔铅（Pb）、汞（Hg）、镉（Cd）、铬（Cr）和类金属砷（As）〕排放总量在 0.04~15.93 千克范围内，叙永县排放量占全市排放总量的 39.34%；其次为合江县，占全市排放总量的 31.12%。

各地区重金属〔铅（Pb）、汞（Hg）、镉（Cd）、铬（Cr）和类金属砷（As）〕总削减率在 42.86%~99.25% 之间，叙永县削减率仅 88.05%，低于合江县 99.25%，造成排放量第一。

2017 年，泸州市重金属〔铅（Pb）、汞（Hg）、镉（Cd）、铬（Cr）和类金属砷（As）〕行业分布情况见表 17。

表 17　工业污染源重金属产排行业分布情况

工业行业	产生量/千克	排放量/千克	排放量占比/%	削减率/%
全市	1 905.03	40.49	100.00	97.87
煤炭开采和洗选业（06）	195.59	23.83	58.85	87.81
皮革、毛皮、羽毛及其制品和制鞋业（19）	1 677.42	12.60	31.11	99.25
电气机械和器材制造业（38）	27.37	2.70	6.66	90.14
通用设备制造业（34）	3.37	1.01	2.49	70.01
石油、煤炭及其他燃料加工业（25）	1.22	0.31	0.76	74.65
医药制造业（27）	0.066	0.041	0.10	37.88

全市重金属（铅（Pb）、汞（Hg）、镉（Cd）、铬（Cr）和类金属砷（As））产排只涉及 6 个行业，主要产排来自煤炭开采和洗选业（06）和皮革、毛皮、羽毛及其制品和制鞋业（19）。其中，产生量最大为皮革、毛皮、羽毛及其制品和制鞋业（19）1 677.42 千克，其他行业产生量在 0.066~195.59 千克之间。排放量最大为煤炭开采和洗选业（06），占全市排放总量的 58.85%；其次为皮革、毛皮、羽毛及其制品和制鞋业（19），占全市排放总量的 31.11%。煤炭开采和洗选业（06）削减率较低，仅 87.81%。

农业污染现状

农业污染源水污染物主要包括化学需氧量（COD）、氨氮（NH₃-N）、总氮（TN）和总磷（TP），其中化学需氧量（COD）产排量均来源于畜禽养殖业和水产养殖业（不含藻类）；氨氮（NH₃-N）产生量来源于畜禽养殖业和水产养殖业（不含藻类），排放量来源于畜禽养殖业、水产养殖业（不含藻类）和种植业；总氮（TN）产生量来源于畜禽养殖业和水产养殖业（不含藻类），排放量来源于畜禽养殖业、水产养殖业（不含藻类）和种植业；总磷（TP）产生量来源于畜禽养殖业和水产养殖业（不含藻类），排放量来源于畜禽养殖业、水产养殖业（不含藻类）和种植业。

泸州市规模畜禽养殖场主要分布在濑溪河、永宁河以及长江干流流域。其中，濑溪河流域的养殖场数量最多，有71个，占全市畜禽规模养殖企业总数的24.23%；其次为永宁河流域，养殖场数量为68个，占全市畜禽规模养殖企业总数的23.21%；长江干流流域畜禽规模养殖场数量为60个，占全市畜禽规模养殖企业总数的20.48%。畜禽规模养殖场数量最少的流域为沱江干流流域，总数为18个。泸州市畜禽规模养殖场流域分布情况见图2。

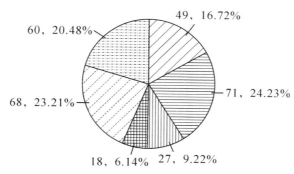

图 2　泸州市畜禽规模养殖场各流域分布情况　单位：个

经过对泸州市农业污染源企业水污染物的处理利用情况进行调查分析，2017年，泸州市只有畜禽养殖业和水产养殖业（不含藻类）对污染物进行了处理和利用；种植业只统计了排放量，无处理利用信息。其中畜禽养殖业对粪便和尿液进行了处理利用，方式主要有肥水利用、沼液还田、生产有机肥、生产沼气、堆肥发酵和生产垫料等多种方式。

生活污水处理现状

泸州市已建成县城及以上污水处理设施 9 座，设计处理能力 31 万吨/天；建成乡镇污水处理设施 128 座，设计处理能力约 8 万吨/天。集中式污水处理厂最多的是长江干流流域，数量有 70 个，占全市污水处理厂总量的 42.94%；其次为濑溪河流域 38 个和永宁河流域 23 个，分别占全市污水处理厂的 23.31% 和 14.11%。2017 年，主城区、县城、乡镇污水处理率分别为达 96.12%、86.1%、54%。泸州市集中式污水处理厂流域分布情况见图 3。

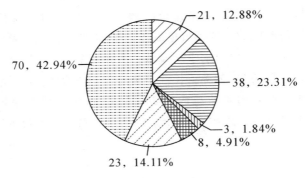

图 3　泸州市集中式污水处理厂流域分布情况

2017 年，全市 163 个集中式污水处理厂主要水污染物去除情况为：化学需氧量（COD）11 193.40 吨、五日生化需氧量（BOD_5）5 356.74 吨、动植物油 160.51 吨、氨氮（NH_3-N）1 323.40 吨、总氮（TN）1 287.66 吨、总磷（TP）179.43 吨、挥发酚 4 494.28 千克、氰化物 800.73 千克、总砷 1 861.27 千克、总铅 1 859.61 千克、总镉 429.35 千克、总铬 1 933.14 千克、六价铬 665.60 千克、总汞 2.42 千克。泸州市集中式污水处理厂主要水污染物去除情况见表 18。

表 18　泸州市集中式污水处理厂主要水污染物去除情况

污染物名称	单位	去除量	城镇污水处理厂	工业污水处理厂	其中：生活污水去除量
化学需氧量（COD）	吨	11 193.40	11 052.77	140.63	11 042.17
五日生化需氧量（BOD_5）	吨	5 356.74	5 265.89	90.85	5 262.74
氨氮（NH_3-N）	吨	1 323.40	1 315.16	8.24	1 313.74
总磷（TP）	吨	179.43	178.28	1.15	178.13
动植物油	吨	160.51	160.18	0.33	160.05
挥发酚	千克	4 494.28	4 470.75	23.53	4 467.03
总铬（Cr）	千克	1 933.14	1 904.71	28.43	1 903.37
总砷（As）	千克	1 861.27	1 861.27	0	1 859.82
总铅（Pb）	千克	1 859.61	1 859.61	0	1 858.11
总氮（TN）	吨	1 287.66	1 284.19	3.47	1 282.46
氰化物	千克	800.73	800.73	0	800.06
六价铬（Cr^{6+}）	千克	665.60	649.91	15.69	649.41
总镉（Cd）	千克	429.35	429.35	0	429.01
总汞（Hg）	千克	2.42	2.42	0	2.42

入河排污口现状

2017 年，长江干流、沱江、永宁河、赤水河、濑溪河、龙溪河流域入河排污口共 293 个（见表 19）。其中，长江干流入河排污口 83 个，所占比例为 28.3%，赤水河入河排污口最少，数量为 16 个，所占比例为 5.5%。

表 19　长江流域（泸州段）入河排污口分布情况

受纳水体	排污口数量/个	工业废水排污口/个	生活污水排污口/个	混合污废水排污口/个	其他/个	备注
长江	83	17	44	21	1	1 个排污口已密封，但水量大时有泄漏
沱江	34	30	0	4	0	
永宁河	71	17	36	18	0	
赤水河	16	3	12	1		

受纳水体	排污口数量/个	工业废水排污口/个	生活污水排污口/个	混合污废水排污口/个	其他/个	备注
濑溪河	35	4	24	7		
龙溪河	54	15	32	6	1	
合计	293	86	148	57	2	

长江干流、沱江、永宁河、赤水河、濑溪河、龙溪河流域入河排污口主要分为工业废水、生活污水和混合污废水排污口3大类，其中生活污水排污口有148个，数量最多，占50.5%；其次工业废水排污口86个，占29.4%；混合污废水排污口57个，占19.5%。

以长江干流入河排污口为例，规模以上有23个，主要为工业污染源企业排口和大型生活污水处理厂排口；规模以下60个，主要为街道（乡镇）生活污水排口。排污入河方式有明渠、暗管、泵站、涵闸等。

固体废物环境风险现状

农业固体废物

农业固体废物主要集中在畜禽养殖、生活垃圾、秸秆焚烧、农用薄膜等领域。2017年泸州市农村生活垃圾、畜禽粪便、秸秆、农用薄膜等农业固体废物共产生约433.11万吨，处置量约396.83万吨，具体情况见表20。

表20　2017年泸州市农业固体废物产生、处置情况统计表

类别	产生总量/吨	处理总量/吨	处理率/%	主要处理方式
农村生活垃圾	399 424.69	304 599.97	76.26	焚烧发电、堆肥回田、无害化卫生填埋
畜禽粪便	1 919 286.87	1 919 286.87	100	还田利用
秸秆	2 009 219.93	1 741 957.90	86.70	肥料化、能源化、基料化、饲料化、原料化利用
农用薄膜	3 141	2 459	78.29	农膜包括地膜和棚膜。一是集中回收塑料化再利用，二是集中回收作为生活垃圾处理
合计	4 331 072.49	3 968 303.74	—	—

由表 20 可知,农业固体废物产生量,秸秆>畜禽粪便>农村生活垃圾>农用薄膜,产生量最大的是秸秆和畜禽粪便,共计 3 928 506.8 吨,占到总排放量的 90.71%,其次是农村生活垃圾 399 424.69 吨,占总排放量的 9.22%,农用薄膜最少。从处理情况来看,畜禽粪便处理率最高达到 100%,最低为农村生活垃圾 76.26%,表明对农村生活垃圾、农用薄膜等的收集、处理不够,还有待进一步加强。

畜禽养殖情况

2017 年泸州市畜禽规模养殖场 293 个,涵盖生猪养殖、肉牛养殖、蛋鸡养殖、肉鸡养殖等,其养殖地区分布和养殖数量见表 21。

表 21　泸州市畜禽规模养殖场地区分布和养殖数量

区县	畜禽规模养殖场数/个					畜禽规模养殖场养殖数量				
	生猪养殖场	奶牛养殖场	肉牛养殖场	蛋鸡养殖场	肉鸡养殖场	生猪/万头	奶牛/万头	肉牛/万头	蛋鸡/万羽	肉鸡/万羽
泸州市	213	0	22	26	32	27.384 6	0	0.229 3	62.07	52.78
江阳区	11	0	1	1	3	1.375	0	0.009 5	0.2	6
纳溪区	66	0	0	2	4	9.542 7	0	0	4	8
龙马潭区	10	0	0	6	5	1.388 3	0		34.95	9.15
泸县	82	0	3	6	15	10.166	0	0.032 7	12.92	19.75
合江县	12	0	1	4	3	2.822 6	0	0.008	3.9	6.28
叙永县	17	0	7	6	1	1.024	0	0.120 5	5	1
古蔺县	15	0	10	1	1	1.066	0	0.058 6	1.1	2.6

从畜禽规模养殖场的地区分布来看,泸县最多,有 106 个;其次为纳溪区和叙永县,分别为 72 个和 31 个;最少的是江阳区,仅有 16 个。从畜禽规模养殖场的养殖总量来看,生猪出栏量为 27.384 6 万头,蛋鸡出栏量为 62.07 万羽,肉鸡存栏量为 52.78 万羽,肉牛出栏量为 0.229 3 万头,无奶牛养殖量。泸县、纳溪区和叙永县畜禽养殖规模排在前三位,表明这三个区县畜禽粪便排放量也相应较大,畜禽粪污风险最突出,应加强该区域畜禽养殖企业监管,防范因畜禽粪便无序排放对土壤造成污染。

农村生活垃圾情况

2017 年农村生活垃圾总产生量为 399 424.69 吨,处理总量为 304 599.97

吨，处理率为 76.26%，主要以焚烧发电、堆肥回田、无害化卫生填埋等方式进行处理。目前，全市共有生活垃圾处置场（厂）6 个，主要分布在江阳区、泸县、合江县、叙永县和纳溪区，龙马潭区和古蔺县无垃圾填埋场，垃圾填埋场的处理能力不足，未能满足目前生活垃圾的处理需求，导致处理率不高，农村生活垃圾的收集、处理还有待进一步加强。

秸秆产生和利用情况

2017 年全市种植业秸秆理论资源量 165.40 万吨，其中中稻和一季晚稻 103.34 万吨，小麦 4.90 万吨，玉米 39.11 万吨，薯类 3.52 万吨，花生 0.91 万吨，油菜籽 11.26 万吨，大豆 1.92 万吨，甘蔗 0.44 万吨；秸秆可收集资源量 135.47 万吨，其中中稻和一季晚稻 79.53 万吨，小麦 4.18 万吨，玉米 35.65 万吨，薯类 3.45 万吨，花生 0.89 万吨，油菜籽 9.54 万吨，大豆 1.79 万吨，甘蔗 0.44 万吨；秸秆利用量 87.84 万吨，全市秸秆利用率 64.84%。全市各地区秸秆可收集资源化和利用量最大的是泸县，为 24.94 吨。秸秆利用率最高为江阳区，利用率达 98.13%，远超全市平均水平；其次为龙马潭区和纳溪区，秸秆利用率分别为 88.36% 和 86.02%；秸秆利用率低于全市平均水平的有合江县、叙永县和古蔺县，其中合江县秸秆利用率最低，仅 39.16%。泸州市秸秆利用情况见表 22 和图 4。

表 22　泸州市秸秆利用情况

地区	秸秆理论资源量/万吨	秸秆可收集/万吨	秸秆利用量/万吨	利用率/%
泸州市	165.40	135.47	87.84	71.95%
江阳区	15.76	12.58	12.34	98.13%
纳溪区	15.24	12.16	10.46	86.02%
龙马潭区	3.63	2.81	2.49	88.36%
泸县	42.22	33.56	24.94	74.31%
合江县	37.98	30.65	12.00	39.16%
叙永县	26.49	22.95	12.19	53.13%
古蔺县	24.08	20.75	13.40	64.56%

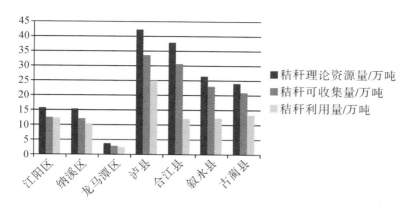

图 4　泸州市秸秆利用情况

地膜使用与残留情况

2017 年泸州市无地膜生产企业，使用地膜来源均为外购。种植业地膜年使用总量为 3 437.08 吨，地膜覆盖总面积 391 954.8 亩；地膜年回收总量为 1 899.55 吨，回收比例 55.27%；地膜累计残留量为 192.17 吨，残留率为 5.59%。泸州市地膜使用与残留情况见表 23 和图 5。

表 23　2017 年泸州市地膜使用与残留情况

地区	地膜年使用总量/吨	地膜年回收总量/吨	地膜累计残留量/吨	地膜回收率/%	地膜残留率/%
泸州市	3 437.08	1 899.55	192.17	55.27	5.89
江阳区	323	285.23	33.07	88.31	10.24
纳溪区	477	226	20.94	47.38	4.39
龙马潭区	219	0	14.12	0	6.45
泸县	1 206.08	739.32	37.62	61.30	3.12
合江县	466	125	15.46	26.82	3.32
叙永县	212	145	31.94	68.40	15.07
古蔺县	534	379	39.02	70.97	7.31

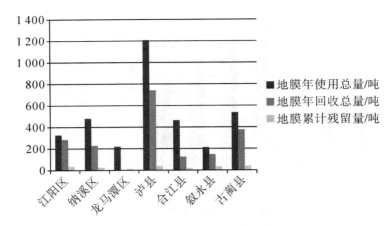

图 5　泸州市地膜使用与残留情况

地膜使用量最大的地区为泸县，达到 1 206.08 吨，其次是古蔺县、纳溪区和合江县；从种植业地膜累计残留量的地区分布来看，累计残留量最高为古蔺县，残留量 39.02 吨，残留率 7.31%；其次为泸县、江阳区和叙永县，残留量分别为 37.62 吨、33.07 吨和 31.94 吨，残留率分别为 3.12%、10.24% 和 15.07%。表明古蔺县、泸县、江阳区和叙永县的地膜回收和利用还有待进一步加强，防范因地膜残留对土壤造成污染。

工业固体废物

一般工业固废

2017 年泸州市一般工业固体废物主要有赤泥（SW09）、粉煤灰（SW02）、炉渣（SW03）、煤矸石（SW04）、其他废物（SW99）、脱硫石膏（SW06）、尾矿（SW05）、污泥（SW07）、冶炼废渣（SW01）等 9 种，其产生量及分布情况见表 24。

表 24　2017 年泸州市工业企业一般工业固体废物产生量地区分布情况

一般工业固体废物名称	一般工业固体废物产生量/吨						
	古蔺县	合江县	江阳区	龙马潭区	泸县	纳溪区	叙永县
总计	116 375.48	240 770.22	739 457.56	381 663.74	241 560.85	259 201.31	440 275.77
赤泥（SW09）	0	0	0	0	0.20	75.00	0
粉煤灰（SW02）	1 512.71	91 151.11	395 786.00	30 431.80	360.00	39 101.43	0

一般工业固体废物名称	一般工业固体废物产生量/吨						
	古蔺县	合江县	江阳区	龙马潭区	泸县	纳溪区	叙永县
炉渣（SW03）	23 123.81	72 365.62	65 409.92	29 038.23	8 616.60	129 802.62	6 790.53
煤矸石（SW04）	0	26 000.00	0	0	109 085.00	0	149 294.00
其他废物（SW99）	79 430.81	35 940.51	71 426.14	312 061.51	90 884.33	28 772.83	56 918.39
脱硫石膏（SW06）	0	5 326.27	201 028.00	0	0	55 959.49	0
尾矿（SW05）	0	0	0	0	30 750.00	0	223 858.00
污泥（SW07）	12 308.15	9 986.71	674.50	10 132.20	1 864.72	5 489.94	3 414.85
冶炼废渣（SW01）	0	0	5 133.00	0	0	0	0

一般工业固体废物产生总量最大为江阳区，产生一般工业固体废物739 457.56吨，占全市一般工业固体废物产生总量的30.56%，主要产生的种类为粉煤灰（SW02）和脱硫石膏（SW06）。叙永县一般工业固体废物产生总量排第2位，产生一般工业固体废物440 275.77吨，占全市一般工业固体废物产生总量的18.20%，主要产生的种类为尾矿（SW05）。产生量最大的是其他废物（SW99）675 434.52吨，占总量的27.92%；其次是粉煤灰（SW02）558 343.05吨，占23.08%；炉渣（SW03）排第三为335 147.33吨，占13.85%，以上三种共计1 568 924.9吨，占到总量的64.85%，应加强对这三种一般固废的收集和处置，以有效防范土壤污染风险。

危险废物

2017年泸州市共收集了26种危险废物的产生与处理利用信息，其中全市2017年危险废物上年年末本单位实际贮存量2 094.52吨、产生量17 882.40吨、送持证单位量9 221.87吨、自行综合利用量115.83吨、自行处置量8 339.11吨、本年年末本单位实际贮存量2 300.11吨、综合利用处置往年贮存量4.02吨，无接收外来危险废物量和倾倒丢弃量。工业企业危险废物产生与处理利用信息地区分布情况见表25。

表 25　2017 年泸州市工业企业危险废物产生与处理利用信息地区分布情况

地区	上年末本单位实际贮存量/吨	危险废物产生量/吨	送持证单位量/吨	自行综合利用量/吨	自行处置量/吨	本年末本单位实际贮存量/吨	综合利用外置往年贮存量/吨	处理利用率/%
全市	2 094.52	17 882.40	9 221.87	115.83	8 339.11	2 300.11	4.02	88.49
纳溪区	394.34	8 688.33	507.06	96.01	8 149.35	330.26	0	96.36
龙马潭区	392.97	7 407.47	6 937.38	0.43	82.93	779.71	0.51	90.00
泸县	98.11	491.62	145.97	0.17	94.52	349.07		40.81
江阳区	368.24	476.08	259.28	16.87	0	568.17	3.51	32.71
合江县	752.60	421.98	1 042.01	0.05	1.80	130.72		88.87
古蔺县	75.78	348.66	319.99	2.06	1.08	101.31		76.13
叙永县	12.47	48.25	10.18	0.25	9.43	40.86	0	32.70

　　备注：危险废物处理利用率＝（送持证单位量＋自行综合利用量＋自行处置量）／（上年末本单位实际贮存量和当年产生量）。

　　全市危险废物的产生主要集中在纳溪区和龙马潭区，产生量分别为8 688.33 吨、7 407.47 吨，分别占全市危险废物产生总量的 48.59%、41.42%；纳溪区和龙马潭区危险废物产生量合计占全市危险废物产生总量的 90.01%。全市危险废物处理利用率为 88.49%，各区县危险废物处理利用率为 32.70%~96.36%；叙永县、江阳区、泸县处理利用率较低，分别为 32.70%、32.71%、40.81%。危险废物自行综合利用量主要涉及纳溪区和江阳区，分别占全市自行综合利用总量的 83% 和 15%；危险废物自行处置量主要涉及纳溪区，占全市自行处置总量的 97.72%。

纳溪区

　　2017 年，纳溪区填报危险废物产生总量为 8 688.33 吨，危险废物 12种，其中危险废物 HW18 焚烧处置残渣产生量最大且远超其他危险废物，产生量为 8 111.01 吨，占纳溪区危险废物产生总量的 93.36%。其次为HW04 农药废物、HW08 废矿物油与含矿物油废物，产生量分别为 344.85吨、83.39 吨，分别占纳溪区危险废物产生总量的 3.97%、0.96%。HW18焚烧处置残渣全部采用自行处置，详见表 26。

表 26　纳溪区工业企业危险废物产生与处理利用情况　　单位：吨

危险废物名称	上年末本单位实际贮存量	危险废物产生量	送持证单位量	自行综合利用量	自行处置量	本年末本单位实际贮存量	综合利用外置往年贮存量
合计（纳溪区）	394.34	8 688.33	507.06	96.01	8 149.35	330.26	0
HW18 焚烧处置残渣	0	8 111.01	0	0	8 111.01	0	0
HW04 农药废物	265.47	344.85	237.94	93.92	38.34	240.12	0
HW08 废矿物油与含矿物油废物	52.02	83.39	113.06	2.088	0	20.263	0
HW46 含镍废物	40.35	51.36	83.51	0	0	8.202	0
HW50 废催化剂	0	47.46	47.46	0	0	0	0
HW49 其他废物	3.26	35.44	1.79	0	0	36.910 18	0
HW11 精（蒸）馏残渣	9.78	13.53	0	0	0	23.31	0
HW12 染料、涂料废物	0.75	0.683 5	1	0	0	0.433 5	0
HW16 感光材料废物	0.2	0.3	0	0	0	0.5	0
HW35 废碱	0.21	0.29	0	0	0	0.5	0
HW09 油/水、烃/水混合物或乳化液	0	0.02	0	0	0	0.02	0
HW06 废有机溶剂与含有机溶剂废物	22.3	0	22.3	0	0	0	0

龙马潭区

2017 年，龙马潭区填报危险废物 21 种，是危险废物种类最多的区县。其中危险废物 HW22 含铜废物产生量最大且远超其他危险废物，产生量为 5 376.8 吨，占龙马潭区危险废物产生总量的 72.59%。其次为 HW08 废矿物油与含矿物油废物、HW11 精（蒸）馏残渣、HW45 含有机卤化物废物，产生量分别为 1 113.631 76 吨、399.785 吨、335.165 吨，分别占龙马潭区危险废物产生总量的 15.03%、5.40% 和 4.52%，详见表 27。

表 27　龙马潭区工业企业危险废物产生与处理利用情况　　单位：吨

危险废物名称	上年末本单位实际贮存量	危险废物产生量	送持证单位量	自行综合利用量	自行处置量	本年末本单位实际贮存量	综合利用外置往年贮存量
合计（龙马潭区）	392.97	7 407.47	6 937.38	0.43	82.93	779.71	0.51
HW22 含铜废物	0	5 376.80	5 213.20	0	0	163.60	0
HW08 废矿物油与含矿物油废物	113.18	1 113.63	1 148.43	0.075	0	78.31	0.15

危险废物名称	上年末本单位实际贮存量	危险废物产生量	送持证单位量	自行综合利用量	自行处置量	本年末本单位实际贮存量	综合利用外置往年贮存量
HW11 精（蒸）馏残渣	75.17	399.79	283.36	0	0	191.60	0
HW45 含有机卤化物废物	0	335.17	252.98	0	82.185	0	0
HW17 表面处理废物	18.32	41.17	25.29	0	0	34.20	0
HW12 染料、涂料废物	19.17	40.52	9.50	0	0	50.19	0
HW06 废有机溶剂与含有机溶剂废物	142.17	32.52	0.46	0	0.36	173.87	0.36
HW49 其他废物	7.32	27.95	4.01	0	0.39	30.88	0
HW50 废催化剂	3.2	24	0	0	0	27.20	0
HW09 油/水、烃/水混合物或乳化液	1.21	6.66	0	0	0	7.86	0
HW18 焚烧处置残渣	0	6	0	0	0	6	0
HW34 废酸	1.31	0.91	0	0	0	2.22	0
HW13 有机树脂类废物	7.3	0.5	0	0	0	7.8	0
HW46 含镍废物	2.02	0.5	0	0	0	2.52	0
HW47 含钡废物	2.424	0.376	0	0	0	2.8	0
HW35 废碱	0	0.35	0	0.35	0	0	0
HW16 感光材料废物	0.13	0.3	0.05	0	0	0.38	0
HW03 废药物、药品	0.06	0.21	0.00	0	0	0.26	0
HW02 医药废物	0	0.070	0.07	0	0	0	0
HW29 含汞废物	0	0.033	0.03	0	0	0	0
HW36 石棉废物	0	0.027	0	0	0	0.027	0

泸县

2017 年泸县填报危险废物 12 种，其中产生量最大的危险废物为 HW12 染料、涂料废物，产生量为 170.84 吨，占泸县危险废物产生总量的 34.75%。其次为 HW11 精（蒸）馏残渣、HW08 废矿物油与含矿物油废物、HW02 医药废物，产生量分别为 158.84 吨、78.83 吨、50.28 吨，分别占泸县危险废物产生总量的 32.31%、16.03% 和 10.23%，详见表 28。

表 28　泸县工业企业危险废物产生与处理利用情况　　单位：吨

危险废物名称	上年末本单位实际贮存量	危险废物产生量	送持证单位量	自行综合利用量	自行处置量	本年末本单位实际贮存量	综合利用外置往年贮存量
合计（泸县）	98.11	491.62	145.97	0.17	94.52	349.07	0
HW12 染料、涂料废物	38.61	170.84	72.62	0	0	136.83	0
HW11 精（蒸）馏残渣	22.90	158.84	3.03	0	94.52	84.20	0
HW08 废矿物油与含矿物油废物	9.17	78.83	18.86	0	0	69.13	0
HW02 医药废物	8.13	50.28	44.74	0.17	0	13.50	0
HW49 其他废物	17.15	22.47	4.72	0	0	34.90	0
HW21 含铬废物	0.6	5.53	0	0	0	6.13	0
HW09 油/水、烃/水混合物或乳化液	0	1.70	0	0	0	1.70	0
HW18 焚烧处置残渣	0.7	1.40	0	0	0	2.10	0
HW06 废有机溶剂与含有机溶剂废物	0	1.04	0.47	0	0	0.58	0
HW46 含镍废物	0.85	0.60	1.45	0	0	0	0
HW16 感光材料废物	0	0.081	0.081	0	0	0	0
HW36 石棉废物	0	0.015	0	0	0	0.015	0

江阳区

2017 年江阳区填报危险废物 12 种，其中 HW36 石棉废物和 HW37 有机磷化合物废物 2017 年无产生情况，为 2016 年末贮存量。2017 年危险废物产生量为 476.08 吨，其中 HW12 染料、涂料废物产生量最大，为 182.45 吨，占江阳区危险废物产生总量的 38.32%。其次为 HW49 其他废物、HW08 废矿物油与含矿物油废物、HW09 油/水、烃/水混合物或乳化液，产生量分别为 145.08 吨、62.89 吨、34.25 吨，分别占江阳区危险废物产生总量的 30.47%、13.21%、7.19%，详见表 29。

表 29 江阳区工业企业危险废物产生与处理利用情况　　单位：吨

危险废物名称	上年末本单位实际贮存量	危险废物产生量	送持证单位量	自行综合利用量	自行处置量	本年末本单位实际贮存量	综合利用外置往年贮存量
合计（江阳区）	368.24	476.08	259.28	16.87	0	568.17	3.51
HW12 染料、涂料废物	121.46	182.45	93.58	0	0	210.33	0
HW49 其他废物	59.42	145.08	76.46	3.35	0	124.69	0
HW08 废矿物油与含矿物油废物	72.92	62.89	33.25	13.52	0	89.03	3.51
HW09 油/水、烃/水混合物或乳化液	21.63	34.25	12.90	0	0	42.98	0
HW23 含锌废物	23.78	19.11	40.68	0	0	2.21	0
HW31 含铅废物	55.00	14.30	0	0	0	69.30	0
HW16 感光材料废物	6.46	12.42	0	0	0	18.87	0
HW06 废有机溶剂与含有机溶剂废物	0.18	4.41	2	0	0	2.59	0
HW13 有机树脂类废物	0.011	1.16	0	0	0	1.17	0
HW35 废碱	0	0.02	0.02	0	0	0	0
HW36 石棉废物	0.39	0	0.39	0	0	0	0
HW37 有机磷化合物废物	7.00	0	0	0	0	7.00	0

合江县

2017 年合江县共填报危险废物 12 种，其中产生量最大的危险废物为 HW50 废催化剂，产生量为 274.66 吨，占合江县危险废物产生总量的 65.09%。其次为 HW12 染料、涂料废物，HW46 含镍废物，HW08 废矿物油与含矿物油废物，产生量分别为 41.48 吨、35 吨、30.16 吨，分别占合江县危险废物产生总量的 9.83%、8.29% 和 7.15%，详见表 30。

表 30 　合江县工业企业危险废物产生与处理利用情况　　　单位：吨

危险废物名称	上年末本单位实际贮存量	危险废物产生量	送持证单位量	自行综合利用量	自行处置量	本年末本单位实际贮存量	综合利用外置往年贮存量
合计（合江县）	752.60	421.98	1 042.01	0.051	1.8	130.72	0
HW50 废催化剂	358.00	274.66	617.66	0	0	15	0
HW12 染料、涂料废物	15.76	41.48	19.22	0	0	38.02	0
HW46 含镍废物	95.15	35.00	112.11	0	0	18.04	0
HW08 废矿物油与含矿物油废物	30.88	30.16	27.09	0.051	0	33.89	0
HW49 其他废物	0.63	10.60	5.71	0	0	5.51	0
HW13 有机树脂类废物	0	8.96	0	0	0	8.96	0
HW22 含铜废物	193.18	8.86	202.04	0	0	0	0
HW21 含铬废物	5.60	6.50	5.51	0	0	6.59	0
HW06 废有机溶剂与含有机溶剂废物	0.90	3.95	0.17	0	0	4.68	0
HW11 精（蒸）馏残渣	0	1.80	0	0	1.8	0	0
HW29 含汞废物	0.01	0.02	0	0	0	0.03	0
HW34 废酸	52.51	0	52.51	0	0	0	0

古蔺县

2017 年古蔺县填报危险废物 2 种，是危险废物产生种类最少的区县。HW08 废矿物油与含矿物油废物产生量为 301.02 吨，占古蔺县危险废物产生总量的 86.3%；HW49 其他废物产生量仅占 13.66%，详见表 31。

表 31 　古蔺县工业企业危险废物产生与处理利用情况　　　单位：吨

危险废物名称	上年末本单位实际贮存量	危险废物产生量	送持证单位量	自行综合利用量	自行处置量	本年末本单位实际贮存量	综合利用外置往年贮存量
合计（古蔺县）	75.78	348.66	319.99	2.06	1.08	101.31	0
HW08 废矿物油与含矿物油废物	71.49	301.02	307.82	2.06	1.08	61.55	0
HW49 其他废物	4.30	47.64	12.17	0	0	39.77	0

叙永县

2017 年叙永县填报危险废物 3 种，HW08 废矿物油与含矿物油废物产生量最大且远超其他两种危险废物，产生量为 43.52 吨，占叙永县危险废物产生总量的 90.20%；其次为 HW49 其他废物，产生量占 9.12%；HW12 染料、涂料废物产生量占 0.68%。

表 32 叙永县工业企业危险废物产生与处理利用情况　　单位：吨

危险废物名称	上年末本单位实际贮存量	危险废物产生量	送持证单位量	自行综合利用量	自行处置量	本年末本单位实际贮存量	综合利用外置往年贮存量
合计(叙永县)	12.47	48.25	10.18	0.25	9.43	40.86	0
HW08 废矿物油与含矿物油废物	0.47	43.52	9.05	0.25	9.43	25.26	0
HW49 其他废物	0	4.40	1.11	0	0	3.29	0
HW12 染料、涂料废物	12.00	0.33	0.02	0	0	12.31	0

城市生活垃圾

2017 年，泸州市共有生活垃圾处置场（厂）6 个，其中 5 个垃圾填埋场，1 个垃圾焚烧发电厂。其中，江阳区（已封场）、泸县、合江县、叙永县均拥有 1 个垃圾填埋厂，纳溪区拥有 1 个垃圾填埋场和 1 个垃圾焚烧发电厂，龙马潭区和古蔺县无生活垃圾处置场。5 个垃圾填埋场的废水分别排入赤水河、永宁河、濑溪河和长江。

污水处理厂污泥处置

2017 年泸州市集中式污水处理设施共产生干污泥 8 682 吨，处置量为 8 100.99 吨，处置率 93.31%。处置的干污泥中，绝大部分送持证单位进行处置，处置量为 7 619.99 吨，占污泥处置总量的 94.06%。泸州市集中式污水处理厂干污泥自行处置方式见图 6。

由图 6 可知，污泥自行处置总量为 481 吨，自行处置方式包括土地利用、填埋处置、建筑材料利用和焚烧处置。其中土地利用量 106 吨、填埋处置量 194 吨、建筑材料利用量 70 吨、焚烧处置量 111 吨，分别占污泥自行处置总量的 22.04%、40.33%、14.55% 和 23.08%。

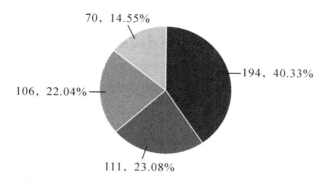

70, 14.55%

194, 40.33%

106, 22.04%

111, 23.08%

■填埋处置　■焚烧处置　■土地利用　■建筑材料利用

图6　泸州市集中式污水处理厂干污泥自行处置方式情况

长江流域（泸州段）突发环境事件风险分析

环境风险物质

2017年，泸州市重点环境风险企业主要分布在长江干流流域，涉及环境风险物质50多种，风险物质最多的行业主要为化学原料和化学制品制造业（26），该行业涉及酸、碱、油、苯系物等30种环境风险物质。长江流域工业企业主要突发环境事件风险物质情况见表33。

表33　长江流域工业企业主要突发环境事件风险物质情况

地区	风险物质名称	行业分布	备注
泸州市长江流域	氨水（浓度20%或更高）	玻璃包装容器制造（3055）	
	油类物质（矿物油类，如石油、汽油、柴油等；生物柴油等）	原油加工及石油制品制造（2511）	
		水泥制品制造（3021）	
		化学原料和化学制品制造业（26）	
	乙醇	白酒制造（1512）	
		化学原料和化学制品制造业（26）	
	硫酸	电线、电缆制造（3831）	
		化学原料和化学制品制造业（26）	
		自来水生产和供应（4610）	

地区	风险物质名称	行业分布	备注
泸州市长江流域	三氯甲烷	化学原料和化学制品制造业（26）	
	氯气		
	甲醇		
	二氯甲烷		
	次氯酸钠		
	氢气		
	四氯乙烯		
	氯化氢		
	三甲基氯硅烷		
	二甲基二氯硅烷		
	甲基三氯硅烷		
	氯甲烷		
	环氧乙烷		
	乙酸		
	硝酸		
	丙酮		
	异丙醇		
	甲苯		
	氯乙烷		
	甲醛		
	盐酸（浓度37%或更高）	液压动力机械及元件制造（3444）	
		化学原料和化学制品制造业（26）	
		电线、电缆制造（3831）	
	二甲苯	汽车零部件及配件制造（3670）	
	环己酮	汽车零部件及配件制造（3670）	
		化学原料和化学制品制造业（26）	
	氨气	平板玻璃制造（3041）	
		化学原料和化学制品制造业（26）	
	发烟硫酸	化学原料和化学制品制造业（26）	
	环己烷		
	环氧丙烷		
	苯		

环境风险工艺

2017 年，泸州市按照《企业突发环境事件风险分级方法》（HJ941 - 2018）对长江、沱江流域 210 个企业突发环境事件风险工艺进行了调查，发现全市共有 350 套突发环境事件风险生产工艺，主要涉及高温工艺及部分化学工艺。按照区县划分，风险生产工艺主要分布在江阳区（81 套）、泸县（76 套）、龙马潭区（70 套），合计占全市风险生产工艺总套数的64.85%；风险生产工艺套数最少的为古蔺县、叙永县，两县合计占全市总套数的 9.42%（详见表 34）。

表 34 工业企业突发环境事件风险生产工艺情况

地区	调查对象数量/个	风险生产工艺套数/套	突发环境事件风险生产工艺		
			类型名称	主要涉及行业	工艺数/套
全市	210	350	/		
江阳区	32	81	高温	非金属矿物制品业（30）	64
				炼钢（3120）	7
泸县	58	76	高温	非金属矿物制品业（30）	63
				包装装潢及其他印刷（2319）	5
				炼钢（3120）	1
			易爆	煤炭开采和洗选业（06）	1
龙马潭区	36	70	高温；易燃易爆；14｜聚合工艺、3｜氯化工艺、15｜烷基化工艺等 8 种	化学原料和化学制品制造业（26）	29
				原油加工及石油制品制造（2511）	10
				食品制造业（14）	5
				非金属矿物制品业（30）	6
				金属制品业（33）	6
				通用设备制造业（34）	7
纳溪区	30	50	高温；14｜聚合工艺、3｜氯化工艺、5｜合成氨工艺等 5 种	化学原料和化学制品制造业（26）	23
				非金属矿物制品业（30）	18
				通用设备制造业（34）	4
合江县	22	40	高温	非金属矿物制品业（30）	27
			中和反应、制氢、5｜合成氨工艺、天然气制乙炔等 7 种	化学原料和化学制品制造业（26）	12
			高温	机制纸及纸板制造（2221）	1

表34(续)

地区	调查对象数量/个	风险生产工艺套数/套	突发环境事件风险生产工艺		
			类型名称	主要涉及行业	工艺数/套
叙永县	17	17	高温	非金属矿物制品业(30)	30
古蔺县	15	16	高温	非金属矿物制品业(30)	12
			高压	白酒制造(1512)、陆地天然气开采(0721)	2

江阳区风险生产工艺类型涉及高温，主要分布在非金属矿物制品业（30）和炼钢（3120），其中非金属矿物制品业（30）占江阳区风险生产工艺总套数的79.01%。

泸县风险生产工艺类型涉及高温、易爆，主要分布在非金属矿物制品业（30）的高温工艺，该行业风险生产工艺套数占泸县风险生产工艺总套数的82.89%。

龙马潭区风险生产工艺类型不仅有高温、易燃易爆，还有聚合工艺、氯化工艺、烷基化工艺等8种化学工艺，主要分布在化学原料和化学制品制造业（26）、原油加工及石油制品制造（2511），分别占龙马潭区风险生产工艺套数的41.42%、14.28%。

纳溪区风险生产工艺类型主要为高温和聚合工艺、氯化工艺、合成氨工艺等5种化学工艺，主要分布在化学原料和化学制品制造业（26）和非金属矿物制品业（30），两行业合计占纳溪区风险生产工艺总套数的82%。

合江县风险生产工艺类型主要包括高温以及中和反应、制氢、合成氨工艺、天然气制乙炔等7种化学工艺，非金属矿物制品业（30）高温工艺占合江县风险生产工艺套数的67.5%；其次为化学原料和化学制品制造业（26）的7种化学工艺，占合江县总套数的30%。

叙永县仅涉及高温风险生产工艺，分布在非金属矿物制品业（30）。

古蔺县涉及高温、高压风险生产工艺，以高温工艺为主，分布在非金属矿物制品业（30）。

重点环境风险源企业

2017年，长江流域（泸州段）有重点企业43家，涉及风险点源104个，环境风险物质57种，主要分布在各类化工企业生产工艺及储罐、危险废物贮存区以及污水处理厂、垃圾填埋场。

跨江桥梁及流动源环境风险

泸州市地处"长江黄金水道",水上运输活动频繁,运载量大;长江干流及其支流跨江(河)大桥、沿江公路多、里程长,在交通运输能力和效率提升的同时,也存在较多不确定的、潜在的环境风险,包括船舶溢油风险、交通运输事故导致危化品和危险废物泄露风险等。经过对长江、沱江干流跨江大桥、沿江公路等 30 余个点位开展实地调查,发现其中 10 个点位存在交通事故状态下污染物可能直排长江、沱江的风险。泸州市长江、沱江跨江桥梁及沿江公路环境风险分析见表 35。

表 35　泸州市长江、沱江跨江桥梁及沿江公路环境风险分析

序号	重点风险点位	环境风险问题	备注
1	沱江三桥	未设置限行禁行标志,未设置收集措施;有危化品运输车辆通行一旦危化品在桥上泄漏后,污染物可直接经雨漏进入沱江。	
2	沱江六桥	未设置限行禁行标志,收集措施不完善。	
3	泸州长江二桥	该桥属于危化品运输车辆通行桥梁,一旦危化品运输车辆在桥上发生事故,污染物可直接经雨漏进入长江。	
4	长江三桥(国窖大桥)	未设置限行禁行标志,未采取防护措施;在观音桥饮用水源地取水口上游约 150 m,若发生交通事故,会直接影响饮用水源地取水安全。	
5	G76 沿长江路段	存在危化品运输事故导致污染物进入长江的风险。	
6	S308 省道沿长江路	未设置限行禁行标志,沿江一侧马路低洼处,未设置收集措施。	
7	波司登大桥	距离长江出川断面非常近;且在跨省界监测断面下游(约 100 m),桥上有收集装置可以收集少量降雨或泄漏物料,但较大降雨或泄漏时会溢出桥面,直接流入长江,并进入重庆市辖区,造成跨省界污染事故(重大环境事件)。	
8	沱江一桥	未设置危化品车辆限行禁行标志,未设置收集措施。	
9	沱江二桥	未设置限行禁行标志,未设置收集措施;危化品车辆泄漏或发生交通事故,物料可直接进入沱江。	
10	长江四桥	有车辆限行、限高、限重标识,风险低。	

问题分析

污染物聚集范围大、程度高

2017 年，长江干流流域接收了泸州市绝大部分的污染物，化学需氧量（COD）、氨氮（NH_3-N）、总氮（TN）等主要污染物的接收量均达到了 57% 以上，其中氨氮（NH_3-N）的接收量达到了 81.53%，总氮（TN）的接收量达到了 95.52%。除长江干流流域外，以永宁河流域、赤水河流域污染物接收量较大。濑溪河流域总磷（TP）接收量达 16.78%，仅次于长江干流流域，同时濑溪河流域和龙溪河流域石油类接收量最大，分别达 27.69%、32.31%。濑溪河流域的化学需氧量（COD）、氨氮（NH_3-N）、总氮（TN）、总磷（TP）接收量为龙溪河流域的 3 倍以上。由于濑溪河流域和龙溪河流域同为小流量流域，环境容量小，接收较大的污染物，势必会造成流域污染负荷高。

工业污染治理需要进一步加强

工业废水集中处理程度低

2017 年，长江干流流域及其支流沱江、永宁河、赤水河、濑溪河、龙溪河流域 728 个工业污染源企业共有 2 860.13 万立方米废水排入外环境。其中 283 个（占比 38.87%）工业污染源企业无自建废水治理设施，91.59% 废水经排放口直接排放入环境，8.41% 废水经排放口排放后间接进入环境；其中进入城市污水处理厂、工业废水集中处理厂的废水量仅占废水排放总量的 4.31%。全市仅有江阳区建设有 1 座工业废水集中处理厂，工业废水集中处理程度低。

污水处理设施难以稳定运行

2017 年，濑溪河等流域内工业企业以小微型企业为主，企业自建的污水处理设施规模不一、工艺不一、效果不一，资金、技术等条件难以满足稳定达标的要求，废水超标排放未得到有效遏制，严重影响濑溪河流域水环境质量。污水处理设施活性污泥大量死亡、生化池污泥发黑、试剂药剂投放不规范、处理台账不完善等情况时有发生，甚至有部分污水处理设施的设计存在泄漏风险。

废水回用率低

2017 年，长江干流及其支流沱江、永宁河、赤水河、濑溪河、龙溪河流域 445 个自建有废水治理设施的工业污染源中，废水平均回用率 10.72%，排放量最大的化学原料和化学制品制造业（26）回用率仅 4.46%。

农业源污染物排放量大，综合利用程度不高

畜禽养殖密度过大

以濑溪河流域为例，2017 年，该流域以规模以下畜禽养殖场为主，其化学需氧量（COD）、氨氮（NH_3-N）、总氮（TN）和总磷（TP）排放量分别是规模畜禽养殖场的 3.34 倍、4.40 倍、4.13 倍和 3.12 倍，可见规模以下养殖场产生的污染物不容忽视。若养殖密度过大，超过土地承载力，畜禽污染物极易直排进入河流。

施肥和堆肥方式粗犷

农村在肥料和农药的使用方式上比较粗犷，普遍大量使用复合肥和除草剂，多余的肥料及残留的农药不仅造成水体氮磷污染、水体富营养化，还可能引起土壤结构破坏、营养失调、生态失衡。且农村常出现季节性的秸秆过剩，许多秸秆被直接丢到稻田或泥地中，秸秆在腐烂过程中成为天然的污染源，并随雨水进入河流。据不完全统计，沿濑溪河农业种植率约占岸线 80%，沿河农业生产废水的影响不容小觑。

肥水养殖风险高

肥水养殖尤其是鱼鸭共养的水产养殖模式迅猛发展，从生态环境保护的角度来分析，该养殖模式具有两个明显的弊端。一是在大量化学肥料及鱼鸭粪便的作用下，水体富营养化严重，水中浮游生物多，水体呈褐绿色，水体肉眼感观差。二是发生溢流污染的风险较大。许多水产养殖紧邻河流，在连续暴雨、池塘水满的情况下，养殖废水极易发生溢流，未经处理的养殖废水若直接排入附近水域，不仅可能导致水体富营养化，还会造成对有机污染物质敏感的水生生物死亡，严重时水体会发黑发臭，造成持久性有机污染。2019 年下半年，玄滩附近就曾发生过养殖池塘水满溢流导致河鱼死亡的情况。

生活污水治理能力不足

由于历史原因，水处理配套管网建设不完善、雨污管网错接和混接的问题尚未得到根本解决。部分污水处理厂因建设时间早、运行时间长，处理工艺落后、设备陈旧，且污水处理运维人员能力素质不高、管理水平低下、设施设备维护不到位，不能有效地进行厌氧池碳源调节、污泥浓度控制和除磷剂投放等，建成的处理设施不能稳定达标。部分乡镇污水处理厂进水浓度低的问题仍然比较突出。

固体废物产生量大，集中处置能力不足

农业固体废物产生量大

农业固体废物产生量依次为：秸秆、畜禽粪便、农村生活垃圾、农用薄膜。2017 年，泸州市产生量最大的是秸秆和畜禽粪便，占到总排放量的90.71%；其次是农村生活垃圾，占总排放量的 9.22%；农用薄膜最少。从处理情况来看，畜禽养殖处理率最高达到 100%；农村生活垃圾和农用薄膜处置率较低，分别为 76.26%、78.29%，它们对土壤环境污染风险也较大。

生活垃圾分类管理工作推进滞后，危险废物集中处置能力不足

2017 年，泸州市仅有 6 家垃圾处理厂，1 家垃圾焚烧发电厂，垃圾处理能力不足，不能满足日常垃圾处理要求；仅有两家危险废物集中处置单位，且只能处理医疗废物，危险废物只能转运外地有资质的危险废物处置厂处理，管理和运输处置成本大，同时也增加了危险废物转移运输过程中的环境风险。

地理位置敏感，水环境风险防控压力大

地理位置十分敏感

泸州市地处四川省、云南省、贵州省、重庆市四省市结合部和长江、沱江、赤水河交汇处，是长江出川的最后一道关口，承载着四川省近 80%的出水断面流量。长江沿线涉及多个饮用水源，若发生跨界水污染事故，直接威胁下游多个城市饮用水安全，后果难以估量。

工业企业布局不合理

城市建设早期缺乏合理规划，长江干流及其支流沿线分布着众多环境风险源。一方面，传统工业园区和大量工业企业距城区较近，"产城交错"矛盾突出；另一方面，大部分化工企业为解决交通运输、仓储、取水、原料和产品转移等问题，大多沿长江干流分布，一旦发生环境污染突发事

件，会直接危害长江水质。

工业结构性风险突出

化工产业一直是泸州市的支柱产业之一，长江沿岸除泸天化、北方化工、川南发电厂、鑫福化工等16家重点污染源工业企业外，还有数十家危险化学品生产、经营、储存、运输、使用单位。数量众多的化工企业，极大增加了环境风险和环境治理难度，一旦发生环境污染突发事件，易形成大规模污染事件，威胁周边群众生命健康和财产安全。

高风险企业沿江布局，移动源环境风险防范措施不足

由于历史原因，泸州市石化、化工、医药、印染、危险化学品等一批高环境风险行业企业沿江布置，造成泸州市先天布局性和结构性环境风险十分突出，叠加性、累积性和潜在性的环境风险隐患数量多、情况复杂，使长江沿线水环境风险防范难度加大。长江沿线、沱江跨江大桥及沿江公路等点位缺乏在交通事故下设置污染物导流、收集的措施，交通事故次生突发环境事件风险大。

长江流域（泸州段）环境风险防控对策建议

近期

防止外环境污染

一是确立"建管并重"的思想。定期对建成的管网进行排查，发现破损、渗漏的情况及时维修，对管网建设质量进行严格把关。

二是强化监管执法。督促企业健全环境保护规章制度，完善日常运行台账，支持企业进行设备更新、技术升级和技能培训，着力提高一线管理技术人员技能水平。严厉打击企业直排、稀释排放、超标排放等违法行为，一经发现一律顶格处罚。

三是本着"专业的事让专业的人干"的理念，积极推广企业环保设施第三方运维，保障厂站规范化运营。

四是继续推广"企业联治"的环保管理模式。将乡镇定点屠宰厂等小微企业污水引入乡镇污水厂集中处理，解决小微企业能力不足的问题。

五是进一步健全监管队伍能力建设。首先要扩充监管人员数量，实现"有人管"；其次要加强监管人员岗位准入、业务培训和纪律监督，实现

"能监管、敢监管"；同时要探索先进的信息化监管方式，泸县和龙马潭区均有集中式污水转运处理中心，应针对废水转运处理过程建设远程在线监控系统、安装运输车行车记录仪和定位装置等，对收集、转运、倾倒全过程进行监控，杜绝偷排、滥排、乱倒行为。

加强网格化监管

按照因地制宜、一镇一策的原则，全面开展污染源排查，结合镇街的功能定位、产业类型、环境质量状况等特点，制定符合镇街实际情况的生态保护措施和环境质量管理目标，对各镇街、部门制定差异化考核机制，制定切实可行的网格化监管目标。

同时，加强网格化监管的组织保障，提升网格员专业能力水平，发展网格员专职化；构建网格管理大数据网络，为实现网格化监管快速收集、有效整合、协同办案提供平台，建设信息化网格化监管；适当下放执法权，为网格员取证、监管提供支撑，有效增强网格化监管力度。

加强重点行业企业环境风险防范

压实企业环境安全主体责任，推动企业建立健全环境应急管理机构和人员配置，规范环境应急管理制度，落实环境应急专职人员培训。督促指导企业积极落实环境风险防控措施的建设，如有效防止泄漏物质、消防水、污染雨水等扩散至外环境的收集、导流、拦截、降污等措施，确保应急废水不出厂；涉及有毒有害气体的，须定期监测并建立环境风险预警体系。在涉及重金属污染物生产和排放，危险化学品生产、贮存、运输及危险废物经营等的企业中开展环境污染强制责任保险试点，确定并公布参保企业名录，建立环境风险管理的长效机制。

加强环境风险隐患排查整治

针对长江沿岸区域的环境风险企业、化工园区等固定环境风险源，结合环境保护目标和管理内容，组织开展全面排查，摸清环境风险源底数，识别一般性和事故性环境风险源，掌握有毒有害污染物生产、贮存、利用、转运、处置情况，加快推动风险隐患问题排查整治，强化风险源全过程监管，提升长江流域风险防范和应急管理能力。

强化畜禽养殖污染防治

加强畜禽规模养殖场（小区）污染治理，督促现有畜禽规模养殖场（小区）完善粪便贮存、处理、利用设施。在散养密集区，鼓励因地制宜继续推进农村户用沼气等设施建设，实施畜禽粪便污水分户收集、集中处理利用等环境整治措施。大力发展规模化养殖。针对畜禽养殖和水产养殖规模化程度不高的现状，出台畜禽养殖扶持政策，大力提倡规模化养殖，减少散养、小规模养殖比例。配套合适的土地利用面积，使畜禽养殖粪便和尿液能得到充分的利用，畜禽养殖企业配套农家肥生产设施，也可鼓励兴办农业肥料生产企业，集中收集畜禽养殖粪便和尿液，进行农家肥生产，提高粪污利用效率。

强化固体废物监督管理

加强农业固体废物管理。一是督促现有畜禽规模养殖场完善粪便贮存、处理、利用设施，集中处理利用畜禽粪便；推行农业清洁生产，加强废弃农用薄膜回收利用；推进农业秸秆综合利用，全面加强秸秆禁烧管控；加大农村生活垃圾收集、处置力度，提升垃圾填埋场处理能力，杜绝生活垃圾乱堆乱放。二是强化工业固体废物源头预防。督促产废企业落实环境安全主体责任，及时规范收集、转移、处置固体废物，并落实关键环节、关键节点的风险防范措施，防范发生因固废泄漏导致土壤环境污染。三是各责任主体深入学习相关法律法规，参照《危险废物经营单位编制应急预案指南》制定意外事故的防范措施和应急预案，并向所在地县级以上地方人民政府环境保护行政主管部门备案，按照备案的要求每年组织培训和应急演练，进一步提高环境风险防控能力。

强化危险废物规范化管理

执行危险废物转移联单制度，防止非法转移处置危险废物。对危险废物转移时间、危废类别、转移数量、去向、处置单位接收等基本情况进行登记，动态更新，随时掌握泸州市危险废物转移处置情况，防范因危险废物处置不当而发生次生突发环境事件。

落实环境风险联防联控机制

进一步建立和完善河流水环境风险联防联控工作机制，加强环保、公安、消防、卫生、宣传等部门长效联动，细化有关区县、部门落实联防联控责任与具体工作任务，进一步完善相邻地区和流域上下游、左右岸环境风险联防联控工作机制，深化跨界协同预防和处置工作内容，建立共同防范、互通信息、联合监测、协同处置的生态环境管理和突发环境事件应对体系，变"分段治水"为"全域治水"。

中期

优化产业结构布局

综合评估区域水环境容量，将产业布局调整纳入城镇发展中长期规划，从布局上协调环境与城镇发展的矛盾。

一是"以水定产"，明确产业准入门槛。禁止在水环境容量不足的流域区段新建、改建、扩建直排的涉水企业；对高污染涉水企业提出限制性要求，鼓励涉水行业逐步向水环境容量较大的流域区段转移。

二是逐步淘汰不符合环境承载力和发展规划的产业。对酒类企业、乡镇屠宰场、"散乱污"重点涉水工业企业，特别是环评要求废水不外排企业进行排查，查清实际用水量和排水量，对发现的环境问题进行整改，对无法整改的企业要坚决予以取缔。

三是推动企业退城入园。围绕濑溪河流域分散的小微企业开展结构性调整和转型升级，鼓励资源向园区内优势产业集中，培育壮大龙头企业，走产业集聚集约集群和高质量发展道路。

提高环境风险防控能力

长江流域突发环境事件易发、多发，且容易形成跨界污染造成重大影响。因此，须强化流域水环境风险管理，充分运用先进技术手段和监测设备补充风险评估与监测预警能力，推动应急联动队伍建设，强化应急物资储备，强化实战演练，切实提高环境风险防控能力，将是今后"保底线"工作的重点。

推进区县级环境应急管理机构建设，积极探索政府、部门、企业、社会多元化环境应急保障力量共建模式，逐步建成规模适度、功能完备、保障有力、管理规范的环境应急处置队伍，形成优势互补、资源共享、协调联动、共同发展的环境风险应急工作格局，全面提升长江流域环境突发事件应对、处置和救援能力。

强化环境应急物资储备，结合流域、区域环境风险特点，有针对性地储备应急物资，探索实物储备、流域上下游共同储备或与其他专业单位签订物资代储协议、应急救援协议等多种形式，整合资源，优化应急物资种类和数量，提高物资储备管理规范性，全面提升突发水环境污染事件应急处置能力。

防范流动源环境风险

全面调查长江流域泸州段危化品和危险废物运输转移情况，摸清危化品、危废底数和风险点位，合理优化调整危险化学品和危险废物运输路线，针对各风险点位具体情况，设置限行、禁行等标志及泄露物收集措施，严防交通运输次生突发环境事件风险。同时，加强危化品和危险废物运输环境安全管理，利用大数据、人工智能、物联网等信息技术，探索构建危险化学品及危险废物运输信息平台，全过程跟踪监控陆上、水上危险物运输安全及船舶溢油风险，将危化品及危废运输情况、船舶运行情况和相关报警信息实时传输至平台，并与有关应急部门实现信息互联互通，协助推进跨区域、跨部门流动源环境风险防控。

推进农村环境综合整治

根据乡镇和村社的具体情况，引导村民合理施用化肥、农药，针对种植坡度大、易受雨水冲淋影响的地区，在河道两岸一定距离范围内退耕，结合边坡整治，修建植物隔离带。在具备条件的情况下，在水量较小的小支流上开展清淤整治试点工作，可按属地原则，以各相关行政村河长为第一责任人，组织力量进行清淤整治，并保持河道溪流干净整洁，以达到治本清源的目的。

整治水产养殖污染

实施《泸州市养殖水域滩涂规划（2017—2030年）》，科学划定禁养区、限养区和养殖区，切实保护好水产养殖业（不含藻类）的发展空间和养殖水域的生态环境。因地制宜发展健康养殖模式，促进水产产业绿色可持续发展。加强养殖投入品管理，建立问题台账，全面落实整改。

水产养殖业要以节能减排为重点，围绕建设资源节约、环境友好型现代渔业目标为出发点。科学规划养殖布局，合理控制养殖密度，减少养殖水域富营养化现象发生。全面推进养殖池塘标准化改造，改进进排水设施，配备水质净化和环保设备。推进建设精准化养殖技术体系，提高养殖经济效益，减少养殖对环境的影响。发挥渔业碳汇功能，大力发展多营养层次综合养殖和增加大水面鲢鳙等滤食性鱼类养殖，改善养殖生态环境。加大增殖放流力度，推广循环水养殖和稻田综合种养技术，应用生态环保先进技术和装备，提高水资源利用效率。

改造管网及雨污分流

全面摸清流域内乡镇污水总量及比例构成，分类梳理现有雨污管网、拟建管网的长度，科学编制污水管网建设方案，合理确定目标任务、区域布局、工程时序、资金保障，重点保障生产生活集中区域的管网改造；合理安排建设时间，倒排工期，争取在雨季来临前完成管网建设，若无法完成则应制定应急措施，尽量避免发生暴雨期间管网溢流；统筹相应区域的道路交通、天然气、供水管道等基础设施规划，以实现同步设计、同步建设，避免重复施工。

建设城乡污水处理厂

加快推进城乡污水处理厂等污水处理设施建设，处理能力满足城乡居民污水排放要求，统筹污水处理厂建设和运营管理；加大新农村聚居点等农村污水处理设施建设力度，提高农村污水处理效率，降低污染物排放量。

加快城镇污水处理设施建设与改造。落实《泸州市城乡污水设施建设三年推进方案》和《泸州市全域污水治理攻坚战专项行动方案》要求，完成有关污水处理设施的提标升级改造，提高全市城镇污水处理能力。统筹城镇污水处理厂建设和运营，建设一批乡镇污水处理厂，至少每个乡镇建设一家污水处理厂。建立完善对乡镇污水处理设施运营单位的监督考核机制，让污水处理设施真正发挥作用。

推进农村污水处理设施建设，完成农村环境综合整治。积极推进农村污水处理，实行农村污水处理统一规划、统一建设、统一管理，实施农村环境治理，有条件的地区积极推进城镇污水处理设施和服务向农村延伸，逐步使得农村生活污水得到有效处理。积极落实国家"以奖促治"政策，完成国家和省上下达泸州市的建制村的农村环境连片整治工程。

全面加强配套管网建设。加强统筹规划，加快推进污水处理设施及配套管网建设和改造；重点对城中村、老旧城区、城乡接合部以及现有合流制排水系统实施污水截流和收集、雨污分流、初期雨水收集强化改造，加快推进项目实施进度。难以改造的，应采取截流、调蓄、治理等措施。新建污水处理设施的配套管网应同步设计、同步建设、同步投运。城镇新区建设均实行雨污分流，积极探索和推进初期雨水收集、处理和资源化利用。

推进污泥处理处置。禁止处理处置不达标的污泥进入耕地，全面清理取缔非法污泥堆放点，鼓励采用水泥窑协同处置污泥。

远期

推动产业结构转型升级

加大改革力度，使化学工业、金属产品制造、生产电力、热力以及水等敏感型产品的行业在工业经济发展中充分发挥其影响和带动作用，在促进自身发展的同时也让其有效地促进那些影响力和感应度系数都低的行业部门，以工业集聚、三产扩张、产业机构升级为核心，提升工业化水平。整合提升各类工业、科技园区，用园区的发展带动工业的发展，工业的发展带动城市的发展，带动地区特色经济和产业群的发展壮大。

充分发挥市场作用。以市场为导向，促进产业结构内部调整，实现各产业结构的优化升级。调整优化产品结构、行业结构和产业布局，提升产业整体技术水平和综合竞争力。拓宽发展思路，创新机制体制，优化政策环境，改造提升传统行业，大力发展现代服务业和新兴产业，促进经济良性循环，实现结构升级和经济效率的提升。

强化环境风险评估成果运用

加强企业和区域环境风险评估，以沿江石化、化工、医药、纺织印染、危化品和石油类仓储、涉重金属和危险废物等企业为重点，实现企业环境风险评估全覆盖，充分运用环境统计资料、污染源普查资料、排污许可证资料以及"三同时"验收资料和环评资料等，准确识别环境风险源、风险成因，对环境风险隐患实施综合整治；开展干流、主要支流及湖库等累积性环境风险评估，实施饮用水水源、跨界水体、重要生态功能区以及行政区域环境风险评估试点，识别并划定高风险区域，模拟极端事故情景，从严实施环境风险防控措施。

完善环境风险防控体系

强化源头预防，防范和控制在企业端发生和处理事故时因物料泄露造成的水体污染，督促重点行业企业完善"生产装置——事故应急池——厂区"三级防控体系，探索"企业——园区——流域"环境风险防范机制，实现"源头治理、过程控制、末端保障"完整的水环境保障体系，提升突发环境事件预防和处置能力。

加强流域风险监测预警

建立和完善流域风险监测及预警工作保障体制和稳定的运行经费投入机制，从风险监测站网、风险监测先进仪器设备配置、自动监测站及监测人才队伍建设等方面部署和强化流域风险监测能力，加强卫星遥感、无人机、无人船等技术手段运用和溢油监测设备、多参数分光光度计等先进监测设备配置，开展风险源定期巡检，夯实长江流域（泸州段）环境日常应急监测能力支撑。同时充分利用大数据和空间信息技术，建立长江流域生态环境风险数据库和信息共享平台，根据长江经济带不同层级组织管理特征和环境风险评估预警的业务化需求，建立长江经济带生态环境风险监控预警体系，通过生态环境风险智能识别，将生态环境风险纳入常态化管理。

完善生态环境损害赔偿机制

加快推动突发水污染事件环境责任保险制度，探索建立上游高环境风险企业强制性投保和下游政府为本行政区域的水生态环境质量投保制度。当发生突发水污染事件导致水生态环境受到污染或破坏时，鼓励保险公司组织专业机构或企业提供应急处置、污染修复、责任认定、损害赔偿等技术服务。创新生态环境损害赔偿与环境责任保险制度相衔接的制度政策，解决目前生态环境损害赔偿制度中赔偿资金无法及时用于应急处置的问题。发挥市场运作机制的灵活性，形成应急处置与损害赔偿资金闭环，提高应急处置与生态环境损害赔偿工作效率。

环境监测能力提升和领域拓展

四川省泸州生态环境监测中心站（以下简称"泸州监测站"）深入开展学习贯彻习近平新时代中国特色社会主义思想主题教育，主动担当作为，积极寻标对标先进，开展环境监测垂直管理"后半篇"调查研究。调研工作开展以来，泸州监测站先后赴省内兄弟站（广安、遂宁、南充、绵阳、德阳）和广东东莞站学习考察，分别采取开座谈会、听介绍、看现场等方式学习了各地先进管理经验和创新工作做法，并就生态环境监测机构垂直管理制度实施后环境监测机构现状、运行情况及存在的问题等情况全面梳理，对环境监测能力提升和领域拓展进行了思考。

环境监测垂改后现状

环境监测垂直管理背景

环境监测是环境保护的基础，是推进生态文明建设的重要支撑，环境监测数据是客观评价环境质量状况、反映污染治理成效、实施环境管理与决策的基本依据。为了增强环境监测的独立性、统一性、权威性和有效性，2016 年 9 月，中共中央办公厅、国务院办公厅联合印发了《关于省以下环保机构监测监察执法垂直管理制度改革试点工作的指导意见》，这是党中央在生态环保领域作出的一项重大决策，是改革完善环境治理的基础制度，是实现国家环境治理体系和治理能力现代化的一次重大改革。

四川省环境监测垂改情况

为认真贯彻落实中央垂直改革决策部署，2019 年四川省开始启动监测垂直改革，并于 2020 年 3 月全面完成。按照《生态环境监测网络建设方案》《关于省以下环保机构监测监察执法垂直管理制度改革试点工作的指导意见》《关于深化环境监测改革提高环境监测数据质量的意见》等文件要求，四川省出台了中共四川省委办公厅四川省人民政府办公厅《关于印发〈四川省生态环境机构监测监察执法垂直管理制度改革实施方案〉的通知》（川委办〔2019〕19 号）《中共四川省委机构编制委员会关于调整生态环境监测机构管理体制有关事项的通知》（川编发〔2020〕3 号）《四川省生态环境厅办公室关于市（州）生态环境监测机构管理体制调整有关事宜的通知》（川环办函〔2020〕54 号）精神，从体制机制、人员编制、事权划分等方面明确了调整市县生态环境机构管理体制。文件明确，现有市（州）环境监测机构调整为生态环境厅驻市（州）生态环境监测机构，由省厅直接管理，人员和工作经费由省级承担；现有县（市、区）环境监测站随县（市、区）生态环境局一并上收到市生态环境局，由市局管理，人员和工作经费由市级承担。

机构情况

省级监测机构

2021 年 6 月，四川省 21 个市（州）级环境监测站全部上划为四川省生态环境厅管理的公益一类事业单位，垂改后除驻成都站为正处级外，其余 20 个驻市（州）站为副处级。21 个驻市（州）站现共有人员 1 367 名，在编在岗 1 185 名，平均年龄 36.3 岁。主要负责辖区内生态环境质量监测工作；承担辖区内突发环境事件应急监测；受市生态环境局委托做好执法监测、生态环境科研、规划、评估等相关工作；受辖区内政府及其部门、有关事业单位委托，为辖区环境管理提供技术支撑；承担辖区内县级生态环境监测机构的业务技术指导，为辖区内生态环境监测的质量管理提供技术支撑；接受省生态环境监测总站业务技术指导和其他工作安排；完成生态环境厅交办的其他工作任务。

县级监测机构

2021 年 6 月，四川省 179 个县级环境监测机构中，总编制数 3 213 人，在编 2 752 人，在编率 85.7%；在岗 1 457 人，在岗率 52.9%；其中，被抽调 1 295 人，抽调率 47.1%。各县级环境监测机构人才队伍力量极不均衡，从核定编制数来看，县级监测机构编制 4~53 人不等，平均中位数 17 人，其中，有 21 个县级监测站低于 10 人；从在岗数来看，118 个监测站在岗人数不足 10 人，7 个监测站在岗人数 5~9 人，51 个监测站在岗人数 1~4 人，还存在 6 个监测站无在岗人员，4 个监测站无专职在岗人员。环境监测垂改后，现有县（市、区）环境监测站随县（市、区）生态环境局一并上收到市（州）生态环境局，主要负责执法监测、监督性监测和突发生态环境事件应急监测，由市（州）生态环境局承担人员和工作经费，具体工作接受县（市、区）生态环境局领导，支持配合属地生态环境保护执法，同时按要求做好生态环境质量监测相关工作。市（州）生态环境局可根据实际对县（市、区）环境监测站进行整合，组建跨行政区域的生态环境监测站。

能力情况

省级监测能力
站房面积
2021 年 6 月，21 个驻市（州）站业务用房 7.2 万平方米，其中：办公用房 2.5 万平方米，实验室用房 4.7 万平方米，平均站房面积 3 428 平方米；驻成都市站实验面积最大（6 938 平方米），驻甘孜州站实验面积最小（522 平方米），其中，3 个驻市（州）站业务用房为借用或租用。

仪器设备
2021 年 6 月，21 个驻市（州）站现有仪器设备 7 327 余台/套，价值约 8.7 亿元，其中应急监测设备 926 余台/套，原值近 1.5 亿元。驻成都市站有仪器设备 2 500 余台/套，为全省最多；10 个驻市（州）站的仪器设备在 200~800 台/套之间；10 个驻市（州）站的仪器设备低于 200 台/套。21 个市（州）站可用监测车 230 余辆。

分析能力
2019 年，除驻甘孜州站外，其余 20 个驻市（州）站均达到《全国环境监测站建设标准》（环发〔2007〕56 号）中二级站的要求，具备开展常规环境质量监测、污染源监测、应急监测的能力。成都市、自贡市、攀枝花市、泸州市、德阳市、绵阳市、广元市、内江市、南充市、宜宾市、达州市、凉山彝族自治州 12 个站具备饮用水源 109 项分析能力，成都市、自贡市、泸州市、绵阳市 4 个站具备颗粒物和挥发性有机物组分手工分析能力。绵阳市等 6 个驻市站监测项目相对较多，为 300 项以上，甘孜藏族自治州、阿坝藏族羌族自治州等 4 个驻市（州）站能力相对较弱，项目资质不足 200 项。

县级监测能力

全省基本情况

2021 年 6 月，全省 179 个县级环境监测机构中，59 个监测机构未取得监测资质，分布在 11 个市（州），其中甘孜藏族自治州、凉山彝族自治州、阿坝藏族羌族自治州，分别有 18 个、14 个、10 个监测站未取得资质。120 个取得监测资质的监测机构能力差异极大，持证项目数在 11~142 项不等。成都、泸州、宜宾、绵阳、德阳等市的县（市、区）能力相对较强，三州地区能力相对较弱。德阳市旌阳生态环境监测中心站取得资质项目最多，为 155 个，宜宾市翠屏生态环境监测站取得资质项目最少，为 11 个，10 个监测站取得资质项目数 11~50 个，92 个监测站取得资质项目数 50~100 个，18 个监测站取得资质项目数 100~155 个。

泸州市基本情况

机构设置：2021 年 3 月，泸州市推进生态环境监测体制改革，将区县的环境应急服务中心整合到环境监测站，名称统一变更为"泸州市××生态环境监测和应急服务中心，机构规格为副科级。区县监测中心的工作内容发生变化，其主要监测工作调整为执法监测、监督性监测和突发生态环境事件应急监测，并为属地环境应急工作提供服务，具体工作接受属地生态环境局领导，支持配合属地生态环境保护执法，同时按要求做好生态环境质量监测相关工作。

人员配备：2021 年 3 月，全市区县监测中心共有编制数 155 人，在编 140 人，占比 90.32%；在岗 86 人，占比 61.42%；借调 54 人，占比 38.57%。专业技术人员在编 98 人，在岗 59 人，在岗占比 42.14%。

监测能力：2021 年 3 月，全市区县监测中心用房面积 6 000 余平方米，仅古蔺县有独立的监测用房，叙永县、合江县、纳溪县、龙马潭区、江阳区等均同局机关混用，泸县因受地震影响，监测用房严重受损，无法继续使用，临时租赁厂区开展工作。全市区县监测中心拥有项目参数 625 项次，主要为空气和废气、水和废水、物理监测等常规项目，部分区县监测中心具备重金属监测能力。此外，区县监测中心配备了常规污染物便携式分析设备，具备基础的应急监测能力。因监测用房不足，仪器设备陈旧、缺失，分析方法未通过资质认定，监测人员数量和工作量不匹配，造成监测水平普遍不高，部分区县监测中心的监测能力难以满足当前例行监测工作需要，只能将饮用水水质监测、油烟监测、土壤监测等工作委托给社会监测机构。

四川省环境监测改革工作成效

强化主体责任，建立健全相关制度

环境监测机构是生态环境监测体系架构中最基本的单元，也是推动生态环境监测制度化建设的重要支撑。四川省环境监测机构垂改后，进一步强化各级党委和政府生态环境保护主体责任，完善党政领导干部生态环境保护目标责任考核制度，把生态环境质量状况和环境质量改善情况作为党政领导班子考核评价的重要内容。强化生态环境部门监管职责，明确相关部门生态环境保护责任，制定负有生态环境监管职责的相关部门的生态环境保护责任清单，落实"管发展必须管生态环境保护，管生产必须管生态环境保护"要求，实行领导班子成员"一岗双责"，形成齐抓共管的工作格局，努力实现发展与生态环境保护的内在统一、相互促进。这对于解决地方保护主义对环境监测的干预问题、提高生态环境监测的质量与效果、推动环境治理现代化建设等具有重要意义。

借力机构改革，优化事业机构设置

按照《四川省生态环境机构监测监察执法垂直管理制度改革实施方案》要求，垂改后，泸州市上收 7 个区县环境监测站，调整为市生态环境局管理的公益一类副科级事业单位。较改革前核增正科级领导职数 8 个、副科级领导职数 12 个，进一步拓宽了干部成长晋升通道，为扎实开展污染防治攻坚，全力推进生态环境保护修复，坚决筑牢长江上游重要生态屏障，长江流域生态环境质量改善，长江大保护工作提供了人才保障和技术支撑。

整合监测力量，推进现代化治理能力

通过推进全省环境监测机构改革，进一步优化了市级生态环境保护机构职能，明确了市、县级生态环境监测机构的职责和分工，提高了驻地市（州）级生态环境监测机构的独立性，有利于调动全省监测力量，形成监测合力，逐步建立覆盖流域干流及重要支流、重要水体、重要水功能区的生态环境监测网络，不断健全环境治理的监管体系，加快推进生态文明建设，从而提升了全省生态环境治理体系和治理能力现代化建设水平。

各地垂直管理运行模式及存在的问题

运行模式差异明显

从调研情况来看，各省、各地区在人员管理、经费保障、能力建设等均存在较大差异，泸州市环保垂改工作尽管取得了一定的成绩，走在了全省前列，但对比重庆市、东莞市，泸州市无论在机制运行、经费保障还是工作目标和工作措施上都存在一定的差距。一是运行机制有差距。重庆市属于直辖市，垂改后只设置有市、区县两级监测机构，市级按正厅规格配置，区县级根据各地经济情况按照正处级或副处级规定配置，市级与区县级属于业务指导关系。东莞市属于珠三角发达地区，垂改后，全省地市级监测站的人财物统一由省环境监测总站管理，市级监测站与省总站属于上下级关系。泸州市垂改后由省厅直管，业务接受省总站技术指导。二是人员待遇保障有差距。重庆市监测单位垂改后为二类事业单位，区县级监测站待遇主要看各区县经济财力情况，待遇有一定差异，二类事业单位可以自行开展委托监测进行创收。东莞市监测人员实行参公管理，待遇由省环境监测总站统一分配，相比地方公务员和参公人员有所减少。泸州市是人员基本工资、运行经费、能力建设由省厅保障，目标绩效由地方政府解决。三是人员编制能力有差异。重庆市级监测站2023年6月编制264个，在编在岗231人，各区县编制在20~30个之间不等，因属于公益二类除承担常规例行监测工作外还承担部分委托监测，与社会监测机构合作较多，监测能力总体较强。东莞市人员编制、承担工作、监测能力与泸州市大致相同。

工作职能落地不实

2021年6月，四川省环境监测垂改市（州）监测机构调整为省厅驻市（州）派出机构，县级站随县分局一并上收到市（州）生态环境局，省级和驻市（州）生态环境监测机构主要负责生态环境质量监测工作，原市（州）监测机构的生态环境科研、规划和评估等职能由各市（州）根据职责任务明确相关机构承担，监测事权随之变更。监测事权主要有三部分，一是监督性监测、双随机执法等常规性执法监测任务；二是城市黑臭水体、千吨万人集中饮用水水源地、农村环境质量监测（试点）等事项；三是县级监测站负责的县级集中式饮用水水源地、主要地表水省考核断面及小流域水质监测。垂改前市级站监测职能较为多样，垂改后生态环境厅上划的职能仅为生态环境质量监测，原有的执法和应急监测等其他职能下放到县级监测站，由于县级监测机构能力参差不齐，部分监测机构能力薄弱，不具备承担某些监测任务能力等原因，现有监督性监测、双随机执法、应急监测等地方事权仍由市级监测站承担，但驻市站上划后省级监测经费支出项目并不包括应急监测、监督性监测、双随机执法等经费保障，工作仍由市级监测机构承担进而影响职工干事创业积极性。从调研结果来看，垂改后，驻市（州）监测事权有所减少，县级监测站事权进一步增强，市级监测机构具备开展执法监测的能力但不承担相应的事权，县级监测机构在一定程度上不具备相应能力，承担着相应事权，县级监测机构在完成上级下达的常规生态环境监测任务后，基本上腾不出力量支持、配合执法队伍开展测管协同或执法监测，在一定程度上存在职能定位不清、监测能力不足、业务素质不强，不能承担下放到地方的监测事权等问题，这部分业务过度依赖社会监测机构完成，进而将原本投向区县监测站的能力建设经费变成社会监测机构的业务委托服务费。此外，区县级监测站还存在"身份尴尬"问题，垂改后原有的执法和应急监测等其他职能下放到县级监测站，但由于监测员属于事业类专业技术人员，不具备执法主体资格，工作机制有待进一步理顺。

监测机构合力不够

监测机构垂直改革完成后，四川省级层面形成了"1+21"的监测机构体系。虽然建立了"1+21"的省级监测体系，但是省总站与驻市（州）

站间均属于同级的独立法人事业单位和预算单位，省总站与各驻市（州）站仅属于业务指导关系。四川省环境监测垂改的最大问题是没有进行区域或者流域规划设置监测机构，只保证人员工资和工作经费，没有保障绩效性奖励，且能力建设和业务指导分属监测处和省监测总站管理，无法形成合力，这与垂改的初衷、与上级管理部门积极推进的全省环境监测机构统一管理的目标还有一定差距。因此，我们需要进一步明确各级的职责分工和侧重点，并建立通畅的联络、协商、调度指挥机制，以发挥垂改后统筹协调最大优势。

激励机制见效不足

垂改后，四川省的市（州）级站由省厅直接管理，人员和工作经费由省级承担，领导班子成员由省厅任免。一直以来，市（州）级站作为事业单位，隶属于当地环保部门，长期存在在编人员被机关借调的情况。为鼓励借调人员干事创业积极性，泸州市每年预留新进公务员（含参公事业管理）总量8%面向年龄在40岁以下，2年以上事业副科或副高级工程师转任公务员的激励政策。垂改后，这项人才流动激励性政策不复存在，人员上升通道被堵塞，人员流动困难进一步加大。相对于其他单位和社会监测机构高薪引才及多劳多得的薪酬制度，各级监测机构待遇普遍偏低，监测站人员钻研技术和学习新知识的积极性不高，拔尖监测人才流失严重，对监测队伍的稳定发展产生一定影响。

县级监测机构能力弱

垂管后，驻市（州）级监测站与县级监测站互不统辖，在隶属关系上出现了"脱节"。县级监测站技术人员普遍不足、学历教育程度较低，且混岗现象严重。技术骨干被抽调到管理、执法等岗位脱离了监测工作，造成常规监测能力弱化，认证项目出现萎缩。此外，县级监测层级较低，晋升空间有限，晋升通道单一狭窄，高学历专业人才流失现象普遍存在。在硬件方面，大部分县级监测站因监测用房不足，部分分析方法未通过资质认定，监测人员数量和工作量不平衡，造成监测能力普遍不高，部分区县监测站难以满足当前例行监测工作的需要。

现代化治理体系和治理能力的思考①

转变生态环境治理思路和理念

新时代背景下，要牢固坚持生态文明建设这一核心价值观，以实现"人与自然和谐共生"为出发点和落脚点，实现治理理念、指导思想的根本转变，明确治理体系改革推进方向。一是实现以数字减排到以生态环境质量改善的转变，切实强化治理举措，取得治理实效，真正让老百姓有获得感、幸福感，并制定科学的考核评价指标体系。二是实现从末端治理到全过程管理及风险防控的转变。地方政府管理部门要切实增强风险管控意识，树立生态环境全方位、链条式管理，杜绝因环境问题处置不及时、不到位，引发一系列社会问题，甚至演变成社会性群体事件。三是实现从单纯治理生态环境到优化资源、产业结构调整的转变。要跳出环境看环境，环境问题与经济社会发展息息相关，要在"五位一体"、生态文明建设下做好生态环境治理各项工作，与国土资源空间布局、产业结构优化调整等紧密结合，统筹考虑环境治理问题，不能"头痛医头、脚痛医脚"。

完善生态环境治理制度体系

生态环境治理的制度体系是治理行动得以开展的基础依据，在推进生态环境保护的制度化、科学化、规范化、程序化、观念化建设中，不断修正现有体系存在的问题，并按照生态环境治理现代化的内涵和任务，逐步建立完善的法律法规制度体系。一是明确执法机关的责任，进一步细化程序性规定，做到分工明确、权责清晰。二是加强行政执法与司法的衔接，特别是针对严重生态环境破坏问题，在事件处置上不能一个部门"单打独斗"，需要行政执法、行政管理乃至司法部门相互衔接、协同处置。三是健全完善对环境破坏企业的法人及责任人的追责机制，做到有责必担、有责必惩。

---

① 张进财. 新时代背景下推进国家生态环境治理体系现代化建设的思考 [J]. 生态经济，2021，37（8）：178-181.

科学合理划分中央与地方事权

针对当前环境治理上中央地方事权划分不清、事权和支出的责任不匹配等问题，要制定明确的环境治理权限和规范管理制度，加大改革创新力度，中央保留事关全国大局的重大事项及针对重点区域的管辖权外，逐步将其他环境治理管理权限下放给地方政府，给予地方充分的决策权和执行权。为确保这项制度有效实施，中央政府在行政监督、财政预算、法规制度制定等方面入手，加强对地方政府在环境治理问题上的监督及支持，特别是在财政支持上，应设立专项资金，强化资金保障，实现财力与权力相匹配，让地方政府更好地发挥主观能动性，确保环境治理实效。同时，中央要制定科学合理的监督考核体系及其他相应的配套体系，实施问责机制，坚持"谁主管、谁负责"，确保一旦出现问题可对地方政府有效追责，构建起具有中国特色的中央与地方事权管理体系。

构建高效的生态环境监测监督体系

垂改完成后，生态环境机构完成整合调整，在顶层设计上迈出了坚实一步，有利于更好地行使行政职能职权，对构建高效的行政体系具有积极推动作用。在此基础上，要强化各级环保部门职能职责，避免因管理权不清晰、不明确，影响环境职权的行使及环境治理的效果。同时，在合理的制度保障下，要积极打造更加独立、更加有效的环境监督体系，逐步将环境监测监督的职权脱离政府管理部门，交由第三方机构具体实施，社会组织、政府监察部门、公众及媒体共同参与，构成多层次、宽覆盖的监测监督体系，实现环境监测更加客观、规范、公开，这对完善环境治理体系、提高治理能力具有重要意义。

加强社会公众与组织参与机制建设

当前中国环境保护、环境治理过程中，除政府外，第三方特别是广大民众及社会组织的参与存在很大盲区，相比瑞士、德国等发达国家，中国社会公众与组织参与生态环境保护与治理还缺乏制度保障、渠道方式以及相关能力，特别是在思想意识上，尚有很大改进空间。为此，要进一步提升社会公众与组织参与生态环境治理的法律层次与制度层次，明确公众参与的权利、义务以及方式、程序，拓宽群众的公益诉讼渠道并建立有效的激励机制。同时，还要进一步强化对公众环境保护和治理知识的教育培训，不断提升公众环保意识及监督管理能力，充分发挥社会公众与组织对政府功能缺失的良好补充作用。

健全完善生态环境补偿与赔偿机制

结合当前新形势、新情况，持续健全完善生态环境补偿机制和赔偿机制，通过健全完善的制度机制，切实做到严守生态保护红线和底线。在补偿机制方面，突出明确补偿范围、标准、模式及资金来源、政策支持体系上下功夫。在生态环境损害赔偿制度方面，要不断加大改革力度，尽快构建起责任明确、途径畅通、技术规范、保障有力、赔偿到位、修复有效的生态环境损害赔偿制度，彻底破解"企业污染、群众受害、政府买单"的不合理局面，以不断满足人民群众日益增长的对美好生态环境的需求。

环境监测能力提升

环境监测是生态环境保护的"耳目"与"哨兵"。"十四五"时期，我国生态文明建设进入了以降碳为重点战略方向、推动减污降碳协同增效、促进经济社会发展全面绿色转型、实现生态环境质量改善由量变到质变的关键时期，生态环境监测工作正面临难得的历史机遇。

生态环境监测是推进国家生态环境治理体系和治理能力现代化的重要支撑。四川省委、省政府高度重视生态环境监测工作，先后出台了《四川省生态环境监测网络建设工作方案》《四川省深化环境监测改革提高环境监测数据质量实施方案》《四川省生态环境机构监测监察执法垂直管理制度改革实施方案》《四川省巩固污染防治攻坚战成果提升生态环境治理体系和治理能力现代化水平行动计划（2022—2023年）》等对生态环境监测网络建设、管理体制改革、推进监测能力现代化作出的一系列部署，为我们做好生态环境监测工作提供了强大信心。

随着生态文明体制改革的不断深化，生态环境保护职能进一步扩展、生态环境治理领域进一步扩大，对统一生态环境监测评估、扩大监测要素领域范围、创新监测体制机制提出迫切需求。

监测能力现状分析

泸州监测站基本情况

四川省泸州生态环境监测中心站成立于 1977 年，于 2009 年增挂了泸州市辐射环境监测站牌子，于 2020 年 3 月由"泸州市环境监测中心站"更名为"四川省泸州生态环境监测中心站"，是四川省生态环境厅驻泸州市的公益一类环境监测站，具有独立法人资格。技术上接受四川省生态环境监测总站指导，同时对本市所辖区县环境监测站进行技术指导。

人员情况

泸州监测站核定人员编制数 70 人，2023 年 6 月在编 64 人，实有在编在岗 53 人（省厅监测处上挂锻炼 1 人，市局借用 6 人、泸州长江环境科学研究中心借用 3 人，到市政协工作 1 人），临聘人员 16 人，劳务派遣 1 人；职工平均年龄 38.5 岁。其中研究生 28 人（博士研究生 1 名）、本科生 32 名、大专生及以下人员 4 名；专业技术人员比例达 93.5%，取得高级职称资格 24 人（已聘 14 人）、中级职称资格 28 人（已聘 25 人）、已聘初级 19 人。

机构情况

按照省编委和生态环境厅核定，泸州监测站有一正三副 4 个领导职数，目前实有一正三副一助理。垂改前，市编办批复内设机构 8 个。2022 年，根据工作需要对内设机构进行调整，设置 11 个室，分别为办公室、财务室、党务室、综合室、应急室、大气室、水室、现场室、分析室、质量室和设备室。

基础条件及监测设备情况

泸州监测站 2023 年 6 月拥有规划用地 28 亩，现有实验室为 1979 年修建的大楼，实验室、办公用房以及辅助性（含车库等）用房共计 3 401.39 平方米，同时，代管市生态环境保护综合行政执法支队原办公用房 1 272 平方米，拥有环境监测及保障车辆 8 辆（车辆编制数 12 辆，2023 年计划购置 4 辆）。拥有监测仪器设备 757 台/套，原值 7 486.76 万元。其中，50 万元以上的仪器设备 33 台/套，50~100 万元的仪器设备 21 台/套，100~200 万元的仪器设备 8 台/套，200 万元以上的仪器设备 2 台/套，进口仪器设备 194 台/套。

监测任务梳理

泸州监测站承担泸州市环境质量监测、重点排污单位执法监测、环境突发事件应急监测、投诉监测、科研监测，及对区县的业务指导以及服务环境管理和经济建设等各类专项监测工作。

根据《2023 年四川省生态环境监测方案》（川环办函〔2023〕156 号），省级事权由省级财政保障工作经费，省市共有事权由省市财政共同保障工作经费，地方事权由地方财政保障工作经费。各市（州）生态环境局统筹辖区内监测力量完成省市共有事权和地方事权监测任务。各驻市（州）站承担省级事权监测工作，省级监测经费用于完成相关监测任务，包括实验室运行条件、相关耗材耗品设备、劳务、车辆和场地租赁、人员培训、自动站运行管理和基础条件保障等工作。泸州监测站承担的工作梳理如下。

环境空气质量监测

省级事权：一是负责 5 个省控空气站（泸县城东小学、合江县城关中学、叙永县中医医院、古蔺县农业局和九狮山）的日常运行维护。二是负责2 个区域传输站（泸州古蔺太平镇、泸州泸县天洋学校）日常运行维护。

地方事权：一是负责对辖区内国控、省控、市控共 78 个空气自动站监测数据 24 小时监控，实时通报异常情况；每日向市领导汇报全市空气质量排名情况，并通报各区县排名。二是负责 3 个市级空气站（茜草园艺路、黄舣长江大桥、纳溪区人民医院）、12 个大气小标站和 2 个激光雷达站运行维护、数据分析等工作。三是负责开展 50 个网格化微站项目考核工作。四是负责挥发性有机物（VOCs）走航监测，快速锁定问题点位，并有效的帮助环境管理部门采取针对性的管控措施。五是开展环境空气预警预报。每日通过手机短信、微信群和特定网络平台发布全市空气质量预报信息，并不定期与气象部门开展会商，判断泸州市未来气象条件和污染形势。六是开展酸雨监测。承担 3 个点位 12 个项目的酸雨监测工作，逢雨必测，并每月报送监测月报。

省市共有事权：一是开展大气复合污染自动监测运维（泸州高中点位）。并结合行业对数据进行综合分析，精准查找大气污染物来源。二是开展大气颗粒物组分网手工监测（泸州环监站点位）。其中必测项目有 30 项，选测项目有 5 项。

水环境质量监测

国家事权：开展国控断面地表水采测分离监测工作。完成周边省市国控断面监测样品的接收、流转、分析测试、数据填报和审核工作，为国家水质考核做好有力的数据支撑。

省级事权：一是负责 6 个省控水质自动站（天竺寺大桥、沙溪口、象鼻桥、龙见溪大桥、大巫滩、米溪沟大桥）和 4 个长江经济带水质自动监测站（观音桥、九曲河、官渡大桥、堰坝大桥）运行维护。二是每季度开展 3 个断面（四明水厂、官渡大桥、九曲河断面）的流量监测。三是每月开展 9 个地表水断面（沱江大桥、朱沱、观音桥、两汇水、赤水河清池、手爬岩、濑溪河胡市大桥、官渡大桥、四明水厂）氯化物监测。四是每月开展 2 个省控断面（官渡大桥和观音桥）25 个项目的水质监测。

地方事权：一是每月开展 1 个断面（水笛滩）25 个项目水质监测。二是对 9 个市级水质自动站服务提供方进行监督考核。三是对五渡溪和石堡湾集中式饮用水水源地水质自动监测站开展运维工作。四是对玉带河黑臭水体整治开展氧化还原电位项目监测。

省市共有事权：一是负责 11 个断面 9 个项目的城市地表水排名监测。二是每月开展市级 3 个在用、2 个备用集中式生活饮用水水源地水质 61 项，每年 1 次 109 项全分析手工监测。三是对县级 5 个在用（6 个监测点位）、1 个备用饮用水水源地每季度 1 次（优选 33 项），每年 1 次 109 项水质全分析监测。四是配合开展重点流域水生态调查监测和鱼类环境 DNA 试点监测样品采集和运送。

土壤和地下水环境监测

省级事权：一是开展四川省土壤环境监测网 6 个重点风险监控点位例行监测，监测项目 35 项。二是每季度开展国家地下水环境质量考核点位省级 3 个污染风险监控点 29 个项目的监测。

地方事权：开展全市 116 个污染源类省级地下水环境质量监测，丰水期和枯水期各 1 次，每个点位涉及 29 个项目和特征污染物。

省市共有事权：开展国家土壤环境监测网 5 个重点风险监控点位例行监测，监测项目 37 项（国省市共有事权）。

生态质量监测及专项监测

省级事权：开展新污染物环境调查试点监测。泸州监测站负责完成本辖区样品采集及分析测试工作。涉及 29 个必测项目和 4 个补充项目。

地方事权：一是生态质量遥感监测。按要求完成生态问题整改效果、生态问题主动发现、生态空间典型问题等现场核查。二是开展入河排污口监测。对完成整治的入河排污口开展常态化监督性监测，制定抽测计划，及时跟踪整治成效。按照"双随机、一公开"原则，对工矿企业、工业及其他各类园区污水处理厂、城镇污水处理厂排污口开展监测。

省市共有事权：完成辖区内生态质量样地地面监测及内部质控，完成生态类型数据解译核查。

温室气体监测

国家事权：配合国家完成泸州市辖区内典型陆域生态系统及重点生态功能区监测的相关工作。

声环境质量手工监测

地方事权：承担 128 个点位城市区域声环境、81 个点位城市道路交通声环境和 15 个城市功能区声环境质量监测。

污染源监测

地方事权：一是配合市生态环境保护综合行政执法支队开展"双随机"执法监测。二是根据《2023 年泸州市环境监管重点单位名录》中已核发排污许可证的排污单位组织开展抽查监测。

应急监测

地方事权：开展泸州市境内突发生态环境事件应急监测。

辐射监测

地方事权：开展全市环境质量类和污染源监测类辐射监测。

其他专项监测或工作任务

一是对 7 个区县开展质量管理、监测技术、应急监测实战培训，全面提升全市监测技术水平。二是助力水污染防治，扎实开展濑溪河、大陆溪、古蔺河等专项监测。三是配合中央和省环保专项督查开展监测等。

监测能力现状分析

泸州监测站于 1992 年首次通过资质认定考核，2018 年通过资质认定复评审，目前具备水和废水（含大气降水）、空气和废气、噪声和振动、辐射、土壤和沉积物、固体废物等 6 大类共计 253 项参数的监测能力（具备地表水 109 项、地下水 89 项、土壤 71 项、环境空气挥发性有机物（VOCs）12 项、固体废物 11 项的分析能力）。

大气监测能力现状

一是人员能力水平逐步提高。2020 年将泸州监测站原自动监测室一分为二，成立大气室，2023年6月配置在职在编人员7人（硕士研究生4人、本科生2人），其中1名同志上挂中国环境监测总站、1名同志借调市局大气科。3年以来，通过不断的培训与自学、大量的数据分析与专报编制，现有人员从大气自动监测的"门外汉"成长为"内行人"。2022年新引进1名气象专业人才，进一步提升了空气质量预报预警能力。

二是硬件设施配套逐步完善。2023年6月，泸州市已建设国控气站5个（考核站4个、背景站1个）、省控气站4个，监测指标为常规6参数，用于全市和各区县空气质量达标情况考核。为有效支撑全市大气污染防治工作，泸州市进一步提升了大气自动监测能力，配套建设了1个大气复合污染自动监测站、2个固定激光雷达监测站、12个小型标准站、50个网格化微站、2个区域传输站以及1台走航监测车。监测指标从常规6项增加至174项，监测方式从固定式走向移动式，监测范围从城市扩大到农村。其中大气复合污染自动监测站，位于四川省泸州高级中学（"泸州高中"）老校区时雨楼顶楼，占地面积约180平方米，配置有常规六参数监测仪、重金属在线监测仪、离子色谱在线监测仪、OC/EC在线分析仪和挥发性有机物（VOCs）在线监测仪等设备，实现174个指标的24小时在线监测，突破了细颗粒物（PM$_{2.5}$）化学组分的实时监测，而不再像传统气站只能测量细颗粒物（PM$_{2.5}$）的总量。图1为泸州市黄舣长江大桥空气质量自动监测站。

图1　泸州市黄舣长江大桥空气质量自动监测站

水质监测能力现状

一是水质自动监测网不断完善。泸州市境内河流众多，集雨面积50平方千米以上的河流有96条，涉及长江干流及沱江、永宁河、赤水河等长江重要支流，为实现省、市、县三级行政交界断面监测全覆盖，确保县级及以上行政区水污染防治责任明晰，及时发现和预警水环境污染事件，泸州市水质自动监测网不断完善。截至2023年6月，泸州市共有水质自动站33个：包括国控10个，省控10个，市级饮用水2个，挥发性有机物（VOCs）预警站1个，叶绿素a站2个，古蔺县自建8个。其中，省控、市级饮用水、挥发性有机物（VOCs）、叶绿素站为泸州监测站运维。

二是基本实现地表水和地下水监测能力全覆盖。截至2023年6月，泸州市具备饮用水源地水质监测109个项目全分析能力，具备地下水《地下水质量标准》（GB/T 14848-2017）中除六价铬、涕灭威、总 α 放射性、总 β 放射性以外的89项监测能力。图2为地下水监测采样现场。

图2　地下水监测采样

土壤监测能力现状

在土壤监测能力建设方面，泸州监测站一直走在全省前列。是全国首批土壤污染状况详查检测实验室，并且是作为面向全国推荐选用的检测实验室之一。同时，也是全省第一批具备完全独立能力承接国网和省网土壤环境监测任务的市州站。2019年在省厅的大力支持下，泸州市通过实施土壤监测能力提升项目配备了X射线荧光光谱仪，主要用于土壤和空气样品中金属元素的分析。2021年，形成农用地和建设用地土壤污染风险管控标准涉及的所有金属指标和《土壤和沉积物挥发性有机物的测定吹扫捕集/气相色谱-质谱法》（HJ 605-2011）中51项挥发性有机物（VOCs）的分析能力。此外，还是全省为数不多的有能力承接本地土壤监督性监测任务的市州站。图3为土壤样品分析现场。

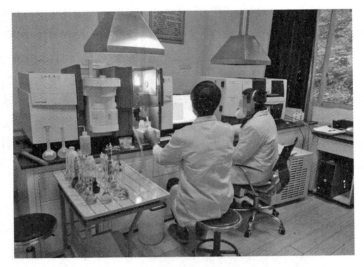

图3　土壤样品分析

水生态监测能力现状

水生态监测主要包括水生生物（水生生物鉴定）、水生境（自然岸线率、水体连通性、水源涵养区质量、水生生物栖息地等）、水环境（河流：高锰酸盐指数（I_{MN}）、总磷（TP）、氨氮（NH_3-N）等，入湖河流增加总氮（TN）。湖库：高锰酸盐指数（I_{MN}）、总磷（TP）、总氮（TN）、叶绿素a、透明度）和水资源（包括监测河流的流量和湖泊的水位等）四个方面。目前，泸州监测站已经具备部分水环境指标和水资源指标监测能力，水生生物和水生境方面的监测能力欠缺。

2023年泸州监测站已经计划采购浮游动物自动鉴定仪、藻类自动分类系统、显微镜等仪器，并计划预留实验室单独开展水生态监测工作，预计2024年年中可以初步构建起水生态监测实验室。

应急监测能力现状

一是设备配置到位。目前泸州监测站配置的应急仪器设备共60余台/套，如生物毒性仪、重金属分析仪等水质类应急仪器；有毒气体检测仪、无人机等气体类应急仪器；便携式 X 荧光仪等土壤类应急仪器。图 4 为污染事故应急监测现场。

图 4　污染事故应急监测

二是维护保养到位。成立应急监测小组，由专人每两周开展应急监测仪器维护，确保设备随时处于能用状态，并且每台应急监测仪器至少 3 人以上能熟练操作。

三是响应快速。长期准备好开展应急监测的各类采样瓶、试剂、耗材以及仪器设备，24 小时待命。一旦发生突发环境事件，在节假日和夜晚也能保证在 40 分钟内出发开展应急监测。

监测能力对比

四川省省内

广安站：2023 年 6 月，核定事业编制 60 人，在编 58 人，临聘人员 15 人；市局借用 15 人、驻村帮扶 1 人。设置科室 8 个；实验室面积 2 600 平方米，拥有监测仪器设备 754 台/套，总价值 6 673 万元；资质认定承检能力覆盖水和废水、空气和废气、辐射、固体废物、土壤和沉积物、噪声和振动等 6 大类 244 项次（具备地表水 89 项、地下水 65 项、环境空气挥发性有机物（VOCs）10 项，土壤和沉积物 11 项的分析能力）。

遂宁站：2023 年 6 月，核定事业编制 60 人，在编 51 人，临聘人员 3 人，劳务派遣 13 人；市局借用 6 人。设置科室 9 个；实验室面积 1 100 平方米，拥有监测仪器设备 410 台/套，总价值 4 200 万元；资质认定承检能力覆盖水和废水、空气和废气、辐射、固体废物、土壤和沉积物、噪声和振动等6大类231项次（具备地表水102项、地下水74项、环境空气挥发性有机物（VOCs）8项、土壤和沉积物14项的分析能力）。

南充站：2023年6月，核定事业编制70人，在编62人，劳务派遣人员13人；市局借用2人，上挂省厅1名，下派县级站帮扶1名；设置科室13个；实验室面积2 832平方米，拥有监测仪器设备929台/套，总价值6 500余万元；资质认定承检能力覆盖水和废水、空气和废气、辐射、固体废物、土壤和沉积物、噪声和振动等6大类345项次（具备地表水109项、地下水80项、土壤19项、环境空气挥发性有机物（VOCs）21项，固体废物31项的分析能力）。

绵阳站：2023年6月，核定事业编制62人，在编57人，临聘人员10人，劳务派遣人员10人；市局借用4人；设置科室11个；实验室面积3 300平方米，拥有监测仪器设备780台/套，总价值7 200万元；资质认定承检能力覆盖水和废水、空气和废气、辐射、固体废物、土壤和沉积物、噪声和振动等6大类360项次（具备地表水109项、地下水100项、土壤41项、环境空气挥发性有机物（VOCs）75项，固体废物35项的分析能力）。

德阳站：2023年6月，核定事业编制65人，在编53人，劳务派遣人员11人；市局借用4人；设置科室9个；实验室面积4 917平方米，拥有监测仪器设备544台/套，总价值7 449.7万元；资质认定承检能力覆盖水和废水、空气和废气、辐射、固体废物、土壤和沉积物、噪声和振动等6大类245项次（具备地表水109项、地下水93项、土壤和沉积物32项的分析能力）。

从广安、遂宁、南充、绵阳和德阳监测站的调研情况来看各市监测站在能力建设方面有几个普遍特点。

一是生态环境厅在监测能力建设上力度空前，为市（州）站均配备和更新了仪器设备，监测设备硬实力得到了质的提升。以泸州市为例，2021年至2023年泸州监测站获得省级环境监测能力建设专项资金共计3 242.5万元。（2021年1 155.5万元环境网络能力及监测能力建设项目、86万元应急监测能力建设项目；2022年70万元省级监测机构快速响应能力提升采购项目；2023年1 092万元27台套仪器设备采购项目、120万元4辆业务用车项目、719万元监测大楼维修项目）。

二是资质认定承检能力基本相同。除广安和遂宁外，绵阳、德阳、南充和泸州监测站均具备饮用水 109 项全分析能力，其余地下水和环境空气中挥发性有机物（VOCs）分析能力基本相同。相比之下，泸州监测站土壤分析能力稍强于其他市（州）站。

三是人手紧张是普遍现状。各市（州）站均有监测人员借用至市局的现状，除广安站外，泸州监测站人数多达 9 人，一定程度上影响了监测任务的顺利推进。

四是各市（州）站开展的监测工作重点均为各类例行质量监测、执法监测和服务管理部门的专项监测，对新领域如水生态监测、新污染物监测、温室气体监测等方面均处于起步规划阶段，尚未形成能力。其中绵阳站在推进新领域能力拓展方面有突出亮点：即由普通职工担任团队负责人，全站职工积极主动报名，组建碳监测、新污染物、水生态、细颗粒物（$PM_{2.5}$）和臭氧（O_3）协同监测专项团队，积极解决绵阳市实际生态环境问题。

四川省省外

广东省东莞市，是全国 5 个不设区的地级市之一，是岭南文明的重要发源地，改革开放的先行地，号称"世界工厂"。2023 年 6 月，广东省东莞生态环境监测站核定事业编制 73 人，在编 68 人，临聘人员 44 人，市局借用 4 人；设置科室 9 个；实验室建筑面积 3 515.7 平方米，现有监测仪器 700 余台/套，仪器总价值 6 000 余万元。资质认定承检能力覆盖水和废水、空气和废气、辐射、固体废物、土壤和沉积物、噪声和振动等 6 大类796 项次（具备地表水 109 项、地下水 78 项、土壤 50 项、环境空气挥发性有机物（VOCs）70 项、危废鉴定 30 项分析能力）。

与东莞监测站相比，泸州监测站在能力建设方面有以下差距：

一是实验室硬件条件。东莞监测站投资 1 000 余万元设计装修新实验室于 2021 年 9 月正式投入使用，新实验室采用智慧监控系统，布局科学、功能完善、设施先进。而泸州监测站因条件和资金限制，无法达到其设计水平。

二是资质认定承检能力。相比较而言，东莞市经济发达，工业企业较多，环境质量提升和环境管理需求较高，因此相对应环境监测服务能力水平也较高，分析项目数量是泸州监测站的 3 倍，主要差距在于环境空气挥发性有机物（VOCs）和危废鉴定分析上面。

三是人事管理机制。东莞监测站在编职工聘用在参公岗位，不是专业技术职称岗位，因此在职级晋升和待遇方面比事业单位有优势。另外，因东莞市经济实力强，无县级监测站，在污染源监测压力较大的情况下，东莞市可以聘用技术人员作为补充，其临聘人员占总人数的39%，且均在一线科室，可进一步提升工作效率和质量。

生态环境监测面临的新形势和问题

新形势

党的十八大以来，中央高度重视生态环境监测，先后出台了《生态环境监测网络建设方案》《关于省以下环保机构监测监察执法垂直管理制度改革试点工作的指导意见》《关于深化环境监测改革提高环境监测数据质量的意见》等改革文件，为新时代监测工作提供了重要遵循和行动指南。党的十九大报告提出，要创造更多物质财富和精神财富以满足人民日益增长的美好生活需要，也要提供更多优质生态产品以满足人民日益增长的优美生态环境需要。党的二十大报告指出，必须牢固树立和践行绿水青山就是金山银山的理念，站在人与自然和谐共生的高度谋划发展。新时代的生态环境监测应以习近平生态文明思想为指导，坚持"面向发展、服务公众、智慧监测、精准支撑"的总体定位，需要深入思考大气、地表水、土壤、地下水、生态等重点领域重点目标监测工作任务，为打好升级版污染防治攻坚战强化技术支撑。

在大气监测方面，要着眼泸州市大气环境质量达标管理、细颗粒物（$PM_{2.5}$）和臭氧（O_3）污染协同控制、区域大气污染协同治理需求，构建以自动监测为主的大气环境立体综合监测体系。

在地表水监测方面，需围绕水污染治理、水生态修复、水资源保护"三水共治"需求，构建自动监测为主的水环境监测体系，拓展水生态监测，提升水质预警和污染溯源监测能力。

在土壤和地下水监测方面，要以科学评价、保障安全为核心，优化完善土壤和地下水环境监测体系，加强地上—地下监测网协同布局。

在生态监测方面，配合构建国家—区域—省—市—县不同尺度的生态质量监测评估体系，整体提升生态监测评估能力，为生态保护和监管工作提供科学支撑。

存在的问题

科学治污精准治污支撑能力不足

泸州市大气污染形势严峻，泸州市大气污染物主要以细颗粒物（$PM_{2.5}$）和臭氧（O_3）为主，2020—2022年细颗粒物（$PM_{2.5}$）污染占比为53.1%、臭氧（O_3）污染占比为43.6%，其中臭氧（O_3）污染占比呈逐年升高的趋势。臭氧（O_3）污染主要集中在春夏季，细颗粒物（$PM_{2.5}$）污染主要集中在秋冬季。2023年泸州市大气污染防治形势严峻，截至2023年6月8日，泸州市细颗粒物（$PM_{2.5}$）浓度为54.6微克每立方米，同比上升41.1%，在全省排名第21位，在全国168个重点城市中排名第139位；优良天数116天，同比减少23天，优良达标天数比例为73.0%，同比下降14.4个百分点，在全省排名第20位，在全国168个重点城市中排名第105位。在助力打赢大气污染防治攻坚战方面泸州监测站的短板主要有以下几个方面：一是综合分析海量的自动监测数据能力不足。大气自动监测数据量大，特别是大气超级站涉及100多项监测指标其复杂性高，仅靠手工简单地进行数据分析难度较大，针对性不强。急需引进数据处理平台对数据进行处理和分析，提取有用信息，并收集泸州市污染源行业排放特征才能有针对性地开展源解析工作，为精准治污提供支撑。二是人手不足是目前大气监测工作中的主要问题之一。2023年6月，泸州监测站大气室共7人，实际只有5人承担环境空气质量省级事权和地方事权的工作。由于大气监测工作需要专业的技能和知识，对人才的要求高，但是招聘和培养这些专业人才一般比较困难。且监测领域的薪资待遇相对较低，使得这一领域的专业人才难以留住。因此，需要引入第三方运维单位，提供专业的运维服务，以便更好地服务大气攻坚工作。三是大气颗粒物组分手工监测能力有待拓展。根据2023年省级监测工作方案，泸州监测站需进行细颗粒物（$PM_{2.5}$）中的水溶性离子（硫酸根、硝酸根、氯、钠、铵根、钾、镁、钙等）、细颗粒物（$PM_{2.5}$）中的无机元素（硅、锑、砷、钡、钙、铬、钴、铜、铁、铅、锰、镍、硒、锡、钛、钒、锌、钾、铝等）和细颗粒物（$PM_{2.5}$）中的元素碳、有机碳、水溶性有机碳、二元羧酸、多环芳烃、正构烷烃、左旋葡聚糖等项目的监测。目前，泸州监测站仅有细颗粒物（$PM_{2.5}$）中的水溶性离子和部分金属元素监测资质，具备环境空气苯、甲苯、乙苯、邻二甲苯等 12 项挥发性有机物（VOCs）监测资质，其急需拓展相关分析监测能力。

流域水生态监测和水质预警能力不具

泸州市处于长江出川的重要区域位置，沱江、赤水河在泸州市汇入长江，加之沿岸布设有不少工业企业和园区，水环境管理和应急风险管控压力较大。目前，按照《四川省"十四五"生态环境监测规划》，泸州监测站尚不具备水生态监测能力、重点流域预警预报和污染源溯源成因分析能力。

土壤和地下水监测资质不全

针对《土壤环境质量建设用地土壤污染风险管控标准》（GB 36600-2018）中 85 个监测项目，泸州监测站具备 71 项监测资质，不具备硝基苯、苯胺、甲基汞、六氯环戊二烯、2，4-二硝基甲苯、邻苯二甲酸二（2-乙基己基）酯、邻苯二甲酸丁基卞酯、邻苯二甲酸二正辛酯、3，3'-二氯联苯胺、阿特拉津、敌敌畏、乐果、二噁英（毒性总当量）、多溴联苯（总量）共 14 项监测资质。针对《地下水质量标准》（GB/T 14848-2017）其尚不具备六价铬、涕灭威、总 α 放射性、总 β 放射性的监测资质。

职工干事创业积极性不高

首先是职工缺乏创新意识和进取精神。在公益一类事业单位工作不同于在企业的业绩压力和竞争氛围，许多职工往往只是按部就班地完成工作，缺乏创造性思考和创新能力，使得主动发现问题、解决问题能力欠缺。另外，职工们普遍认为在单位工作稳定，可以获得较高的经济收益和社会地位，也不愿意轻易离开单位。其次是单位的管理机制不够完善，制度不够灵活，缺乏激励机制，使得职工无法得到足够的奖励和认可。例如职称晋升方面，全站已聘高级职称资格 14 人，中级职称资格 25 人、初级职称资格 19 人。但是分析室、现场室等一线科室人员和外借高学历年轻人职称晋升速度较缓慢，有时候工作就比较消极和懈怠。

生态环境监测能力提升的对策及途径

技术创新和发展

监测设备配置和能力提升

一是尽快采购配齐监测设备。立足泸州生态环境保护工作实际，由设备室牵头尽快购置本站在大气挥发性有机物（VOCs）监测、大气颗粒物组分网手工监测和水生态监测等方面需要的仪器设备。并思考常规项目由手工分析向自动化仪器分析转变的问题，把更多的人力和精力从重复繁琐的手工分析工作中解放出来，放到其他急需发展的方向上去。

二是组建科研团队，开展新领域监测技术探索。在做好日常环境质量监测工作外，成立温室气体、细颗粒物（$PM_{2.5}$）和臭氧（O_3）污染协同控制、水生态监测、人体健康、新污染物等新领域科研团队，开展相关监测工作，补齐监测技术短板，不断推动生态环境监测重点任务由支撑污染防治向全面支撑减污降碳协同增效转型。

三是科学统筹谋划实验室装修改造。实验室改造是泸州监测站监测事业长远发展的工作。在省级能力建设资金支持下，需举全站之力，在尽可能不耽误监测工作的同时进行实验室改造。通过调整功能分区，优化实验室内部布局，重新布设水、电、气、通风管路，加固结构等措施，来最大限度地合理利用空间，从而达到科学规范、安全便捷的改造目的。

四是补齐资质短板。在监测设备到位和实验室改造完成后，分步骤实现地下水、土壤和环境空气中挥发性有机物（VOCs）缺项监测能力全覆盖。

信息化平台建设

一是引入数据处理技术平台，提升"支撑、引领、服务"水平。通过数据挖掘，发现数据中隐藏的关联性、趋势和规律，实现数据的可视化和信息化，全面提升数据综合分析和运用能力，探索构建生态环境质量综合评价方法，创新、丰富环境监测综合报告形式，实现监测数据到信息产品的多元转化，为生态环境保护工作精准管理、科学决策提供高效服务。

二是加强实验室 LIMS 建设，同时在实验室改造过程中，统筹考虑信息通信网络系统布局，为后续建设智慧实验室打下基础。

人才培养和激励

党建引领业务

坚持党建工作引领业务工作，增强党建工作创新性，使职工更加紧密地团结在一起，更有凝聚力和战斗力，形成良好的站文化；丰富信息宣传形式和内容，展现积极向上、奋发有为的精神风貌，努力打造一支忠诚有担当的生态环保铁军先锋队。

统筹人力资源

人手不足是当前监测站面临的一个棘手问题。解决这一问题，一是将部分技术性较单一的工作交由第三方公司完成。例如水质和空气自动站的维保工作，泸州监测站负责质量监督。二是对于新增加地方事权的专项工作，在政策允许的情况下招聘人员补充人力。三是统筹整合现有人员力量，实行"全员监测"，进一步加大人员综合利用度。

开展培训和练兵

加大人员培训和练兵力度，不断夯实基础，增强干部队伍综合素质和能力水平。同时注重加强人才梯队建设，在各个监测领域都有意识地培养出一定数量的能够独当一面的技术人才。

创新管理和激励机制

推广运用其他兄弟站干事创业奖励制度经验，完善单位的考核、绩效分配、职称竞聘等各类人才激励制度，增强干部担当作为、干事积极创业的活力。

系统整合和协同

垂改后根据职能职责的分工，市级站主要开展环境质量监测，区县级站重点开展污染源与环境执法监测、应急监测。但由于区县级监测人员借用至管理部门现象普遍，人手少，技术能力弱化，从而导致部分工作任务由泸州监测站承担。按各地污染源和环境敏感区分布情况，泸州市生态环境局通过能力建设项目为区县均配备了相应的污染源监测、应急监测仪器设备、执法监测车辆等。因此，加强和区县站的系统整合和协同，加强对区县站的技术指导，区县站着力解决人员回归问题，全面提高执法监测和应急监测水平，为落实气、水、土重点污染防治提供技术支撑。

环境监测领域拓展

生态环境监测是生态环境保护的基础，是生态文明建设的重要支撑。生态环境监测事业历经近50载砥砺奋进，从20世纪70年代艰难起步，到20世纪80年代成长发展，再到党的十八大后的改革创新，取得辉煌成就，成为生态环境保护的"法宝"与"利器"。

监测面临的新挑战

我国生态环境监测发展历史大体可总结为记录环境历史、支撑考核排名、智慧监测等三个阶段（见图5），目前生态环境监测正处于由第二阶段向第三阶段迈进的关键期和转型期。达到智慧监测的标志即是实现感知高效化、数据集成化、分析关联化、测管一体化，应用智能化、服务社会化。

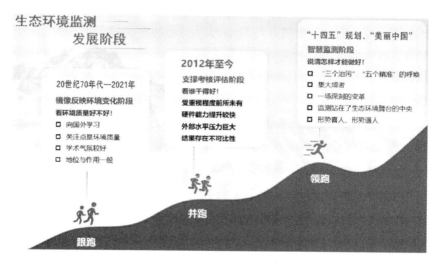

图5　我国生态环境监测的发展历程

"说得清"现状，"说得准"问题，"说得明"环境污染的成因、机理与改善措施，是新时期生态环境监测的目标方向。当前污染防治攻坚战已经全面升级，习近平总书记强调，要巩固污染防治攻坚成果，坚持精准治污、科学治污、依法治污。污染防治要做到时间、对象、区位、问题、措施精准，就必须先做到"监测先行、监测灵敏、监测准确"。生态环境监测工作要从简单出具数据向提出切实管用的综合管理决策建议转变①。

从1973年召开中国第一次环境保护会议以来，生态环境监测的职能定位、队伍构成就发生了深刻变化。生态环境监测工作的职能定位转变为着

---

① 陈传忠. 观点 | 步入生态环境监测新阶段［EB/OL］. 中国环境监测总站，（2021–06–28）［2024–03–06］. https://baijiahao.baidu.com/s? id=1703816776688639767&wfr=spider&for=pc.

眼环境质量改善、支撑环境管理、引领污染防治、服务社会公众。随着体制机制改革以及机构职能调整和人员转隶等工作的深入推进，生态环境监测队伍中的社会化监测机构成为重要力量。比如新常态下，采样分析、自动站运维等大量生态环境监测工作需要由社会机构完成。

当前，我国生态环境监测网络已全面覆盖环境质量、污染源和生态质量监测，监测指标项目与国际接轨，基本实现陆海统筹、天地一体、上下协同、信息共享（见图6）。我国生态文明建设进入高质量发展的关键时期，环境监测面临新挑战。2020年，《生态环境监测规划纲要（2020—2035年）》提出，要推动传统监测向生态环境监测转变。这些转变包括当前和今后一段时期将是破解我国复杂环境问题的重要攻坚期，生态环境的管控因子将从常规污染物向新型、复合型、持久性污染物转变，并逐步对生态系统和环境健康有所侧重；管控区域将由城市向农村延伸，城市群一体化联防联控不断加强；管控手段将从控源减排和环境质量达标多方综合施策。

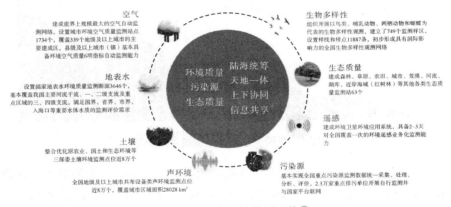

图6　我国生态环境监测网络①

2022年，《"十四五"生态环境监测规划》（以下简称《规划》）提出两大方面11项重点任务举措和两项重大工程，对环境监测事业发展提出了新要求。一是立足支撑。要全面谋划碳监测和大气、地表水、地下水、土壤、海洋等环境质量监测、生态质量监测和污染源监测业务，充分发挥生态环境监测的支撑、引领、服务作用。监测业务方面，《规划》中强调了

---

① 吴季友，陈传忠，蒋睿晓，等. 我国生态环境监测网络建设成效与展望［J］. 中国环境监测，2021，37（2）：1-7.

八项重点任务：支撑低碳发展，加快开展碳监测评估；聚焦协同控制，深化大气环境监测；推动三水统筹，增强水生态环境监测；着眼风险防范，完善土壤和地下水监测；强化陆海统筹，健全海洋生态环境监测；注重人居健康，推进声、辐射和新污染物监测；贯彻系统观念，拓展生态质量监测；坚持测管联动，强化污染源和应急监测。二是立足提升能力。要围绕生态环境治理目标进行改革创新，加快实现生态环境监测现代化。在能力提升方面，强调三项重点任务：筑牢质量根基，推动监测数据智慧应用；加强科技攻关，塑造产学研用创新优势；坚持深化改革，推进生态环境监测现代化。

市、区县环境监测站作为监测体系的前沿和哨岗，为环境管理和决策提供基础性、原始性数据，因此，市、区县环境监测站的建设、管理、发展尤为重要。而面临当前环境监测需求的快速增长与现实监测能力不足的矛盾、第三方检测机构快速发展与监测产业宏观管理滞后等深层次问题，如何确保监测数据"真、准、全、快、新"，更好发挥生态环境监测的支撑作用？未来生态环境监测又有哪些发展趋势？结合泸州监测站的监测能力现状，如何在新形势下拓展环境监测领域，持续完善生态环境监测能力建设？这些都是值得深思的。

监测对象与指标

当前环境监测从传统的环境要素监测，正逐步向全方位的生态环境监测发展，在发达国家也能看到这样的趋势。未来的生态环境监测方向，将更接近健康保护、生物多样性保护和生态系统保护。具体来说，主要包括生态环境监测指标从常规理化指标向有毒有害物质和生物、生态指标拓展，从浓度监测、通量监测向成因机理解析拓展；监测点位从均质化、规模化扩张向差异化、综合化布局转变；监测领域从陆地向海洋、从地上向地下、从水里向岸上、从城市向农村、从全国向全球拓展；监测手段从传统手工监测向天地一体、自动智能、科学精细、集成联动的方向发展；监测业务从现状监测向预测预报和风险评估拓展、从环境质量评价向生态健康评价拓展。

为全面提升生态环境监测业务水平，国家层面部署的生态环境监测的业务和产品更加丰富。在空气环境监测方面，除了常规指标监测，在重点区域开展颗粒物组分和光化学组分监测，为污染溯源分析、细颗粒物（$PM_{2.5}$）和臭氧（O_3）协同控制提供了技术支持；在水环境监测方面，开展水生态监测新技术应用，增强统筹水资源、水环境、水生态管理能力；在生态监测方面，把遥感监测技术和地面观测站相结合，不断提升生物多样性观测能力；在预警预报方面，建成国家—区域—省级—城市四级空气质量预报体系和联合会商机制，国家环境空气质量预报技术达到世界先进水平，预报准确率达到80%以上，区域和省级基本具备7~10天空气质量预报能力，为重污染天气应对和重大活动空气环境质量保障提供关键支持等。

根据《四川省生态环境监测机构能力建设指南（征求意见稿）》要求，驻市（州）站监测能力建设目标为：具备大气、水、土壤环境质量标准和当地污染源排放标准的监测能力。配备颗粒物雷达走航车，臭氧（O_3）超标城市配备挥发性有机物（VOCs）走航车并具备117项挥发性有机物（VOCs）手工监测能力，细颗粒物（$PM_{2.5}$）超标城市具备颗粒物组分手工监测能力；具备饮用水和地下水水质全分析能力；具备土壤环境质量农用地和建设用地管控标准监测能力，形成现场监测土壤中重金属和有机物的能力；具备各类环境噪声监测能力；突发环境事件中具备现场便携式快速采样和定性、半定量监测能力，水、大气和土壤现场监测挥发性有机物（VOCs）和重金属的分析能力。形成陆生生态、水生生态和水生生物监测能力。

截至2023年，泸州监测站具备水和废水（含大气降水）、空气和废气、噪声和振动、辐射、土壤和沉积物、固体废物等6大类共计253项参数的监测能力。主要涉及开展辖区内例行监测工作，包括环境质量监测、"双随机"执法监测、污染源监测、投诉监测、应急监测和其他专项监测等。

泸州监测站的监测工作主要集中在气、水、土、声等传统监测领域，同时也在持续积极拓展监测能力，比如在空气环境监测方面，开展大气复合污染自动监测和大气颗粒物组分手工监测，持续开展挥发性有机物（VOCs）走航监测、测管协同执法监测等，实现了精准溯源、为臭氧（O_3）污染防控和大气污染精细化管理提供了科技支撑。但在大气挥发性有机物（VOCs）监测、大气颗粒物组分手工监测、温室气体监测、地下水和土壤监测、新污染物（持久性有机污染物、内分泌干扰素、抗生素、微塑料）监测、水生态监测等方面均存在不足，有些方面与部分先行兄弟站已存在明显差距，亟需拓建监测领域提升相应的监测能力。例如，在《2023 年四川省生态环境监测方案》涉及泸州事权的监测任务中，环境空气质量监测方面，大气颗粒物组分手工监测不具备对细颗粒物（$PM_{2.5}$）中部分金属元素、元素碳、有机碳、二元羧酸、多环芳烃、正构烷烃、左旋葡聚糖等有机化合物的监测能力；水环境质量监测方面，不具备水质预警能力，水生态监测不具备对水生生物和水生环境的监测能力；土壤和地下水监测资质不全，土壤不具备对硝基苯、苯胺、甲基汞、六氯环戊二烯、2，4-二硝基甲苯、邻苯二甲酸二（2-乙基己基）酯、邻苯二甲酸丁基卞酯、邻苯二甲酸二正辛酯、3，3'-二氯联苯胺、阿特拉津、敌敌畏、乐果、二噁英（毒性总当量）、多溴联苯（总量）共 14 项的监测资质，地下水不具备对六价铬、涕灭威、总 α 放射性、总 β 放射性的监测能力；对于环境监测热门领域相关的新污染物、温室气体、水生态等监测方面，尤其面临严峻挑战。

而《2023 年四川省生态环境监测方案》中不涉及泸州事权的监测任务中，例如环境空气挥发性有机物（VOCs）手工监测（涉及成都市、自贡市、德阳市、宜宾市、眉山市），泸州监测站不具备对 57 种 PAMS 物质、47 种 TO15 物质、13 种醛酮类物质共计 117 种挥发性有机物（VOCs）的监测能力；环境健康风险监测（仅涉及彭州市），泸州监测站目前仅具备对环境空气、室内空气中的可吸入颗粒物（PM_{10}）、苯系物等 12 项挥发性有机物（VOCs）的监测能力，不具备对卤代烃、多环芳烃，积尘中的多环芳烃等物质的监测能力；二噁英重点排放源调查监测，泸州监测站不具备对 17 种 2，3，7，8-氯代二噁英类等物质的监测能力（2022 年涉及此事权采取委外监测）。

环境监测热门领域

新污染物

监测目标

国际国内尚无新污染物的权威定义，从保障国家生态环境安全和人民群众身体健康安全的角度出发，可以认为新污染物是指排放到环境中的，具有生物毒性、环境持久性、生物累积性等特征，对生态环境或人体健康存在较大风险，但尚未纳入管理的有毒有害化学物质。新污染物种类繁多，目前全球关注的新污染物超过 20 大类，每一类又包含数十上百种化学物质，随着对化学物质环境和健康危害认识的不断深入，以及环境监测技术的不断发展，新污染物的类型和数量也会不断发生变化。

作为生态环境领域的新课题，新污染物治理进入公众视野的时间还不长。新污染物之所以"新"，并不一定是新合成的物质，也不是突然冒出来的，而是因为我们以前没有充分关注或者没有管控它们。

2023 年 3 月 1 日起，《重点管控新污染物清单（2023 年版）》（以下简称《清单》）正式施行，明确了 4 类共 14 种重点管控新污染物及其禁止、限制、限排等环境风险管控措施。包括国际公约中明确的持久性有机污染物，已列入有毒有害大气污染物名录或有毒有害水污染物名录、优先控制化学品名录的有毒有害污染物，以及包含壬基酚在内的内分泌干扰物、抗生素等。

《清单》第五条明确指出，将根据实际情况实行新污染物的动态调整，即可能会有其他新污染物被关注并补充进来，国家、省和市级的管控方案将形成合力，推动建立健全新污染物治理体系。这些其他新污染物包括社会关注度较高的微塑料以及邻苯二甲酸酯类、有机磷酸酯类、紫外吸收剂、有机锡等。比如，《上海市新污染物治理行动工作方案》就"点名"了《清单》外的内分泌干扰物——双酚 A 等，提出对其进行环境风险筛查；《海南省新污染物治理工作方案》则与持续推进的《海南省"十四五"塑料污染治理行动方案》相结合，在《清单》外还重点关注微塑料等新污染物。

监测现状

我国新污染物治理起步较晚，与面临的形势和要求相比仍存在诸多短板，突出体现在法律法规体系不完善、跨部门协调机制不健全、调查监测基础薄弱、环境风险底数不清以及人才队伍和科技支撑能力严重不足等方面。

根据国家顶层设计，新污染物治理分"筛、评、控"三步走：筛选出生产使用量大、环境危害性强、检出频次高的污染物，纳入风险评估范围；从生产、使用、消费和废弃处置的全环节，进行生态风险和健康风险评估；对经"筛、评"确定的重点管控对象，采取全过程管控。监测，是开展新污染物治理的基础，更是一道急需克服的难题，这体现在：如何筛选潜在新污染物？广泛筛查后，如何对潜在污染物进行更精准的定量分析？如何建立高效的检测？

当前新污染物的监测技术水平有待提高。除了部分发达地区，地方的新污染物监测技术水平相对较低，缺乏高精度、高效率、低成本的新污染物监测技术和设备，需要借助先进的技术手段和设备，提高监测水平和效率。一些地方新污染物技术研发能力不足。地方科技力量相对较弱，难以独立开展新污染物的研究和开发，需要依赖于高校、科研机构和企业等外部技术支持，提高自身技术研发能力。目前仅部分新污染物有国家或地方标准，大部分新污染物的监测方法均为实验室自行建立，方法、性能差异大，普适性不强。在人员培训方面，需要具备监测新污染物的专业知识和技能的监测人员，我国在有机污染物监测方面的人员缺口很大，现有教育的专业布局满足不了国家需求。

泸州监测站能力

根据 2022 年中国环境监测总站的《新污染物监测能力调查问卷》统计，问卷所列新污染物监测仪器设备中，泸州监测站仅有 4 种类型共 7 台前处理仪器设备，1 种类型暂无；15 种类型分析仪器中，仅有 3 种类型共 5 台分析仪器。而关于各类环境要素中的新污染物监测能力，调查问卷列出的《重点管控新污染物清单（2023 年版）》中 30 种新污染物，仅水和废水环境要素各具备 9 种新污染物监测能力，土壤环境要素具备 8 种新污染物监测能力；《第一批化学物质环境风险优先评估计划》（清单）中 20 种新污染物，仅水和废水环境要素各具备 4 种新污染物监测能力，土壤环境要素具备 3 种新污染物监测能力；其他 32 种新污染物中，仅水和废水环境要素分别具备 2 种、1 种持久性有机污染物监测能力；环境空气、废气、沉积物、固体废物、生物、海水等环境要素都不具备监测能力。

调查问卷还统计了当前新污染物监测工作经历，一是完成新污染物全国试点调查高洞电站和长江五渡溪 2 个点位共 30 份环境水样的采集并寄送到指定地点（见图 7）；二是完成泸州市 3 个地市级饮用水源地调查环境水样采集并寄送到指定地点；三是协助中国环境科学研究院完成对城东污水厂新污染物采样；四是协助中国环境科学研究院、北京大学、中国科学院生态研究中心等课题组完成国家重点研发计划"长江流域污染源数据库与风险源分布热点图"项目长江调研采样；暂未开展过新污染物调查监测相关方面的研究、科研等工作。

图7 新污染物全国试点调查环境水样采集

　　有毒有害化学物质的生产和使用，是新污染物的主要来源。泸州市辖区内典型新污染物涉及医药、石油化工、农药、水产养殖、畜禽养殖、纺织印染、橡胶、硅油、树脂等相关行业，监测形势严峻，而监测能力尚不匹配。根据《2023年四川省生态环境监测方案》，泸州监测站作为新污染物环境调查试点监测市（州）之一，涉及饮用水源地和重点区域污水、地表水监测，对于补充项目壬基酚、双酚A、抗生素、全氟化合物等均不具备监测能力。

　　根据《泸州市新污染物治理工作实施方案》，围绕建立机制、摸清底数、源头防范、过程控制、末端治理和强化科技支撑等六个方面制定了十四项重点任务，加强有毒有害化学物质环境风险防控工作，切实保障生态环境安全和人民健康。其中，重点任务"（三）推动建立新污染物环境调查监测体系"，要求依托现有生态环境监测网络，在重点地区、重点流域、入境关口，选取抗生素、全氟化合物等重点管控新污染物实施环境调查监测，进一步掌握全市重点管控新污染物环境赋存水平。2025年底前，配合省上初步建立新污染物环境调查监测体系。重点任务"（十四）开展新污染物治理试点工作"，焦石化、涂料、农药、医药、电镀等行业，按照省上有关要求实施新污染物治理试点。按照省上相关要求推动制药企业、畜禽标准化示范养殖企业、水产健康养殖和生态养殖示范区抗生素治理试点。鼓励相关区县（园区）结合产业特点，制定激励政策，推动新污染物治理企业先行先试。这些重点任务为泸州监测站提升新污染物监测能力提供了方向及新机遇，同时迫使其加快能力建设，为守护一方环境安全提供基础数据和技术支撑。

水生态监测

监测意义

一直以来，在评价河湖水资源质量时，基于理化指标的水质监测是应用最为广泛的方法，其很早就被作为管理工具用于水资源保护工作。水质监测评价简单高效，也符合彼时水治理水保护的任务要求。但随着我国治水矛盾的转变和新时期治水目标的要求，仅通过若干理化指标评判水体好坏的方式就显得过于单薄，因为理化指标能反映污染物的来源、浓度，能反映水环境的质量变化，却不能体现污染物对生物的影响，也不能解释水生生物对污染物的作用机理。2019 年 1 月，水利部部长在全国水利工作会议上表示，应用生物监测技术，从水生生物对污染物的利用角度反映污染物对生物的影响，展现污染物的潜在风险和威胁，是水环境监测发展的必然趋势。

"十四五"时期，生态环境部以习近平生态文明思想为指引，明确提出了新阶段的治水目标："有河有水、有鱼有草、人水和谐"。这一目标的提出，标志着水治理、水修复工作从以往单维度的理化指标考核向多维度的水生态健康考核的一次质的跃进。水生态监测是一种系统思维、生态思维，是衡量水体是否健康、生态系统是否完善的重要标准。

2022 年，全国生态环境保护工作会议指出，要推动出台长江流域水生态考核办法及其实施细则，并开展考核试点。《"十四五"生态环境监测规划》中明确强调要加强水生态环境监测。可见，水生态监测已经成为环境监测领域的热点。

从根本上讲，水生态监测的目的是水生生物多样性、水生态健康以及最终人类健康而服务。正如水利部中国科学院水工程生态研究所专家所说，"水生态监测是生态环境保护的基础，是生态文明建设的重要支撑。"

监测现状

水生态监测是指对水生生物及影响水生生物生长繁殖的水生境、水质理化和水文等指标开展的监测工作，是反映水生态系统质量、结构和功能的一面镜子，从而通过水生态监测对生态系统质量和完整性进行评价。换句话说，水生态监测就像是一个"全身体检"，从耳、鼻、喉，到心、肝、脾，从表象到内在，从局部到整体，只有当所有检测指标都正常，我们才有信心地说这个水体是健康的，是"好"的。

围绕"水生态系统",水生态监测指标就包含在"水生境""水环境"和"水资源"三方面中,一般包括水生生物、水生境和影响生物生长繁殖的理化因子。理化因子就是常说的水质理化指标,包括影响水生生物生长繁殖的水温、pH、溶解氧、电导率、浊度、高锰酸盐指数（I_{MN}）、氨氮（NH_3-N）、总磷（TP）和总氮（TN）等,湖库点位增测透明度和叶绿素 a。水生生物监测的必测指标一般包括浮游植物、浮游动物、大型底栖无脊椎动物、着生藻类、大型水生植物等,鱼类、生物体残毒、环境 DNA、稳定同位素等暂定为选测指标。水生境监测指标包括岸带、栖息地和水源涵养区的人类活动、植被覆盖、形态特征等情况,以及水体的水量、流速等水文情况。水资源指标主要包括监测河流的流量和湖泊的水位等。随着管理需求的不断扩大,水生态监测的指标也在逐步增加。

我国水生态监测与评价大致可以划分为 4 个阶段:20 世纪 80 年代中期—90 年代初期为第一次快速发展期,以行政区域为单元的水生生物试点监测为主;20 世纪 90 年代中期—90 年代末期为停滞期;2000—2010 年为恢复期;2010 年至今为第二次快速发展期,以流域为单元的水生态监测与评价为主。水环境监测将从现状监测向预警监测跨越,水质监测也要向水生态监测跨越,基本实现以"自动监测为主、手工监测为辅"的水环境质量监测与评估体系,水环境质量监测自动化、标准化和信息化水平显著提高,到"十四五"末期,初步构建水生态监测技术体系,探索由常规理化指标评价向水生态环境综合评估的转变。

我国流域水生态环境监测评价研究虽起步较晚,现有技术水平和科学管理距离发达国家仍有一定的距离。但经过近十年的积极探索,湖北省、江苏省、辽宁省、山东省等地方也开展了水生态监测试点并发布了相关的技术规范,已具备了一定的水生态监测能力和技术储备,初步形成了具有我国流域特色的水生态监测与评价技术体系,积累了一定的水生态监测数据和宝贵经验。

泸州监测站能力

目前,泸州监测站已经具备部分水生态监测的能力,主要为水环境指标和水资源指标,而水生生物和水生境方面的监测能力尚欠缺。2022 年,选派技术骨干赴四川省监测总站进行了现场采样标准方法实操训练,完成了长江流域鱼类环境 DNA 试点监测,积累了水生态监测相关工作经验（见图 8）。2023 年 5 月,泸州市、宜宾市、资阳市三地监测站就水生态监测能力建设和科研机构创建等进行深入交流，共谋发展大计。根据《2023年四川省生态环境监测方案》中鱼类环境 DNA 试点监测，泸州监测站负责辖区内样品采集和运送，目前不具备鱼类环境 DNA 样品测序监测能力。2023 年泸州监测站成立了水生态能力建设攻坚小组，牵头落实所需实验室环境和监测仪器，负责建立本站水生态监测实验室；负责培养水生态监测专业队伍；负责取得水生态监测资质，具备开展水生态监测现场采样、实验室鉴定和评价能力。泸州监测站印发《四川省泸州生态环境监测中心站水生态监测能力建设实施方案（2023—2026 年）》，以立足现状，接轨先进，加快拓展水生态监测能力，助力深入打好泸州市水污染防治攻坚战。

图 8　鱼类环境 DNA 试点监测水样采集

碳监测

监测意义

碳监测通过综合观测、结合数值模拟、统计分析等手段，获取温室气体排放强度、环境中浓度、生态系统碳汇等碳源汇状况及其变化趋势信息，为应对气候变化研究和管理提供服务支撑。主要监测对象为《京都议定书》和《多哈修正案》中规定控制的 7 种人为活动排放的温室气体，包括二氧化碳（CO_2）、甲烷（CH_4）、氧化亚氮（N_2O）、氢氟化碳（HFCs）、全氟化碳（PFCs）、六氟化硫（SF_6）和三氟化氮（NF_3）。

全球气候变化是 21 世纪人类可持续发展面临的严峻挑战，我国提出，努力建设人与自然和谐共生的现代化，实施积极应对气候变化国家战略，二氧化碳排放力争于 2030 年前达到峰值，努力争取 2060 年前实现碳中和。积极应对气候变化，既是四川省筑牢长江、黄河上游重要生态屏障和水源涵养地的重要途径，也是实现高质量发展和建设高品质生活宜居地的内在要求。开展全球和区域碳浓度监测，解析碳排放的分布和趋势，对于制定国家"双碳"目标具有重要的支撑作用和现实意义。

监测现状

当前，国际通行的温室气体排放统计方法包括核算法和自动监测法两种。两种方法中，核算法较为成熟，成本较低，但主要依靠人为计算，容易出现数据问题。而自动监测法主要是通过连续排放监测系统（CEMS）对温室气体的浓度和流量进行实时、连续的测量，较少人为干扰因素，但对设备及成本的要求也更高。

2021 年底，生态环境部发布《"十四五"生态环境监测规划》，明确碳评估要以"核算为主、监测为辅"。当前，我国碳核算体系正在朝着统一规范的方向进一步完善，而作为其重要支撑的自动监测仍然刚刚起步。2022 年 6 月，国务院发布《关于加强数字政府建设的指导意见》也指出，要加快构建碳排放智能监测和动态核算体系，推动形成集约节约、循环高效、普惠共享的绿色低碳发展新格局，服务保障碳达峰、碳中和目标顺利实现。

从 2021 年 9 月生态环境部印发《碳监测评估试点工作方案》以来，第一阶段试点任务已全面完成，取得了阶段性成果。通过初步组建网络，从无到有建设碳监测网络，2023 年中国基本建成了覆盖全国重点行业、城市、区域三个试点层面的温室气体地面观测网，有序实施国家空气背景站点升级改造。在环境浓度监测方面，我国已建成 63 个高精度、95 个中精度城市监测站点，可高精度在线观测近地层大气二氧化碳（CO_2）浓度；在排放监测方面，我国已开展对重点企业碳排放监测试点，5 个试点行业共建成 93 台在线监测设备；在碳汇监测方面，我国发射了首颗陆地生态系统碳监测卫星"句芒号"，能够对碳汇进行高精度遥感测量；组织试点单位及时总结技术方法，先后印发 10 余项碳监测技术指南或规程，涵盖重点行业、城市、区域、海洋碳汇等各领域。碳监测能力的提升能为"双碳"目标的实现提供重要支撑。

2023 年 5 月 31 日，生态环境部召开例行新闻发布会，发布将启动碳监测评估第二阶段试点工作。重点做好三方面工作：一是扩大行业试点范围。稳步扩大火电、钢铁等行业试点，逐步增加参试企业，提升试点工作代表性。二是深化技术体系构建。进一步完善碳监测技术指南和标准规范，为开展碳排放监测、碳通量监测、环境浓度监测打下更扎实基础。三是强化监测法精准支撑。加快突破流量监测等碳监测关键技术，提升利用监测数据校核核算数据的科学性。

但相比细颗粒物（$PM_{2.5}$）等大气污染物，碳排放监测难度更高、对精确性要求更高，在地面监测中，目前国际上主流的碳监测网络采用的多是高精度监测方法。以二氧化碳（CO_2）为例，高精度监测设备精度能到0.05%，是常规二氧化硫（SO_2）监测设备精度（5%左右）的近百倍。目前国内碳监测仍然在起步阶段，市场规模不大，涉足这一领域的企业也相对较少，学界和业界在碳排放监测技术、数据质量控制与标准化建设等领域的研究还十分欠缺。

碳排放监测数据质量控制，是评估"双碳"政策执行情况、制定减排控制策略的重要基础，建立碳排放监测数据质量控制关键计量技术和标准规范，已成为"碳达峰、碳中和"管理决策的首要环节。

泸州监测站能力

根据《2022年四川省生态环境监测方案》，成都市在四川省生态环境监测总站技术指导下，结合城市自身特点，重点开展高精度一氧化碳（CO）、高精度甲烷（CH_4）以及其他温室气体的监测评估；恢复九寨沟省级背景站，并增加部分温室气体监测指标。四川省温室气体监测分为三项工作。一是城市大气温室气体监测，仅涉及成都市。监测项目为高精度二氧化碳（CO_2）、高精度甲烷（CH_4）、高精度一氧化碳（CO）、高精度气象五参数（温度、湿度、气压、风向、风速）、监测碳同位素（$^{14}CO_2$）；依托本行政区最新的温室气体清单，细化编制高时空分辨率温室气体清单；基于温室气体监测数据和高时空分辨率温室气体清单，利用碳同化模型开展本行政区温室气体排放量模拟计算。二是背景大气温室气体监测，海螺沟背景站。三是陆地生态系统碳汇监测。监测项目包括：基于涡度相关技术的通量监测：一氧化碳（CO）、H_2O、甲烷（CH_4）通量、空气温湿度、光合有效辐射、总辐射、净辐射，土壤水分、土壤温度，降水量等；基于遥感影像的关键生态参数获取：生态系统类型、归一化植被指数、植被净初级生产力等。泸州监测站仅涉及配合国家总站完成辖区内的相关监测评估任务，暂不具备温室气体监测评估能力。

监测方向的拓展

例行监测外的科研监测

党的十九大提出了全面推动绿色发展，大力促进技术创新，开展环保科技攻关，特别是采取有力措施推动有关大气、水和土壤的污染治理科技创新，以及推动绿色能源技术革命，为污染防治攻坚战提供科技支撑。党的二十大提出了大力推进经济、能源、产业结构转型升级，推动形成绿色低碳的生产方式和生活方式。例如，加强大气重污染成因和治理研究；对臭氧（O_3）、挥发性有机物（VOCs）以及新污染物治理开展专项研究和前瞻研究；对涉及经济社会发展的重大生态环境问题开展对策性研究，并加快成果转化与应用。

生态环境部部长黄润秋要求中国环境监测总站建成世界一流的研究型监测机构。可见，在国家层面是何等重视监测研究工作。监测工作技术性强，离不开科研引领，而光靠企业、科研院所自发研究，搞出来的技术、产品，往往难以适应广泛的实际应用需求。应注重科研与业务高度融合、相互促进——主要体现在监测技术研发上。生态环境监测不仅是环境规划、评估、执法等业务的数据提供者，更应该成为环境科研、规划和评估的深度参与者和重要贡献者。

监测能力的拓展监测

当前生态环境监测能力呈现"头重脚轻"的情况，省市级生态环境监测力量不平衡、不充分等问题突出。新污染物、水生态、碳监测在我国尚处于起步阶段，监测技术体系尚不健全，相关的监测标准、规范、指南等也是在试点进程中不断完善和发展的，对地方而言，存在诸多"新挑战"。

一方面应随时关注国家、省级关于新污染物、水生态、碳监测的进展，逐步拓展相关方法研究、样品采集、分析测试、数据分析等工作，提升监测能力。另一方面应结合泸州市相关试点工作，结合实际需求，积极组织开展新污染物、水生态、碳监测的监测技术方法研究和调查监测，及时跟踪最新研究动态，提升监测科研能力，推进监测方法标准化，构建监测技术及评估体系，逐步强化对生态环境污染治理的监测技术支撑。

环境问题污染治理监测

当前泸州市生态环境保护存在的主要问题，体现在小流域污染治理需进一步加强，大气污染防治力度仍需持续加大，经济开发与长江上游生态环境保护之间存在矛盾，环境治理与监管能力建设仍有不足等方面。《泸州市"十四五"生态环境保护规划》中提出，要坚持问题导向和结果导向，进一步加强政策引导，组织科研院所、高校、环保企业共同参与泸州市水、大气、土壤等领域突出环境问题的污染治理的相关课题研究；通过技术创新，提高资源综合利用率。推动环境数据空间数据库建设，全面掌握区域环境状况。

2021年起，泸州监测站立足污染防治，主要科研项目有9项：泸州市濑溪河流域面源污染阻控关键技术研究、人工湿地水质净化技术在微污染河流生态修复中的探索和实践（泸州职业技术学院合作）、关于泸州市李子酒酿造副产物可资源化水平的初探、四川省旅游行业低碳绿色发展水平评估研究（泸州职业技术学院合作）、基于沱江流域县域水平和尺度的绿色可持续高质量发展评估（泸州职业技术学院合作）、人工增雨大气污染防治效果评估系统（泸州市气象局合作）、泸州市大气颗粒物特征分析及来源解析、人工湿地生态修复微污染河流的工程实践和技术优化研究、"双碳"目标背景下能源矿产开发利用生态效率评估及优化路径研究——以四川省为例（泸州职业技术学院合作）。图9为鳌河沟人工湿地生态修复微污染河流。

图9　鳌河沟人工湿地生态修复微污染河流

影响人体健康的污染物监测

污染物与人们日常生活息息相关，越来越多的相关研究揭露了环境污染指标与人体健康的关联性，引发了人们的广泛关注。比如高氯酸盐，在正常的环境条件下可存在数十年，是一种持久的化学污染物，对人体健康的影响主要集中在甲状腺功能方面，还涉及神经系统毒性、生长发育毒性、生殖毒性等方面。上世纪90年代末，美国环境保护署在多地的饮用水中发现了高氯酸盐。我国对高氯酸盐污染的研究尚处在起步阶段，缺乏系统的研究数据。2023年四川省生态环境厅办公室《关于开展各流域饮用水源地、主要干支流调查监测工作的通知》（川环办函〔2023〕116号），在全省流域饮用水源地、主要干支流调查开展高氯酸盐监测。

随着新污染物的不断发现，当前环境质量评价指标体系将逐渐不能满足人们对环境质量的需求，对于当前未纳入监测，但舆论重点关注和健康危害大且在我国环境风险已经显现的、群众反映强烈的，以及国际社会广泛关注的污染物，可关注相关研究进展，结合泸州市生态环境状况，开展相关科研监测，探索污染物现状、治理、评价方式等。

质量监测外的污染源监测

污染源监测存在的问题

根据环境监测生产性，污染源监测应是环境监测的重点。研究人员习惯于从污染后的环境中倒推去找污染源，从而导致环境监测工作偏重环境质量，集中于环境中已污染的因子，污染源监测信息不足等问题的出现，进而带来了近年灰霾及其源头解析、土壤污染及其防治专项之类的被动问题，从反面为污染源作为环境监测对象主体提供了支持。近几年，全国上下加强了污染源监测，污染源在线监测已在国控、部分省控重点污染源上快速铺开，第三方运营、企业自测项目迅猛发展，商业监测公司已开展污染源监测等项目，但是在线监测项目有限且质量堪忧；社会监测在行政管理、商业运行和质量控制等方面还在摸索，污染源监测整体上仍然缺乏前瞻性、全面性、系统性、持续性、时效性和质量保证，在数量和质量方面仍然存在问题。这些问题反映出研究人员在对污染源监测地位和作用认识上的偏颇，也与长期以来监测整体生产能力不足、管理水平跟不上有关。

当前监测与监管无法有效协同。生态环境系统在前期信息化建设过程中，多以业务办理为目标，缺乏统一的顶层设计，导致部门间业务系统尚缺乏联动，监测与监管、执法、排污许可等业务之间还缺乏协同，影响了生态环境管理决策水平。这一方面是因为片面强调监测独立性，在信息化建设过程中，监测信息化系统建设一味追求为监测业务服务，没有兼顾环境管理，没有主动与环评、执法、应急等协同联动；另一方面也因为片面强调管理的主导性，认为监测只是辅助性工作，没有深刻认识到监测的

"法宝""利器"作用，监测和监管只有协同才能增效。

污染源监测的拓展

生态环境监测作为环境管理的重要支撑，也应推动传统监测向生态环境监测转变。在全面深化主要环境要素监测（含环境质量和污染排放）的基础上，逐步向生态状况监测和环境风险预警延伸，着力构建生态环境状况综合评估与考核体系。助力环境质量目标考核的同时，为约束企业达标排放、引领精准治污和保障生态环境安全提供支撑。

生态环境监测唯有守正创新，才能全面开创新局面。从某种意义上说，生态环境监测也是一种斗争。既然是斗争，就要敢于斗争，善于斗争。比如污染源监测在排口玩猫抓老鼠的游戏这么多年了，能不能换一种方式？以废气监测为例，不在排口测了，反正废气排出来总是要进入环境中去的，就在排污企业的下风向测，建立一套新的监测方法和标准。不管废气走旁路、无组织排放，还是从排口排放，就监测它对周边环境的影响，用环境质量目标反演一个限值，将排污企业的排放约束在合理范围之内，并根据环境容量变化，动态调控排放强度，这才是真正的以环境质量为核心的管理。如果这条路走通了，就可以摆脱现在的污染源监测路径依赖，在环境监管执法中更为主动。这些都是值得研究探讨的。图 10 为帮扶企业提升自行监测能力现场①。

图 10　监测部门帮扶企业提升自行监测能力

---

① 艾思. 观点 | 关于生态环境监测创新的思考 [EB/OL]. 中国生产力促进中心协会-绿色生产力工作委员会官方网站，[2024-03-06]. http://greenproductivity.com.cn/wordpress/? p=8874.

此外，污染源监测还应加强分析关联化。强调跳出监测论监测，强化监测数据与污染源、经济、电力、交通、水文、气象、医疗、农业、舆情等多元数据关联分析，推动数据、图谱、图像、影像等多类数据归一融合，运用机理、数值、统计等模型，开展环境形势研判、污染溯源追因、治理成效评估、重点专题分析，为精准治污、科学治污提供有力支撑①。

监测拓展规划

人员和仪器状况

根据四川省生态环境厅办公室《四川省生态环境监测机构能力建设指南（征求意见稿）》，人员方面，要求驻市（州）站在岗人员达到在编人数的85%，技术人员不能低于85%。泸州监测站2023年6月在编人员64人，实有在编在岗人员53人，在岗人员未达到在编人数的85%，而专业技术人员比例93.5%，满足不能低于85%的要求。泸州监测站人员问题主要体现在监测人员人手紧张，骨干人员流失，且对于水生态、新污染物、温室气体等新监测领域的专业监测人员存在不匹配等问题。

仪器设备方面，根据生态环境监测体系与监测能力现代化工作要求，结合四川省生态环境监管实际需求，设置了基本仪器设备、应急监测设备和监测网络设备3个方面仪器设备配置标准。在省厅监测能力建设资金支持下，泸州监测站积极开展能力建设，监测网络、应急监测、现场监测、实验室分析等方面的仪器设施逐步完善。目前，泸州监测站正在开展实验室改造，并针对监测能力短板，已按能力建设要求，逐步采购仪器设备，比如细颗粒物（$PM_{2.5}$）元素碳和有机碳分析仪器已完成采购，部分水生态、新污染物、温室气体监测设备已计划采购。

监测车辆配置方面，文件要求驻市（州）站辖区内6~10个行政区按10辆标准配置。2023年6月，泸州监测站车辆编制数12个，空编4个，2023年计划购置4辆业务用车，车辆到位后满足文件要求。

---

① 陈传忠. 观点 | 步入生态环境监测新阶段 [EB/OL]. 中国环境监测总站，（2021-06-28）[2024-03-06]. https://baijiahao.baidu.com/s? id=1703816776688639767&wfr=spider&for=pc.

短期和中期目标

2023 年 6 月—2024 年 6 月，打基础。泸州监测站通过学习参照先进地区的新污染物、水生态、碳监测等经验成果，开展试点监测，初步构建泸州市新污染物、水生态、碳监测实验室，拥有相关监测基本能力。完成 6 支不同研究领域的科研团队建设。

2024 年 7 月—2025 年 12 月，强技术。泸州监测站实验室基本建成，以点带面逐步铺开泸州市新污染物、水生态、碳监测工作。依托国家级、省级水生态监测数据平台，构建泸州市水生态监测数据库，力争取得相关监测方面的监测资质。2025 年年底以前，配合省上初步建立新污染物环境调查监测体系；接轨四川省生态环境监测总站，初步构建 eDNA 监测实验室；建立高精度城市监测站点，初步具备碳汇监测。

2026 年，成体系。对标泸州市污染防治攻坚战任务要求，结合泸州市实际，科学完成生态环境监测网络设置，为"十五五"迎接国家、省生态环境质量评价和考核奠定坚实基础。

重点任务

完善实验室

加快推进泸州监测站实验室改造，优化实验室内部布局，提供科学规范、安全便捷的实验环境。立足泸州市生态环境保护工作实际，制定监测设备采购计划，尽快采购配齐大气挥发性有机物（VOCs）监测、大气颗粒物组分网手工监测，尤其是新污染物、水生态、碳监测等方面需要的仪器设备，组建完善新污染物、水生态、碳监测实验室。思考常规项目由手工分析向自动化仪器分析转变的问题，把更多的人力和精力从重复繁琐的手工分析工作中解放出来。

打造专业队伍

一是配齐、补充、壮大环境监测队伍，积极争取增加人员编制，拓宽监测专业人才引进渠道，科学设计选人用人制度，解决人员不足、专业性不符等问题。通过聘用人员和购买服务等方式，妥善解决混岗混编现状，让监测专业人员立足本职岗位，干好专业技术工作。二是与局机关建立良性的借调锻炼机制，明确锻炼时间，将业务能力强的监测干部轮流借调至局机关管理科室。三是将培训考核、工作业绩与岗位竞聘、职称评级等工作相衔接，让业务精能力强的监测人员得到充分肯定和认可。四是强化监测技术培训。采取将人才"送出去，请进来"的方式，加强监测能力建设培训。"送出去"，即将站上人员送到监测发展较靠前的地区学习、锻炼；"请进来"，即邀请专家、老师到站上授课、指导。提高监测现场采样与实验室分析人员整体水平，打造一支专业生态环境监测队伍，保障监测数据质量，力争2025年年底以前获得相关资质认定。

组建科研团队

整合全站科研资源，促进科研人才的成长，改变现有科技人员单枪匹马独自研究的科研现状，提升科研队伍的创新能力和竞争实力，为泸州市坚持精准治污、科学治污、依法治污提供有力支撑，针对小流域污染治理、水生态、大气污染、重金属、水生态监测、水污染治理、自动监测、综合数据分析、质量控制信息化、酿酒污染治理等领域，完成6支科研团队建设。

根据相关工作方案及其目标任务，充分发挥气象、农业农村、林草、水利等各部门专业技术优势，加强部门间联动，建立信息互通，数据共享的工作机制。同时，加强与科研院校的合作，在泸开展多个合作试点，在试点工作中提升监测能力。同时，邀请各级监测机构、相关部门、高校、科研院所等相关监测方面的专家、学者，组建监测专家委员会，承担专业技术咨询、关键技术问题攻关等工作，从技术上保障泸州市监测工作开展，助力泸州市污染防治。

建立质控体系

为保证监测数据的准确性和可靠性，建立健全生态环境监测全过程质量管理制度，完善实验室内部质量管理程序性文件，严格样品采集、运输和流转、实验室分析鉴定的质量管理要求。对参与采样、实验室分析等环节的监测人员严把技术关。定期开展监测技术研讨和交流培训，提升专业技术人员能力水平。

环保设施向公众开放

  2017 年全国环保设施和城市污水垃圾处理设施向公众开放工作座谈会指出，环保设施向公众开放是构建和完善环境治理体系的务实举措，能够有效保障群众的环境知情权、参与权和监督权，进一步激发群众参与环境治理的积极性和主动性，使老百姓成为监督企业污染排放的主体，也是促进环保企业持续健康发展的有效途径。环保设施是重要的民生工程，对于改善生态环境质量具有战略性和基础性作用。推进环保设施开放是创新环境治理体系的有力行动；是构建美丽中国全民共同行动体系的重要举措；是化解邻避问题、防范环境社会风险的积极方略①。

环保设施

  环保设施是治理在生产经营过程中所产生并对环境造成影响的物质，使其达到法定要求所需的设备和装置，以及环境监测设备。按治理物质的形态分类有废水治理设施、废气治理设施、废渣治理设施、粉尘治理设施、噪声治理设施和放射性治理设施等。按设备的功能分类有废水沉淀中和槽、过滤压滤器、离子交换柱、活性炭吸附柱、气体吸收回收塔、废渣堆放池或场、粉尘收集除尘器、噪声消声器、放射屏蔽装置、取样器或工具、分析仪器等②。

  环保设施具体有：①专用设备，如污水泵、污泥泵、计量泵、空气压

---

  ① 2018 年全国环保设施向公众开放现场观摩活动在南京举行 [EB/OL]. 生态环境部，(2018-11-09) [2024-03-07]. https://www.mee.gov.cn/xxgk2018/xxgk/xxgk15/201811/t20181109_673309.html.

  ② 环保设施 [EB/OL]. 百度百科，[2024-03-07]. https://baike.baidu.com/item/%E7%8E%AF%E4%BF%9D%E8%AE%BE%E6%96%BD/4437308? fr=ge_ala.

缩机、鼓风机、曝气机、取水机、格栅清污机、刮砂刮泥吸泥机、浓缩搅拌设备、锅炉、热交换器等。②电器设备，如交直流电动机、开关设备、照明设备、避雷设备、变配电设备（包括电缆、室内线路架空线、隔离开关、负荷开关、熔断器、电压电流互感器、电力电容器、接地装置等）。③通用设备，如离心机、恒温箱、烘箱、冰箱、手动及电动闸阀、喷洒车、割草机、卷扬机、车床、刨床、铣床、起重机、运输车辆等。④仪器仪表设备，如天平、电磁流量计、液位计、空气流量计、分析仪器等①。

环保设施开放

环保设施开放，是向公众普及生态环境保护知识、宣传生态文明理念、提高市民生态环境意识的重要场所，也是开展环境宣传教育的重要抓手。习近平总书记在党的十九大报告中明确指出，要"构建政府为主导，企业为主体，社会组织和公众共同参与的环境治理体系"。

2017 年 5 月，环境保护部与住房和城乡建设部联合印发《关于推进环保设施和城市污水垃圾处理设施向公众开放的指导意见》，要求各地环保设施定期向公众开放。2017 年 11 月，环保设施向公众开放部署动员会在大连召开，正式开启环保设施向公众开放工作。2017 年 12 月，环境保护部与住房和城乡建设部联合印发《关于公布第一批全国环保设施和城市污水垃圾处理设施向公众开放名单和印发〈环境监测设施向公众开放工作指南（试行）〉等四类设施工作指南的通知》，公布了第一批 124 家面向公众开放的设施单位，并印发环境监测、城市污水处理、城市生活垃圾处理、危险废物和废弃电器电子产品处理等四类设施公众开放工作指南。2018 年 6 月，《中共中央 国务院关于全面加强生态环境保护坚决打好污染防治攻坚战的意见》印发，明确提出"2020 年年底前，地级及以上城市符合条件的环保设施和城市污水垃圾处理设施向社会开放，接受公众参观"。2018 年 9 月，生态环境部与住房和城乡建设部联合印发《关于进一步做好全国环保设施和城市污水垃圾处理设施向公众开放工作的通知》，要求进一步做好四类设施向公众开放工作，并明确提出到 2018 年、2019 年、2020 年

---

① 污水处理中的动力设备，作为"污师"的你都了解了吗？［EB/OL］.给水排水，（2018-06-13）［2024-03-07］. https://www.sohu.com/a/235546645_203490.

年底前，各省（区、市）四类设施开放城市的比例分别达到 30%、70%、100%①。2019 年 3 月，生态环境部与住房和城乡建设部联合公布第二批全国环保设施和城市污水垃圾处理设施向公众开放单位名单，名单包括全国 31 个省（区、市）和新疆生产建设兵团的 511 家设施单位，分别为 159 家环境监测设施、162 家城市污水处理设施、116 家城市生活垃圾处理设施及 74 家危险废物和废弃电器电子产品处理设施单位②。此外，生态环境部还联合中央精神文明建设办公室、教育部、共青团中央、全国妇联发布了《公民生态环境行为规范（试行）》（"公民十条"），同时启动了为期三年的"美丽中国，我是行动者"主题实践活动；中央文明委将环保设施向公众开放工作列入了《2018 年精神文明建设台账清单》③。

党的十八大以来，党中央、国务院大力推动生态环境保护，美丽中国建设迈出重要步伐。党的十九大报告中，生态文明建设被列入中国特色社会主义的总目标、总任务、总体布局中。一系列的重大安排部署有效推进了我国生态环境保护工作的进程，取得明显成效，但也要清醒认识到当前环境形势还是比较紧张，环境治理任务较重。其中，部分地方污水处理、垃圾处理、危险废物处置及 PX 化工等项目出现了"邻避效应"，甚至出现群体性事件。这些问题产生的原因，既有公众对环境保护知识不了解、不掌握的因素，也有部分政府监管措施不到位，企业履行环保责任不到位、环保工作有差距，以致破坏整个行业形象，使群众产生不信任感的因素。党的十九大报告中明确指出要"构建共同参与的环境治理体系"，为我们提升环境治理能力、加快环境改善进程指明了方向，提供了遵循。推进四类设施向公众开放，就是构建和完善环境治理体系的务实举措。《指导意见》等系列文件的出台，目的是使公众理解环保、支持环保、参与环保，激发公众环境责任意识，推动形成崇尚生态文明、共建美丽中国的良好风

---

① 牛秋鹏. 环保设施向公众开放 | 打开环保设施开放大门，将公众请进来［EB/OL］. 中国环境报，（2018-11-19）［2024-03-07］. https://baijiahao.baidu.com/s? id=1617536251053384068&wfr=spider&for=pc.

② 生态环境部、住房城乡建设部公布第二批全国环保设施和城市污水垃圾处理设施向公众开放单位名单［EB/OL］. 生态环境部，（2019-03-08）［2024-03-12］. https://www.mee.gov.cn/xxgk2018/xxgk/xxgk15/201903/t20190309_694991.html.

③ 牛秋鹏. 环保设施向公众开放 | 打开环保设施开放大门，将公众请进来［EB/OL］. 中国环境报，（2018-11-19）［2024-03-07］. https://baijiahao.baidu.com/s? id=1617536251053384068&wfr=spider&for=pc.

尚。通过环保公众开放活动的规范化和常态化，让环保设施时刻处于公众的监督之下，构建全社会共同参与的环境治理体系，把建设美丽中国转化为全民自觉行动①。

为进一步宣传贯彻习近平生态文明思想，引导全社会深刻把握我国新发展阶段生态文明建设总体要求，不断增强公众参与生态环境保护意识，全国各地积极开展环保设施向公众开放活动。

北京：走进环保设施收获监测知识

北京市生态环境监测中心开展"今天我是监测员"主题宣传暨环保设施向公众开放活动，50余名公众走进展厅，聆听监测人员讲解关于北京市生态环境监测中心近50年来的发展历程、细颗粒物（$PM_{2.5}$）手工采样、空气质量预报、水质监测、土壤监测、噪声监测等内容，"沉浸式"体验生态环境监测工作。

福建：污水变清水固废变成宝

福建省厦门市环境宣传教育中心与厦门市湖里区绿水守护者生态环保中心组织志愿者，分别到厦门水务中环污水处理有限公司、厦门市政环能股份有限公司、厦门绿洲环保产业有限公司，了解污水处理、垃圾焚烧发电、固废治理等。福建省晋江市组织开展了环保设施"线上""线下"向公众开放，福建凤竹环保有限公司、瀚蓝（晋江）固废处理有限公司向全市群众展示了污水、生活垃圾"变废为宝"的过程。

湖南：亲子家庭来打卡

在一曲童声合唱《让中国更美丽》音乐声中，湖南省株洲市水务集团排水公司公众开放活动于近日正式拉开帷幕，活动吸引了株洲市70余名热心公益的亲子家庭实地打卡龙泉污水处理厂，参观环境教育基地，零距离体验"污水变清流"的奇妙过程。

广东：我为群众讲监测

广东省生态环境监测中心组织全省监测系统开展"我为群众讲监测·

---

① 环境保护部有关负责人就环保设施公众开放系列文件有关问题答记者问［EB/OL］.环境保护部，（2018-01-31）［2024-03-06］.https://www.mee.gov.cn/gkml/sthjbgw/qt/201802/t20180201_430710.htm.

第二届广东省环境监测设施集中向公众开放"系列活动 31 场，参与公众近 3 000 人，用实际行动践行人与自然和谐共生，营造公众积极参与生态环境保护的良好社会氛围。

广西："沉浸式"的环保设施体验活动

广西壮族自治区桂林市生态环境局组织桂林理工大学、桂林电子科技大学、新龙中学、九屋中心校师生，和环卫站、垃圾清运单位负责人、青狮潭水库工作人员及群众代表等，分别走进桂林市七星区污水处理厂、桂林生态环境监测中心、桂林市深能环保有限公司与桂林高能时代环境服务有限公司，让他们"亲眼看、亲耳听、亲身感"，通过"沉浸式"活动揭开环保设施的"神秘面纱"，积极争取社会各界力量共同参与生态环境建设与保护。

重庆：119 家环保设施向公众开放

重庆市南岸区、万盛经开区等 40 个区县 119 家环保设施开放单位集中向公众开放，向公众展示和介绍污水处理的流程工艺和成效、"无废城市"建设工作、生态环境监测、水环境综合治理、垃圾焚烧发电等内容。

云南：生活垃圾和污水去哪了

云南省大理州有关单位干部职工、小学学生、老师和家长代表，参观了大理三峰再生能源发电有限公司和大理古城下沉污水处理厂，生动直观地感受了现代化垃圾焚烧发电厂清洁高效的生产和环保工艺、了解污水处理的工艺及流程等。

陕西：近距离了解生态环境保护

陕西省西安市环境监测站、西安市第一污水处理厂等 13 家环保设施开放单位邀请社会公众来打卡。各开放单位工作人员带领预约参观的个人及单位，近距离了解生态环境保护工作，引导大家用实际行动保护身边生态环境①。

---

① 秦超. 各地积极开展环保设施向公众开放活动［EB/OL］. 生态环境部，（2023-06-24）［2024-03-07］. https://baijiahao.baidu.com/s? id=1769596669687945064&wfr=spider&for=pc.

泸州实践

六五环境日活动

四川省泸州生态环境监测中心站联合江阳生态环境局在黄舣长江大桥空气自动监测站开展题为"建设人与自然和谐共生的现代化"环保设施公众开放活动，江阳区机关代表到场参观①。

泸州市黄舣长江大桥空气监测站为泸州市级空气监测站，该站于2018年6月建成投运，监测指标有二氧化硫（SO_2）、二氧化氮（NO_2）、一氧化碳（CO）、臭氧（O_3）、细颗粒物（$PM_{2.5}$）、颗粒物（PM_{10}）共6项指标，监测周期为每小时一班，每天24小时连续在线监测②。

在讲解员的介绍下，机关代表们详细了解了我市生态环境保护事业发展现状，以及我市国控、省控空气自动站分布情况、监测数据采样原理、空气自动站监测指标、空气质量等级判断以及大气、水、噪声等环保自动监测设施在生态环境保护工作发挥的技术支撑决策作用。参观中，代表们对空气质量级别的判断及对人体的影响表现出了浓厚兴趣，并不时提出问题③。

产学联活动

四川省泸州生态环境监测中心站联合四川化工职业技术学院在黄舣大桥空气自动监测站开展环保设施公众开放活动。

活动现场，四川省泸州生态环境监测中心站技术人员为大家介绍了空气自动监测站的原理和运行机制，空气质量级别的判断以及对人体的影响，并结合时事背景为大家介绍了"碳达峰"和"碳中和"理念。在讲解员带领下，同学们观看了环保宣教片，了解了环境监测数据从何而来、用

---

①　四川省环境监测中心站. 四川省泸州生态环境监测中心站开展建设人与自然和谐共生的现代化六五环境日公众开放活动［EB/OL］. 泸州市生态环境局，（2023－06－05）［2024－03－07］. https://sthjj.luzhou.gov.cn/hbyw/hjjc1/content_983804.

②　泸州环保设施向公众开放，让高校师生与环境监测"零距离"［EB/OL］. 泸州市生态环境局，（2021－12－17）［2024－03－07］. https://sthjj.luzhou.gov.cn/hbyw/hjjc1/content_843077.

③　四川省环境监测中心站. 四川省泸州生态环境监测中心站开展建设人与自然和谐共生的现代化六五环境日公众开放活动［EB/OL］. 泸州市生态环境局，（2023－06－05）［2024－03－07］. https://sthjj.luzhou.gov.cn/hbyw/hjjc1/content_983804.

于何处，以及监测数据与日常生活有什么关联。讲解员结合同学们所学环境监测专业课程详细讲解了手工监测和自动监测的区别，逐一介绍了黄舣长江大桥空气自动监测站自动采样仪器设备及其工作原理。面对各种先进的采样仪器和设施，师生们表现出了浓厚的兴趣，并不时提出各种问题。

通过亲身与监测工作的"零距离"接触，师生们感受到了环境监测工作的不易，理解了监测工作在打赢大气污染防治攻坚战、支撑生态文明建设、服务经济社会发展中所发挥的重要"耳目""哨兵"作用，进一步激发了师生们学习监测知识，参与环境保护的热情。参观后，同学们纷纷表示，在今后的学习生活中，将以不同的方式积极参与生态环境保护，为天蓝、地绿、水净、气新美丽泸州建设贡献自己的力量。

幼儿活动

四川省泸州生态环境监测中心站在黄舣长江大桥空气自动监测站举办了题为"感知监测奥秘，共建清洁家园"环保设施公众开放日活动，来自泸州市龙马潭区水木清华幼稚园 300 余名"特殊客人"通过线上团体预约的方式走进空气自动监测站。

初识空气自动监测站

环境监测数据从哪里来，泸州市环境空气质量怎么样，水木清华幼稚园 300 余名师生和家长带着这些问题走进了泸州市黄舣长江大桥空气自动监测站。该站与全市的其他国控、省控、市控以及微型自动站等 60 余个空气自动监测站点共同构成了空气质量监测网，实现了对本区域空气质量的实时监控，我们看见的监测数据就是来自这些神秘房间。

环保知识小课堂

中国幼教之父陈鹤琴先生曾说："大自然、大社会都是我们的活教材。"走出校园，让孩子在社会实践活动中学习知识，体验科学奥秘，激发孩子们无穷的求知欲和探索欲。本次环保知识小课堂是讲解员播放的环保公众设施开放宣传短片，该片用呆萌的卡通人物形象、通俗易懂的语言向孩子们详细讲解了环境监测知识和污水处理过程。孩子们看得聚精会神，听得津津有味，并不时发出"太神奇了""好厉害"的惊叹声。

走进空气自动站

"小朋友，刚才的动画片好看吗？现在我们就带大家走进空气自动监测站内部，看看它到底长什么样子，它有哪些神奇的监测仪器，好不好。

其实呀，空气自动监测站就好比一家医院，这些仪器设备呢就像是医院里面 CT、B 超、核磁共振等帮助医生判断身体健康状况的辅助工具。空气自动监测就好比大家到医院去进行体检，常规指标（二氧化硫（SO_2）、二氧化氮（NO_2）、一氧化碳（CO）、臭氧（O_3）、细颗粒物（$PM_{2.5}$）、可吸入颗粒物（PM_{10}））就如同体检时检查视力、听觉、血压等项目，当空气自动监测站观察到的数据出现异常超标，如超标较多或连续超标，就需要进一步检查是什么原因造成的，工业的、生活的还是自然原因等等。"通过讲解员生动形象的介绍，小朋友对空气自动监测站工作原理、作用以及环境空气质量指数（AQI）有了更加深入的了解，孩子们看得仔细、听得认真、记得用心，并不时举手积极回答讲解员提出的各种常识。

此次活动给小朋友们上了一堂生动的沉浸式、互动式环保课，大家纷纷表示在今后的生活中会从自身做起，从点滴做起，为保护环境贡献一份力量。环保设施公众开放活动举办，为小朋友和家长提供了接触环境监测的机会，使他们直观地感受到了环境监测过程，理解了保护生态环境的重要性，大家纷纷表示要从自我做起，节约用水用电，不乱扔垃圾果皮，用实际行动做一个爱护环境的好孩子。四川省泸州生态环境监测中心作为国家第一批环保设施开放单位，环保设施向公众开放以来先后通过线上线下等形式组织各类公众近 100 余次，向机关企事业单位、大中专及中小学生、市民群众开展宣传服务超过 3 万余人次，在满足市民对环保工作的知情权、参与权、监督权的同时，宣传了环保理念、普及了环保知识，形成了人人关心、支持、参与生态环境保护，共建清洁美丽世界的良好氛围。

站校携手共育

为增进当代大学生对生态环境监测工作的认识，进一步培育生态环保卫士，西南医科大学 2017 级预防医学专业 160 余名学生来到四川省泸州生态环境监测中心站参观学习环境监测工作。

参观学习活动中，全体师生首先观看了《走进监测站》宣传短片，详细了解了泸州监测站建站历史、仪器设备配置、人才结构、承担工作等基本情况。随后，在单位技术员的带领下，全体师生详细了解了自动监测、现场采样、样品分析和仪器设备使用及维护管理等相关监测技术知识，并在技术骨干的指导下实战操作了部分仪器设备，进一步激发了师生们对环保知识的浓厚兴趣和学习热情①。

通过参观学习，师生了解了四川省泸州生态环境监测中心站工作流程，学习了现场采样、样品分析等监测基础知识，了解了空气自动监测原理和空气污染评价方法。同学们纷纷表示校外参观为大家提供了一个难得的学习机会，完善了自身知识结构，受益匪浅。

作为西南医科大学校外实践基地，近年来，四川省泸州生态环境监测中心站依托独有的高素质人才队伍、先进仪器设备、优良实验环境等先决条件，每年主动接收和培养高校学生达 200 余人次，在协助高校培养环保人才的同时，切实履行了社会责任和担当。

---

① "站校携手"共育生态文明建设接班人 [EB/OL]. 泸州市生态环境局，（2020-12-16）[2024-03-07]. https://sthjj.luzhou.gov.cn/hbyw/hjjc1/content_772733.

绿芽行动

    2023 年 8 月 15 日，习近平总书记在首个全国生态日之际作出重要指示强调，生态文明建设是关系中华民族永续发展的根本大计，是关系党的使命宗旨的重大政治问题，是关系民生福祉的重大社会问题。在全面建设社会主义现代化国家新征程上，要保持加强生态文明建设的战略定力，注重同步推进高质量发展和高水平保护，以"双碳"工作为引领，推动能耗双控逐步转向碳排放双控，持续推进生产方式和生活方式绿色低碳转型，加快推进人与自然和谐共生的现代化，全面推进美丽中国建设。习近平希望，全社会行动起来，做绿水青山就是金山银山理念的积极传播者和模范践行者，身体力行，久久为功，为共建清洁美丽世界作出更大贡献。

    2005 年 8 月 15 日，习近平同志在浙江省湖州市安吉县余村调研时，首次提出"绿水青山就是金山银山"的重要理念和科学论断。2022 年 6 月 8 日，习近平总书记在四川省宜宾市三江口考察时强调："作为长江上游城市，要强化上游担当，不能沿江'开黑店'、排污水，要以能酿出美酒的标准，想方设法保护好长江上游水质，造福长江中下游和整个流域。"

    党的十八大以来，习近平总书记推动生态文明建设的足迹遍及神州大地：在重庆强调要把修复长江生态环境摆在压倒性位置，共抓大保护，不搞大开发；在山东强调扎实推进黄河大保护，确保黄河安澜；在贵州察看乌江生态环境和水质情况；在漓江之上关切桂林山水保护；在雪域高原叮嘱切实保护好地球第三极生态……人不负青山，青山定不负人。这场深刻的绿色变革，为美丽中国建设，为人与自然和谐共生，为中华民族永续发展夯基垒台、指明方向①。

---

① 邹伟，高敬，黄垚，等. 书写美丽中国新画卷：习近平总书记引领生态文明建设的故事 [EB/OL].（2023 - 08 - 14）.［2023 - 10 - 15］. http://www.xinhuanet.com/politics/2023 - 08/14/c_1129802994.htm？deviceid = 220. 181. 108. 81.

泸州"绿芽"行动

2018 年，以"宣传教育、志愿服务、公益活动"为抓手的"绿芽行动"在泸州市全面铺开。2020 年 12 月，泸州市"绿芽积分"正式发布。2021 年 5 月 10 日，泸州市人民政府办公室印发《泸州市"绿芽积分"建设推进实施方案》。2021 年 5 月，"绿芽积分"被生态环境部、中央文明办评为"美丽中国，我是行动者"全国十佳公众参与案例，并在全国"生态文明 志愿同行"论坛上向与会者分享泸州经验（见图 1 至图 3）。

图 1　泸州市开展"我和我的祖国—美丽泸州·绿芽在行动"主题游园活动

图 2　西部首个个人绿色生活积分泸州市"绿芽积分"正式发布

图 3　在全国"生态文明 志愿同行"论坛上交流

媒体关注

泸州"绿芽"行动自开展以来广泛受到媒体关注，如新华社、人民日报、中央电视台、中国日报、中国环境报等。

荣誉奖项

泸州"绿芽积分"自开展以来荣誉奖项满满，如获评"美丽中国 我是行动者"全国十佳公众参与案例；第十届全国母亲河奖绿色项目奖；全国学雷锋志愿服务"四个100"最佳志愿服务项目；"绿芽积分"入选《CFF 2022 技术公益年度案例集》；第六届中国青年志愿服务项目大赛铜奖；2022 年度智慧环保创新案例——泸州"绿芽积分"；泸州市"绿芽积分"上榜《福布斯》杂志 2022 年全球区块链 50 强榜单①。

---

① 王兴权，刘书利. 泸州市"绿芽积分"在第二届中国数字碳中和高峰论坛"绿色低碳 数字生活"分论坛做案例分享［EB/OL］. 泸州生态环境，（2023-02-25）［2024-03-07］. https://mp.weixin.qq.com/s?__biz=MzA4ODI1NTg0MA==&mid=2649998541&idx=1&sn=33a577e228 702a219047face1819e1d4&chksm=882b98c2bf5c11d4dfd71a3b68fd49af1541c2cfd91a13f1a4b235db53619 eec6bf7e2947e1e&scene=27.

泸州"绿芽"活动

2018年，泸州市生态环境局成立了"绿芽"环保志愿服务队，并面向社会广泛招募志愿者。"绿芽"环保志愿服务队主要的服务内容包括开展生物多样性保护、植树造林、生态放流、环保设施向公众开放、环保研学、公益讲堂等。"绿芽"环保志愿服务队定期发布招募令，热心环保公益事业的志愿者可以通过"中国志愿服务网"进行实名注册后，搜索泸州市"绿芽"环境保护志愿服务队，或注册加入"绿芽积分"后在环保志愿服务栏目中申请参加相关的志愿服务活动。

"绿芽积分"，创新泸州经验。通过绿色生活、绿色出行、绿色循环、绿色金融等多个维度采集用户低碳环保行为数据，构建个人绿色生活积分体系。依托"绿芽积分"打通线上线下志愿服务参与互动渠道，实施巡护母亲河、生态增殖放流、我为酒城添绿植等环保公益志愿项目，科学测算碳减排数据，以积分兑换权益形式建立志愿服务激励回馈机制①。

爱鸥护鸥，书写美丽画卷。随着生态环境持续改善，本不在泸州栖息的红嘴鸥开始来泸州越冬。2019年起，泸州市绿芽红嘴鸥保护志愿服务队承担起了红嘴鸥飞临泸州越冬期间志愿保护工作，在江阳区东门口设立了绿芽环保志愿服务亭，采购特制鸥粮定期投喂，开展生物多样性保护和宣传。市民可以利用"绿芽积分"到志愿服务亭免费兑换爱心鸥粮，拓展环保宣传教育新渠道。100余名岗亭志愿服务者自愿充当护鸥人，举办护鸥公益行动。

创新发明，科技助力公益。四川化工职业技术学院的学生在校内组建志愿者小分队，开展环保公益宣传。志愿者小分队在指导老师的带领下，参与创新开发了"绿芽·瓶安"垃圾分类回收机，设备通过自主回收同学们丢弃的塑料饮料瓶，实现循环利用，提升了同学们的环保意识、保护了环境，还通过设备收益产生了经济效益，设立了奖学金。目前，该设备正在申请国家专利，并利用泸州垃圾分类高校联盟扩展到市内所有高校。

"痛点"变"亮点"，企业获双赢。每天晚饭后，不少市民都要到老鹰

---

① 刘勋，王兴权. 志愿服务 | 四川泸州市"绿芽"环保志愿服务队"绿芽"迎朝阳 播绿满酒城［EB/OL］. 中国志愿，（2022－04－16）［2024－03－07］. https://baijiahao.baidu.com/s? id = 1730280353637406406&wfr=spider&for=pc.

坵生态湿地公园散步，老鹰坵生态湿地公园曾是一片荒地，污水溢流，被相关部门点名通报。痛定思痛，泸州市坚持生态优先、绿色发展，彻底整治老鹰坵，昔日杂乱的江滩华丽变身为湿地公园。泸州老窖罗汉酿酒基地紧靠老鹰坵，泸州老窖酿酒有限责任公司积极参加"绿芽"环保志愿服务，组建了企业环保志愿服务队，积极投身环保公益活动，大手笔投入治污，实现了环境效益和经济效益的双赢。泸州老窖酿酒有限责任公司负责人表示，通过提升污水处理能力，加强环境保护，使整个厂区生态环境得到了优化，生态环境越好，酿酒需要的微生物优势群长得越好，促进了酿酒产量、质量的提高。首个全国生态日，央视关注了泸州老鹰坵之变①。

四川省泸州市，是著名的中国酒城。在这里，常年有一群"绿马甲"穿梭于城市大街小巷，精心呵护着酒城蓝天碧水，践行"奉献、友爱、互助、进步"的志愿服务精神，以实际行动书写新时代的雷锋故事。2022年，泸州市绿芽环保志愿服务队坚持"党旗红"引领"生态绿"，聚焦泸州市生态环境保护重点工作和社会关注的环境保护热点，开展环保宣教、生态保护、文明引导等志愿服务活动，有效助力全市生态环境质量持续改善。

一是突出党建引领，全面推动志愿服务。注重发挥党组织的战斗堡垒和党员模范带头作用，疫情防控期间，泸州市生态环境局积极响应市委、市政府号召，第一时间组织动员"绿芽"党员志愿者下沉一线，党员志愿者第一时间主动对接社区，第一时间披甲逆行，迅速融入小区、网格，开展宣传防护知识、维护封闭小区秩序、为居民送餐等相关志愿服务工作。

二是聚焦环保重点，持续深化志愿服务。围绕"美丽泸州 绿芽在行动"主题，策划实施开展了六五环境日、习近平生态文明思想进农村进校园进社区、环保设施向公众开放、522国际生物多样性日、保护母亲河日、全国低碳日等志愿服务活动，将环保志愿服务延伸到基层生态环境保护工作中。结合新时代文明实践阵地建设，在江阳区东门口设立绿芽红嘴鸥保护志愿服务岗，组织志愿者开展秩序维护、文明劝导、生物多样性保护引导等志愿服务活动。

三是积极创新驱动，聚焦重点志愿服务。依托泸州市"绿芽积分"，利用"互联网+大数据"技术，打通线上线下志愿服务参与互动渠道，实

① 李瑞莉.泸州坚持生态优先、绿色发展 绘就碧水青山美丽画卷［EB/OL］.泸州新闻网（2020-03-23）［2024-03-12］.https://www.luzhou.gov.cn/2020lmgd/zzcdjgxx2/content_684357.

施绿芽低碳森林、红嘴鸥保护、生态增殖放流等环保公益志愿项目。聚焦赤水河重点，围绕环保宣教、生态保护、红色传承和文明引导等内容，在赤水河流域（四川）开展了习近平生态文明思想知识进农村、进校园、垃圾分类公益宣讲、生态放流等一系列生态环保主题志愿服务活动，开展了"依法守护赤水河"2022 年四川环保世纪行活动，通过组织媒体集中采访的形式，着力引导社会各界知晓新要求、领会新精神、遵守新规定。

四是颗颗"绿芽"生根，汇聚绿色先锋力量。泸州"绿芽"环保志愿服务队发端于泸州环保"绿芽"行动，个个志愿者似颗颗绿芽，在千家万户生根发芽。他们通过开展环保志愿服务活动，把绿色环保理念"植"入人心。志愿服务中注重融入音乐、表演等多种形式，增强大众接受度。志愿服务队还创新运用漫画的形式，选取本市 10 起具有代表性的环境违法典型案例进行集中巡展，增强社会各界在环保领域学法知法守法意识，共同营造"不愿违法、不能违法、不敢违法"的良好格局①。

五是发扬雷锋精神，浇筑绿色文明理念。以"美丽泸州 绿芽在行动"为主题，创新开展"志愿服务+"行动，策划实施各类环保主题活动。

"志愿服务+绿芽"，增强公众意识。服务队开展了"绿书架进校园"、环保设施向公众开放、环保夏令营、六五环境日主题宣传等活动，活动接地气，既发挥了志愿服务主动性，又增强了公众环保意识。在张坝环境教育基地开展主题开放活动，以研学形式，让学生参与自然体验课程，通过志愿者讲解科普馆环保设施微缩模型原理和参观环保科普长廊，辅以趣味环保活动的形式，让学子们在活动中切身体会了如何去践行环保行为，达到了很好的宣教作用②。

"志愿服务+党建"，强化党建引领。注重发挥党组织的战斗堡垒和党员的模范带头作用，市生态环境局党员干部们主动带头加入志愿服务队，积极参与志愿服务活动，注册党员志愿者超过 300 人。泸州市生态环境局会同四川省生态环境宣传教育中心，联合发起"党旗红 生态绿 守护赤水河"志愿服务项目，获评 2021 年四川省十佳志愿服务项目。聘请 30 多名

---

① 王兴权，刘宇洲. 学雷锋，"绿芽"志愿服务在酒城大地播撒生态文明的种子［EB/OL］. 泸州市生态环境，（2021 – 03 – 05）［2023 – 10 – 15］. https://weibo.com/ttarticle/p/show？id = 2309404611504010821981.

② 王兴权，刘宇洲. 学雷锋，"绿芽"志愿服务在酒城大地播撒生态文明的种子［EB/OL］. 泸州市生态环境，（2021 – 03 – 05）［2023 – 10 – 15］. https://weibo.com/ttarticle/p/show？id = 2309404611504010821981.

党员专家加入环保公益讲师团，开展常态化环保宣讲活动 100 余次，得到了广大师生的广泛好评，开启生态环境教育课程新模式①。

"志愿服务+大学生"，吸纳青年参与。建立与高校联动机制，将西南医科大学、四川警察学院、四川化工职业技术学院等全市六所高校资源集结，成立垃圾分类高校联盟，让大学生主动参与到环保志愿服务中来。设立"绿芽"大学生创业助学基地，提供勤工俭学和公益服务岗位，带动更多人积极参与校园生态文明建设。目前累计有 1 000 余名高校环保志愿者参与志愿服务工作，通过开展"文明出行 绿色两江"志愿服务活动，捡拾两岸垃圾，为河道保洁。到赤水河开展生态放流和守护英雄河志愿服务活动，宣传赤水河流域保护法律法规。越来越多的大学生加入"绿芽"志愿服务队，他们既是服务者，也是参与者，更是传递者②。

"志愿服务+创文"，扎根社区服务。泸州是全国文明城市、国家卫生城市，为巩固美丽泸州建设成果，服务队每周都会安排 10—20 名绿芽志愿者深入包保社区开展志愿服务。志愿者处处以身作则，打扫卫生死角，面对面做好巩固宣传，帮助群众解决力所能及的问题。每逢佳节，志愿者们还和社区一起开展各式不同的特色活动，向小区居民发出文明过春节、文明祭祀等环保倡议，传递绿色出行、低碳环保理念③。

六是暖心志愿服务，绘就美丽生态画卷。随着绿芽志愿服务的铺开，虽似星星之火，在泸州却呈燎原之势，伴随着如火如荼开展的活动传导到千家万户，酒城儿女纷纷用实际行动精心呵护碧水蓝天净土，一幅幅人与自然和谐共生的画卷正徐徐展开④。

---

① 王兴权, 刘宇洲. 学雷锋, "绿芽"志愿服务在酒城大地播撒生态文明的种子 [EB/OL]. 泸州市生态环境, (2021 - 03 - 05) [2023 - 10 - 15]. https://weibo.com/ttarticle/p/show? id = 2309404611504010821981.

② 王兴权, 刘宇洲. 学雷锋, "绿芽"志愿服务在酒城大地播撒生态文明的种子 [EB/OL]. 泸州市生态环境, (2021 - 03 - 05) [2023 - 10 - 15]. https://weibo.com/ttarticle/p/show? id = 2309404611504010821981.

③ 王兴权, 刘宇洲. 学雷锋, "绿芽"志愿服务在酒城大地播撒生态文明的种子 [EB/OL]. 泸州市生态环境, (2021 - 03 - 05) [2023 - 10 - 15]. https://weibo.com/ttarticle/p/show? id = 2309404611504010821981.

④ 王兴权, 刘宇洲. 学雷锋, "绿芽"志愿服务在酒城大地播撒生态文明的种子 [EB/OL]. 泸州市生态环境, (2021 - 03 - 05) [2023 - 10 - 15]. https://weibo.com/ttarticle/p/show? id = 2309404611504010821981.

展望

生态文明，是"绿芽"成长的方向，志愿服务，承载着爱与绿色的力量。"志"之所向，"愿"之所在，泸州市"绿芽"环保志愿服务队扎根酒城沃土，以昂扬勃发之势，守好这方碧水，护好这片蓝天，以环保志愿行动为美丽泸州建设添砖加瓦。

接下来，泸州市生态环境局将严格按照中央、省、市关于新时代文明实践的相关要求，全方位推动全市生态环保志愿服务工作，继续以"绿芽"环保志愿服务队为基础，建立覆盖全市的环保志愿者组织及机制，加强志愿者管理和培训，着力推进万人基础规模的环保志愿者队伍建设，推动公众参与生态环境志愿服务。

做优"绿芽"环保志愿服务品牌。以泸州市环保"绿芽"行动为依托，统筹规划开展志愿服务活动，一方面结合六五环境日、母亲河日、全国放鱼日、全国低碳日及315学雷锋日、125国际志愿者日等重要时间节点，策划开展环保志愿服务活动；另一方面在东门口"绿芽"环保志愿服务亭常态化开展红嘴鸥保护、文明引导、环保宣教等志愿服务，向公众提供公益鸥粮兑换；此外，在赤水河流域持续开展"党旗红 生态绿 守护赤水河"志愿服务项目，在赤水河沿线开展环保公益宣讲、农村垃圾分类、环保科普等主题志愿活动。

做好新时代文明实践中心结对共建。加强新时代文明实践的交流合作与资源共享：一是共同做好"绿芽"+新时代文明实践的阵地打造，将在合江县三江村新时代文明实践点打造环保志愿服务活动阵地，提供志愿服务保障；二是联动做好赤水河流域生态环境保护志愿服务工作，深化打造"党旗红 生态绿 守护赤水河"志愿服务项目品牌；三是深化合江县本地特色资源，争取树立打造具有合江特色的"绿芽"环保志愿服务项目。

做实"线上+线下"联动的志愿服务。继续加强对志愿者队伍的管理，打通志愿者线上线下参与渠道，为志愿者参与提供更好的服务。一是把"绿芽积分"平台作为公众参与环保志愿服务的线上渠道，优化红嘴鸥保护、生态放流和植树造林等公益活动的参与方式，让公众参与更便捷；二是加大对志愿者参与的过程管理，组织对"绿芽"志愿者的培训、认证和时长的记录，委托第三方专业社会环保志愿服务组织进行辅助管理；三是积极选树先进典型参与中央、省、市各级志愿服务活动评选，不断提升志愿者们的获得感以及志愿服务组织的影响力。

泸州市"绿芽积分"项目

建设背景

2020年12月，西部首个个人绿色生活积分泸州市"绿芽积分"正式发布，掀开了践行绿色生活方式，共建美丽绿色泸州的生动篇章。"绿芽积分"由泸州市生态环境局和泸州银行共同打造，融入大数据、云计算、区块链等前沿科学技术，汇总记录公众多维度的减排行为，并将其科学量化，形成分布式架构的绿色账本和一套集纳个人绿色生活的多维体系算法，进而建立泸州市个人、企业、政府碳减排数字化应用账本，完善公众绿色生活回馈机制①。

建设内容

"绿芽积分"以微信小程序为载体，通过数据贯通、场景打造、线上下活动开展、积分体系运营，为泸州市公众建立了一套包含记录、核算、奖励的低碳生活"说明书"。

科学价值量化，让每一次绿色行为都被记录。围绕衣食住行游等方面，打通了低碳出行、绿色金融、绿色循环、绿色生活等多个数字化场景，开通低碳出行、机动车停驶、无纸化业务办理、光盘打卡、书本回收等多种减排途径，科学量化公众每一次绿色行为②。

有效在线激励，让每一次绿色行为都被肯定。通过在线积分体系的应用，撬动党政机关、企业、社会团体和高校等多方力量，以物质奖励、公益推动、荣誉鼓励等形式对践行绿色行为的公众给予肯定，有力提升了公众参与其中的获得感、幸福感，推动绿色低碳行为逐渐成为公众主动自觉

---

① 刘书利. 泸州市碳减排数字账本的探索构建 [J]. 世界环境，2023（2）：61-63.

② 绿普惠云赋能泸州获认可，"绿芽积分"首次写入政府工作报告 [EB/OL]. 绿普惠，（2022-02-10）[2024-03-05]. https://baijiahao.baidu.com/s？id=1724366344005494001&wfr=spider&for=pc.

的选择①。

广泛线上下联动，让每一次绿色行为都被看见。量体打造线上线下相结合的"绿芽积分"系列宣传活动，广泛动员和引导社会资源积极参与生态价值理念和生态文化传播，营造环保宣传的浓厚氛围②。

社会效用

当前，"绿芽积分"建设功能完善，运行成熟。注册使用人数逾20万，日活跃用户1.2万，促成个人减排量超110吨，累计产生积分超2 800万。开通积分场景7个，在线公益项目3个。累计种植树苗20 000余株、生态放流60余万尾、清理长江河道垃圾50余次。

"绿芽积分"已整合80多家党政机关、60多家企业、7家高校、5家社会团体参与其中，得到了新华社、人民日报、中国日报、中央电视台、中国新闻网、中国环境报、四川日报等主流媒体关注。其中，人民日报海外版第8版《四川泸州：清风送来花草香》报道中提到："'绿芽积分'形成点，汇成线，勾画出一条人人可感、时时可行的环保践行之路"；中央电视台CCTV13频道以"倡导环保公益行动 正向效应逐渐释放"为主题，报道关注了泸州市个人碳账本"绿芽积分"。

特色亮点

精准发力，专注解决双碳形势下的公众参与难题。"绿芽积分"依托"互联网+大数据"技术，以出行、生活、消费场景为切入口，打通公交出行、无纸化业务办理、光盘打卡、机动车停驶等多种数据结构，让更多公众可以随时、随地践行低碳生活。

智慧融合，大力推动低碳数据的开放贯通与综合应用。"绿芽积分"依托个人实名账户建立了个人碳账户和个人绿色积分管理机制，通过安全的数字化手段对数据进行存储、取用、转化，实现了对海量信息的有力整合与有效管理。运用区块链技术，实现衣食住行用多场景下绿色行为的量

---

① 绿普惠云赋能泸州获认可，"绿芽积分"首次写入政府工作报告［EB/OL］.绿普惠，（2022－02－10）［2024－03－05］. https://baijiahao.baidu.com/s? id = 1724366344005494001&wfr = spider&for = pc.

② 绿普惠云赋能泸州获认可，"绿芽积分"首次写入政府工作报告［EB/OL］.绿普惠，（2022－02－10）［2024－03－05］. https://baijiahao.baidu.com/s? id = 1724366344005494001&wfr = spider&for = pc.

化、去重、记录和融合汇总，确保公众减排数据的可追溯和不可篡改，引导碳减排行业各种形式、各类主体实现健康有序发展①。

协同高效，稳步推进线上载体与线下本地特色紧密结合。线上运用互联网技术开发运营小程序的同时，线下紧密结合泸州市本地化特色开展活动，最大程度地发挥减负增效作用，实现智能化管理：一是充分调动本地建设资源。与本地金融机构泸州银行通力合作，领先多地率先覆盖绿色金融领域的碳减排行为。二是充分调动本地生态资源。立足泸州市长江上游重要生态屏障的地理位置，因地制宜地上线"保护红嘴鸥""长江生态放流""纳溪低碳森林"等环保公益项目。

创新驱动，率先开拓政府引导、企业支持、公众践行的新局面。"绿芽积分"通过数字化手段与政府引导公众践行绿色低碳生活和消费的激励进行对接，为生态环境宣传教育提供抓手。同时充分发挥智慧中枢的作用，打通微信运动、泸州公交、泸州银行等多个企业平台的数据壁垒，企业为平台提供积分兑换支持，平台通过统一标准量化、记录用户在泸州公交、泸州银行等企业践行的每一次绿色低碳行为。用户则可以参与各类减碳活动，通过个人碳账本随时了解自身的减排贡献，积极践行简约适度、绿色低碳的生活方式。

推广示范，紧密结合低碳维度建设完善可持续运营机制。一是紧扣低碳践行主题，不断开展有奖竞答、任务打卡、环保闯关、线下体验等形式丰富的线上线下联动活动，让低碳生活理念深入人心。二是积极做大"绿芽朋友圈"，与机关单位、企业、高校紧密合作，精准覆盖社会公众，让节能降耗的倡议不停止。稳步实现项目运营模式的可复制、可推广。

泸州市"绿芽积分"作为 2022 年度智慧环保十佳创新案例，从运行内核来看，整合了政府、企业、高校、社会团体等各方资源，打造低碳福利、环保公益等权益激励体系，实现积分从产生到消纳的全闭环，形成自我造血、内在驱动的生态模式。从技术应用来看，"绿芽积分"通过"云计算"聚合减碳能量，应用"大数据"实现信息共享，整合"区块链"构筑行业生态，形成具有鲜明特色的三大亮点。

---

① 刘书利. 泸州市碳减排数字账本的探索构建 [J]. 世界环境，2023（2）：61-63.

亮点一：创新科学算法，构建碳减排核算体系①。

"绿芽积分"依托中华环保联合会"绿普惠云—碳减排数字账本"，创新运用碳减排方法学，研究制定了过程公开透明、数据真实可信的个人绿色生活积分算法。将用户每次绿色环保行为，折算出相应的碳减排量，并转化为可存储和取用的数据，形成"绿芽碳账本"，为碳减排、碳中和提供可测算、可溯源的区块链账本。

亮点二：创新减碳场景，构建碳减排绿色路径②。

"绿芽积分"围绕个人日常生活紧密相关的各类低碳行为进行场景打造，覆盖公众衣、食、住、行、游等各个方面，借助大数据技术实现了跨平台数据的互联互通，让个人通过小程序就能投身低碳减排活动，参与方式更加简单、便捷、有效。

亮点三：创新活动模式，构建碳减排运营机制③。

泸州市以"绿芽积分"为减碳抓手，通过数字化技术实现线上线下双线融合、一体化运营。"绿芽积分"经常性、多样化地开展公益活动，吸引了不同群体的参与感、黏合度，用户可以在线上参与践行绿色生活，也可以在线下参与生态放流、清河护岸、植树造林等公益活动。"绿芽积分"已累计组织环保公益活动 200 余场、服务群众超 30 万人。

① 陈进在 2022 环境互联网创新大会上作智慧环保创新案例分享 [EB/OL]. 泸州市生态环境局，（2023 - 02 - 11）［2024 - 03 - 13］. https://sthjj.luzhou.gov.cn/zwgk/fdzdgknr/zdmsxx/hjbh/sjyw/content_964289.

② 陈进在 2022 环境互联网创新大会上作智慧环保创新案例分享 [EB/OL]. 泸州市生态环境局，（2023 - 02 - 11）［2024 - 03 - 13］. https://sthjj.luzhou.gov.cn/zwgk/fdzdgknr/zdmsxx/hjbh/sjyw/content_964289.

③ 陈进在 2022 环境互联网创新大会上作智慧环保创新案例分享 [EB/OL]. 泸州市生态环境局，（2023 - 02 - 11）［2024 - 03 - 13］. https://sthjj.luzhou.gov.cn/zwgk/fdzdgknr/zdmsxx/hjbh/sjyw/content_964289.

参考文献

B J 内贝尔. 环境科学：世界存在与发展的途径 ［M］. 北京：科学出版社, 1987：1-5.

包存宽, 许艺嘉, 王珏. 关于新时期环境影响评价"放管服"改革的思考 ［J］. 环境保护, 2018, 46（9）：7-11.

曹洪军, 王俊淇. 我国环境管理体制变迁及其经济特征分析 ［J］. 湖南社会科学, 2022（3）：58-66.

常春英, 董敏刚, 邓一荣, 等. 粤港澳大湾区污染场地土壤风险管控制度体系建设与思考 ［J］. 环境科学, 2019, 40（12）：5570-5580.

陈惠芳, 袁龙, 付熙明, 等. 国家核辐射突发事件卫生应急队伍组建与管理探讨 ［J］. 中国辐射卫生. 2021, 30（2）：201-204.

陈清硕, 王平. 环境思想史和环境科学历史发展 ［J］. 环境导报, 1996（3）：1-3.

陈贻安. 环境科学思想史初探：人类对环境发展史的认识及其过程 ［J］. 环境保护科学. 1984（2）：53-59.

邓晓钦, 王洋洋, 杨永钦. 核与辐射应急监测体系建设的经验和建议 ［J］. 四川环境. 2020, 39（5）：143-146.

第二次全国污染源普查公报 ［J］. 环境保护, 2020, 48（18）：8-10.

段新, 戴胜利, 乔杰. 新中国成立以来环境管理体制的变迁：历程与逻辑 ［J］. 四川行政学院学报. 2020（4）：49-60.

符华群. 核与辐射对环境的影响及防护策略探讨 ［J］. 新型工业化, 2021, 11（2）：103-105.

高虎城. 关于修订《中华人民共和国环境噪声污染防治法》的说明：2021 年 8 月 17 日在第十三届全国人民代表大会常务委员会第三十次会议

上［J］．中华人民共和国全国人民代表大会常务委员会公报，2022（1）：68-71．

高敏．生态环境部：八成项目环评无需审批将进一步提高审批效率［EB/OL］．（2018-09-03）［2024-01-07］．https://baijiahao.baidu.com.

郭冉．国际法视阈下美国核安全法律制度研究［M］．武汉：武汉大学出版社，2016．

国际原子能机构发布，环境保护部．中华人民共和国核与辐射安全监管综合评估报告［M］．北京：中国环境科学出版社，2012．

韩秀梅．农村污水治理现状及对策研究浅析［EB/OL］．（2022-05-17）［2024-01-20］．http://www.zhzgzz.com/html1/report/2205/1046-1.htm.

侯华丽，谭文兵，周璞，等．发掘土壤碳库助力实现碳中和［N］．中国自然资源报，2021-04-14．

《环境科学大辞典》委员会．环境科学大辞典［M］．北京：中国环境科学出版社，1991：320-325．

胡家忠．地级市环境监测机构垂改的思考［N］．中国环境报，2019-01-07（3）．

胡文友，陶婷婷，田康，等．中国农田土壤环境质量管理现状与展望［J］．土壤学报，2021，58（5）：1094-1109．

皇甫耀宗，李亚辉，赵莹，等．关于深入推进环评"放管服"改革的对策建议［J］．山东化工，2019，48（11）：224-225．

贾宁，丁士能．日本、韩国环保产业发展经验对中国的借鉴［J］．中国环境管理，2014，6（6）：49-52．

雷英杰．5个方面15条措施促经济高质量发展 生态环境领域"放管服"改革向纵深发展［J］．环境经济，2018（18）：12-16，3．

李伯钧．我国核与辐射安全监督执法能力建设研究［D］．衡阳：南华大学，2021．

李干杰．承前启后 锐意进取 努力实现核与辐射安全监管体系和监管能力现代化：在2015年度核与辐射安全监管年终工作总结会议上的讲话［J］．核安全，2016，15（1）：1-10．

李干杰．持续深化"放管服"改革 推动实现经济高质量发展和生态环境高水平保护：在全国生态环境系统深化"放管服"改革 转变政府职能视频会议上的讲话［J］．中国环境监察．2018（9）：6-19．

李静云. 新噪声法六大亮点 [N]. 中国环境报, 2022-01-03 (6).

李明, 刘瑞敏. 国际环境保护的历史沿革与趋势 [J]. 黑龙江教育 (理论与实践), 2017 (Z2): 40-41.

李生级. 环境影响评价制度法定化脱离了我国实际 [J]. 中国环境管理, 1987 (3): 28-35.

李云祯, 董荐, 刘姝媛, 等. 基于风险管控思路的土壤污染防治研究与展望 [J]. 生态环境学报, 2017, 26 (6): 1075-1084.

刘瑞平, 宋志晓, 崔轩, 等. 我国土壤环境管理政策进展与展望 [J]. 中国环境管理, 2021, 13 (5): 93-100.

刘瑞平, 魏楠, 季国华, 等. "双碳"目标下中国土壤环境管理路径研究 [J]. 环境科学与管理, 2022, 47 (2): 5-8.

刘彤. 以农村的方式来治理农村污水, 让农村环境资源更好的释放 [EB/OL]. (2021-10-19) [2024-01-16]. http://office.h2o-china.com/news/328830.html.

刘钰淇. "放管服"改革背景下环评审批与监管探析: 以贵安新区为例 [J]. 环境与发展. 2019, 31 (1): 200-201.

泸州市地方志办公室. 泸州年鉴 (2018) [M]. 泸州: 方志出版社, 2018.

泸州市统计局. 泸州统计年鉴 2018 年 [M]. 泸州: 2018.

吕孟. 土壤环境管理政策的实践应用与完善分析 [J]. 环境与发展, 2019, 31 (12): 230+232.

马帅. 中国核安全监管能力提升策略研究 [D]. 北京: 对外经济贸易大学, 2019.

彭丽君, 刘焱. 推进深圳市辐射环境安全监测监管自动化的思考 [J]. 能源与环保, 2020, 42 (10): 75-78.

祁毓, 卢洪友, 徐彦坤. 中国环境分权体制改革研究: 制度变迁、数量测算与效应评估 [J]. 中国工业经济, 2014 (1): 31-43.

秦超. 各地积极开展环保设施向公众开放活动 [EB/OL]. (2023-06-24) [2024-01-17]. https://baijiahao.baidu.com/s?id=1769596669687945064&wfr=spider&for=pc.

秦亚东. 推进环评制度改革的实践创新 [J]. 环境影响评价. 2017, 39 (2): 26-29.

秦燕.天人合一思想对当代生态环境问题的启示［J］.文学教育（下），2016（9）：122-123.

全国土壤污染状况调查公报（2014年4月17日）［J］.环境教育，2014（6）：8-10.

舟瑞桥，杨帆，田海华.我国农村生活污水治理的现状及相关对策［J］.农村·农业·农民（A版），2023（6）：46-48.

生态环境部，国家市场监督管理总局.土壤环境质量 农用地土壤污染风险管控标准（试行）：GB 15618-2018［S］.北京：中国标准出版社，2018.

四川省环保机构监测监察执法垂直管理制度改革工作领导小组办公室.四川省环保机构监测监察执法垂直管理制度改革工作领导小组会议纪要［Z］.2020-11-28.

苏小环，曹卢杰.如何做好环境监测垂改"后半篇文章"？"江苏方案"来了［EB/OL］.（2021-01-28）［2023-12-27］.https://baijiahao.baidu.com/s？id=1690123350437835722&wfr=spider&for=pc.

土壤环境管理 重在风险管控［J］.中国生态文明，2019（1）：36.

万希平.德国生态环境治理与保护的基本经验及借鉴价值［J］.求知，2020（2）：54-56.

王頔.习近平在首个全国生态日之际作出重要指示强调 全社会行动起来做绿水青山就是金山银山理念的积极传播者和模范践行者［EB/OL］.（2023-08-15）［2024-01-16］.http://www.news.cn/politics/leaders/2023-08/15/c_1129803631.htm.

王柯燕."放管服"背景下环评审批问题与对策［D］.济南：山东师范大学，2021.

王夏晖.以法为基，全面推进土壤环境管理制度体系建设［J］.环境保护，2018，46（18）：7-10.

王玉君，张东力.我国农村污水治理现状及治理对策分析［J］.科学与财富，2020（28）.

王玉庆.中国环境保护政策的历史变迁：4月27日在生态环境部环境与经济政策研究中心第五期"中国环境战略与政策大讲堂"上的演讲［J］.环境与可持续发展，2018，43（4）：5-9.

谢海波."放管服"背景下环境影响评价行政审批改革的法治化问题与

解决路径［J］.南京工业大学学报（社会科学版），2021，20（2）：26-36，111.

薛丽萍.治理农村生活污水，需处理好三个"差异"：分区治理，因地制宜选择治理技术模式［EB/OL］.（2022-04-14）［2023-12-29］.http://epaper.cenews.com.cn.

应蓉蓉，张晓雨，孔令雅，等.农用地土壤环境质量评价与类别划分研究［J］.生态与农村环境学报，2020，36（1）：18-25.

岳家琛，徐茂祝.陕西：破冰十四年，"兄弟"变"外人"？环保机构垂直改革样本［N］.南方周末，2016-10-20.

岳倩.日本环境保护的历史考察（1955—2000）［D］.苏州：苏州大学，2012.

张国祥，毛显强，张胜.初析《行政许可法》在环境影响评价审批领域中的施行［J］.环境保护，2004（9）：8-11.

张玮，刘玮，熊峰，等.我国农村污水治理技术与发展模式展望［J］.应用化工，2022，51（5）：1396-1402.

张勇，杨凯.环境科学的思想发展史［J］.环境导报.1999（3）：7-9.

这四类环保设施向公众开放有了工作指南［EB/OL］.（2018-02-01）［2024-01-17］.https://www.163.com/dy/article/D9IH1NCI051493C2.html.

郑泽雄，韩伟.广东省深化环境影响评价"放管服"改革成效探讨［J］.环境影响评价，2021，43（1）：22-26.

中共四川省委办公厅，四川省人民政府办公厅.《四川省生态环境机构监测监察执法垂直管理制度改革实施方案》（川委办发〔2019〕19号）［Z］.2019.

中共中央办公厅 国务院办公厅印发《关于省以下环保机构监测监察执法垂直管理制度改革试点工作的指导意见》［J］.中华人民共和国国务院公报.2016（28）：5-9.

朱昌雄.朱昌雄：立足农村实际推进生活污水治理［EB/OL］.（2021-12-16）［2024-01-26］.https://mp.weixin.qq.com/s/T7QSs BiBwcgukChY-wiDaIA？poc_token=HHrl-mSjh4wUP7j9HleWecAxSjq8Oq1Z3 RYgp3kQ.

朱斐.浅谈基层辐射安全许可工作现状［J］.资源节约与环保，2018（7）：145.

《中国核与辐射安全监管30年（1984—2014）》编委会.中国核与辐

射安全监管 30 年（1984—2014）［M］. 北京：中国原子能出版社，2014.

朱源，袁彦婷，姚荣. 建设项目环境影响评价"放管服"的地方经验和改革建议［J］. 环境保护. 2019, 47（22）：21-25.

邹伟，高敬，黄垚，等. 书写美丽中国新画卷：习近平总书记引领生态文明建设的故事［EB/OL］.（2023-08-14）［2024-01-15］. http://www. xinhuanet. com/politics/2023 － 08/14/c ＿ 1129802994. htm？ deviceid ＝220. 181. 108. 81.

HAO, PENG H, YALI, et al. Comparisons of heavy metal input inventory in agricultural soils in north and south China：A review science direct［J］. Science of the Total Environment, 2019, 660：776-786.